JN255916

MINERVA
人文・社会科学叢書
225

環境リスク規制の比較政治学

―日本とEUにおける化学物質政策―

早川有紀著

ミネルヴァ書房

環境リスク規制の比較政治学

——日本とEUにおける化学物質政策——

目　次

略語一覧

CLP 規則：分類・表示・包装に関する規則（REGULATION（EC）No 1272/2008 on classification, labelling and packaging of substances and mixtures）

COP：Conference of the Parties（気候変動枠組条約）締結国会議

EC：European Community ヨーロッパ共同体

EEC：European Economic Community 欧州経済共同体

EPI：Environmental Policy Integration 環境統合原則

ECHA：European Chemicals Agency 欧州化学品庁

E-Waste：電気電子機器廃棄物

IPP：Integrated Product Policy 統合製品政策

Japan チャレンジプログラム：官民連携既存化学物質安全性情報収集・発信プログラム

JIS：Japanese Industrial Standards 日本工業規格

J-Moss：JIS C 0950（JIS, The marking for presence of the specific chemical substances for electrical and electronic equipment）電気・電子機器の特定の化学物質の含有表示方法

MSDS 制度：化学物質等安全データシート（Material Safety Data Sheet）制度

OECD：Organisation for Economic Co-operation and Development 経済協力開発機構

PBB：ポリブロモビフェニル

PBDE：ポリブロモジフェニルエーテル

PBDEs：ポリブロモジフェニルエーテル類

PCB：ポリ塩化ビフェニル

POPs 条約：残留性有機化学物質（Persistent Organic Pollutants：POPs）に関するストックホルム条約

PRTR 制度：環境汚染物質排出・移動登録（Pollutant Release and Transfer Register）制度

REACH 規則：化学物質の登録，評価，認可及び制限に関する規則（Regulation（EC）No

1907/2006 of the European Parliament and of the Council of 18 December 2006 concerning the Registration, Evaluation, Authorisation and Restriction of Chemicals（REACH））

RIA：Regulatory Impact Analysis または Regulatory Impact Assessment；規制影響評価

RIPs：REACH Implementation Projects；REACH 実施計画

RoHS 指令：電気電子機器における特定有害物質の使用制限指令（Directive 2002/95/EC of the European Parliament and of the Council of 27 January 2003 on the restriction of the use of certain hazardous substances in electrical and electronic equipment）

TAC：Technical Adaptation Committee 技術適用委員会

TEU：Treaty on the European Union　EU 条約

TFEU：Treaty on the Functioning of the European Union　EU 機能条約

TSCA：Toxic Substances Control Act 有害物質規制法

UNEP：United Nations Environment Programme　国連環境計画

WEEE 指令：電気電子機器廃棄物指令（Directive 2002/96/EC of the European Parliament and of the Council of 27 January 2003 on waste electrical and electronic equipment（WEEE））

WSSD：ヨハネスブルクサミット（World Summit on Sustainable Development）

化審法：化学物質の審査及び製造等の規制等に関する法律（化学物質審査法）

化管法：特定化学物質の環境への排出量の把握等及び管理の改善の促進に関する法律（化学物質排出把握促進法）

家電リサイクル法：特定家庭用機器再商品化法

危険物質指令：危険物質の分類，包装および規制に関する理事会指令（Council Directive 67/548/EEC of 27 June 1967 on the approximation of laws, regulations and administrative provisions relating to the classification, packaging and labelling of dangerous substances）

既存化学物質規則：既存化学物質のリスク評価と管理に関する理事会規則（Council Regulation（EEC）No 793/93 of 23 March 1993 on the evaluation and control of the risks of existing substances）

コレペール：常駐代表委員会（COREPER）

再生資源利用促進法：再生資源の利用の促進に関する法律（通称リサイクル法）

資源有効利用促進法：資源の有効な利用の促進に関する法律（通称３R 法）

新規化学物質指令：危険物質および調剤の上市と使用の制限に関する理事会指令（Council Directive 76/769/EEC of 27 July 1976 on the approximation of the laws, regulations and administrative provisions of the Member States relating to restrictions on the marketing and use of certain dangerous substances and preparations）

調剤指令：危険調剤の分類，包装および表示に関する理事会指令（Directive 1999/45/EC of the European Parliament and of the Council of 31 May 1999 concerning the approximation of the laws, regulations and administrative provisions of the Member States relating to the classification, packaging and labelling of dangerous preparations）

廃棄物指令：廃棄物に関する指令（Council Directive 75/442/EEC of 15 July 1975 on waste）

有害廃棄物指令：有害・危険廃棄物に関する指令（Council Directive 78/319/EEC of 20 March 1978 on toxic and dangerous waste）

序　章

なぜヨーロッパで厳しい環境リスク規制が成立したのか？

1　1990年代以降のリスクをめぐる政治とリスク管理

環境政策において環境リスクに対する規制の必要性は，特に1980年代後半以降に認識されるようになった。環境リスク規制とは，原因がある程度明らかで比較的汚染範囲の狭い公害型の問題ではなく，環境保全や不特定多数の人間の健康に直接的な悪影響を与えうる可能性があるものの，科学的根拠が不確定な場合を含む問題に対する規制的措置である。それまでの主流は，有害性や危険性を意味するハザードに対する規制であった。ハザードに対する規制は，有害性が高いとされる科学的根拠をもとに規制するため，ハザードを除去するための対策を講じやすい。他方，リスクに対する規制は，ハザードがどの程度環境中に排出されるか（暴露されるか）という観点も考慮するため，より広範囲に影響を与える可能性があれば，たとえ有害性は低くても規制的措置をとる必要性が生じることになる。このため，リスク規制では単純にハザードを除去するだけでなく，排出量（暴露量）も含めて総合的な判断が求められる。また，有害性が高い場合に比べてそれが低い場合は，規制の科学的根拠が十分に確立されていないこともあるため，法治行政原理の観点からも規制そのものが難しくなる。しかしながら，環境リスクに対する規制は科学技術の高度化や経済・社会活動の広範化に伴って拡大してきたため，特に1990年代以降，重要な政策課題として何らかの対応が求められるようになった。

企業活動に起因する環境リスクをいかに規制するかという政策課題は，国際社会でも1990年代から盛んに論じられてきた。2002年に開かれたヨハネスブルクサミット

(World Summit on Sustainable Development：WSSD）における行動計画で，2020年までに化学物質を人の健康や環境への悪影響を最小化する方法で生産，使用するという目標が定められた。この中では，これまでの化学物質固有の危険性のみに着目したハザードベースの管理から，環境への排出量（暴露量）を踏まえたリスクベースの管理へ移行することも同時に示された。リスク評価の手続きおよびリスク管理の手法に基づいて将来生じる悪影響を2020年までに最小化するという目標は，WSSD2020と呼ばれ，各国で共有されることになった。リスク評価とはリスクの程度を科学的に見積もる作業であり，リスク管理とはリスク評価の結果や費用対効果，実行可能性，社会的影響など様々な要素に考慮してリスクに対する政策決定，政策実施を行うことである。これらのプロセスの中で関係者がリスクに関する情報や意見交換を行うリスクコミュニケーションは，リスク評価，リスク管理と合わせて「リスクアナリシス（リスク分析 risk analysis)」とよばれる。リスクアナリシスは，リスク研究の進展に伴って形成され，特に食品や化学物質のリスク規制の分野では，リスクの影響を最小化するための分析枠組として先進諸国で共有されるようになった。

また，2001年に採択され2004年に発効した残留性有機化学物質（Persistent Organic Pollutants：POPs）に関するストックホルム条約（POPs 条約）では，POPs とよばれる，環境中で分解されにくく生態系に蓄積されやすいために，環境中に一度排出されると人体への悪影響が懸念される化学物質の削減や廃絶などが目指された。POPs の製造・使用はもちろん，その管理を適正に行うために，PCB などの有害化学物質12物質について排出削減に向けた取り組みが定められた。POPs 条約はその後もそれに新たな削減物質が追加されている。また，日本は2002年に加入したが，2017年12月までで181か国が締結している。

このように，先進諸国における環境リスクやハザードに対する規制目標やリスクアナリシスの枠組は全体的に収斂化あるいは共有化される傾向にあるものの，その予防をめぐる規制基準や規制内容は全く同じではない。化学物質規制政策もその代表例である。

日本における一般化学物質規制政策は，1960年代から顕在化した公害病や健康被害に対する対応策として整備されてきた。水俣病などの公害病やカネミ油症事件などの健康被害は，原因となる化学物質が環境中の水質汚染や生物濃縮を介して人に甚大な被害を与えたという経緯があった。このため，有害化学物質の汚染のルートが検討され，1967年に公害対策基本法が制定された後に，相次いで規制が制定された。その代表例は，1973年に新たに市場に流通する化学物質の製造・使用に対する許可および届け出制度として制定された「化学物質の審査及び製造等の規制等に関する法律」（化学物質審査法：以下，化審法）である。化審法は，新たに市場に流入する化学物質を管理するクローズドシステムとよばれる手法をとり，また成立したのは世界で初めてであったという点から各国からも注目される厳格な規制であった[1]。

しかし1990年代になると，ヨーロッパにおいて次々と予防をめぐる新たな革新的な化学物質規制が導入されるようになった（表序-1「日本とEUにおける化学物質規制の発展」）。EUにおける，化学物質の登録，評価，認可及び制限に関する規則（Regulation (EC) No 1907/2006 of the European Parliament and of the Council of 18 December 2006 concerning the Registration, Evaluation, Authorization and Restriction of Chemicals (REACH)：以下，REACH規則），電気電子機器における特定有害物質の使用制限指令(Directive 2002/95/EC of the European Parliament and of the Council of 27 January 2003 on the restriction of the use of certain hazardous substances in electrical and electronic equipment：以下，RoHS指令），電気電子機器廃棄物指令（Directive 2002/96/EC of the European Parliament and of the Council of 27 January 2003 on waste electrical and electronic equipment (WEEE)：以下，WEEE指令）といった化学物質規制である。これらの化学物質規制の特徴は，環境や人間の健康に与える悪影響がある程度明らかになっているハザードを規制するというだけでなく，生じる可能性が低いと考えられるものの環境や人間の健康に悪影響を与えるおそれのある環境リスクを予防するという観点も重視した点にある。それぞれの規制は，その後見直しや修正も行われたが，成立時の特徴は次のようなものである。

まずREACH規則は，化学物質（化学元素および化合物），化学調剤（2つ以上の物質からなる混合物），化学成形品（化学物質や化学調剤を用いて製造された製品）の製造また

（1）日本よりもアメリカのTSCA法案において先にこのような方式が検討されており，アメリカでは1976年10月に成立した（辻，2016：92-97；星川，2016：82-83）。

表序-1　日本とEUにおける有害化学物質規制の発展

年　代	日　本	E　U
1960年代	PCB問題の深刻化 （カネミ油症事件の発生） →長期的な毒性の扱い方が問題化	1967年　危険物質指令（67/548/EEC）：物質届け出，届け出物質に関するリスク評価，情報共有を目的とする（日本の化審法に対応するもの）
1970年代	1973年　化審法成立：新規化学物質の製造・使用に対する許可制，使用の届け出制（世界初のクローズドシステムとして注目される）	1976年　セベソ事故発生（イタリア） 1976年　新規化学物質指令（76/769/EEC）：輸出入に関する規定の追加
1980年代	1986年　化審法改正：物質範囲の拡大，事後管理制度の導入	
1990年代前半		1992年　危険物質指令改正：物質範囲の拡大 1993年　既存化学物質規則（EEC No 793/93）：既存化学物質に対する情報収集を開始
1990年代後半	1998年　家電リサイクル法：白物家電に関するリサイクル規制	1999年　調剤指令（1999/45/EC）：発がん性物質，オゾン層対応，水生環境対応
2000年代前半	2003年　化審法改正：生態系への影響に関しては規制強化，中間物質に関して部分的な規制緩和，既存化学物質の情報収集開始	2003年　RoHS指令成立：製品中に含まれる有害化学物質の規制 2003年　WEEE指令成立：有害化学物質を含む電子電機機器リサイクル
2000年代後半	2006年　資源有効利用促進法の改正：J-Moss制定 2009年　化審法改正：既存化学物質の段階的な安全情報収集	2006年　REACH規則成立 →同時に4つの規制（67/548/EEC, 76/769/EEC, EEC No 793/93, 1999/45/EC）を廃止

出典：筆者作成。

は輸入する事業者に対して，それらについて登録，許可申請，使用制限，情報伝達する義務を課す制度である。化学メーカーのように化学物質や化学調剤をEU域内で製造または輸入する企業は，物質ごとの総量が年間1トン以上の場合，その物質を登録する必要がある。さらにこうした総量が年間10トン以上の場合，化学品の安全性について自らリスク評価を行い，化学品安全性報告書を提出する必要がある。また，各物質については使用法が制限される物質もある。使用法が制限される物質についてそれ以外の条件で使用する場合には，規制機関にさらなる情報提出をした上で許可を得なければ使用できない。また，特にリスクが高いと判断される物質については，メーカーや小売業者のような，製造業者，輸入業者，流通業者，消費者を除く化学物質または化学調剤に含まれる化学物質を扱う事業者に対しても情報を伝達する義務が課せられる。

もちろん他の先進諸国においても，これまで新たに市場に流入する化学物質について，事業者に登録や使用制限を求める制度は存在していた。日本の化審法やアメリカの有害物質規制法（Toxic Substances Control Act：TSCA）などがその代表例である。これらと比較してもREACH規則の対象は，対象範囲となる物質の種類においても事業者に課せられる義務の範囲においても，たいへん大きなものとなっている。たとえば，家具，衣服，自動車のような化学物質が使用されている部品や製品を含む成形品が規制対象となるため，対象となる事業者は幅広い。また，「高懸念物質（Substances of Very High Concern：SVHC)」とよばれる，CMR（発がん性，変異原性，生殖毒性物質），PBT（難分解性，生体蓄積性，毒性物質），vPvB（極めて難分解性，生体蓄積性の高い物質）といった人の健康および環境に対して非常に高いリスクがある物質についても成形品に一定量以上含まれる場合は届け出たり，情報伝達を行ったりする必要がある。基本的にこうした義務は，EUに加盟していない国の事業者であっても，その事業者がEU域内に製品を輸出している場合には，域内事業者が対応する必要がある。したがって，日本などEU域外の事業者であってもREACH規則の定める規定に対応する必要がある。

つぎにRoHS指令は，電気電子機器に使用する有害化学物質について，事業者に制限を課す規制である。具体的には，鉛，水銀，カドミウム，六価クロム，PBB（ポリブロモビフェニル），PBDE（ポリブロモジフェニルエーテル）という難分解性や高蓄積性のある6物質について，原則として医療機器や制御機器を除くほぼすべての電気電子機器に含まれてはならないという内容である。対象となる電気・電子機器には，たとえば冷蔵庫，洗濯機，掃除機といった大型・小型家電，パソコンや携帯電話などの情報通信機器からビデオゲームやスポーツ器具などの玩具やスポーツ用品，自動販売機に至るまで様々なものが含まれる。RoHS指令内では，生産者，輸入者，販売者の義務をそれぞれ定めている。たとえば家電メーカーなどの生産者に課される義務として，製品についてRoHS指令への適合性評価を実施して，製品を有償無償問わず供給する（上市する）前にCEマークを貼り，基準適合の維持について管理したり，消費者にわかりやすく情報提供を行ったりする必要がある（図序-1「化学物質規制に用いられる

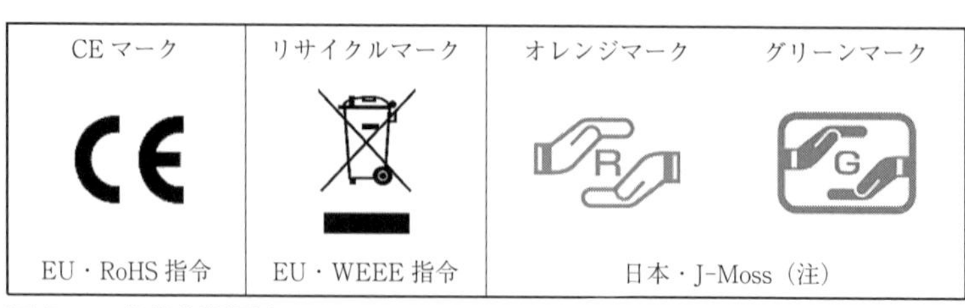

図序-1　化学物質規制に用いられるマーク
注：適合している場合は任意でグリーンマークを表示できる。

マーク」)。

これまでRoHS指令のように，製品に対する特定物質の使用制限を課す規制が存在した国は，ヨーロッパ域内の一部の国を除いてほとんどなかった。現在の技術では上記6物質以外に代替物質がない場合には，適用除外が認められるという規定はあるものの，ヨーロッパに拠点を置く企業だけではなく，製品をEU域内に輸出する企業はこの規制への対応を求められることになった。

そしてWEEE指令は，電気電子機器廃棄物（E-Waste）の発生抑制，再利用，リサイクルを促進することによって電気電子機器廃棄物を減らすため，加盟国および事業者（生産者）に対して電気電子機器廃棄物の回収，リサイクルシステムの構築，費用負担を義務づける規制である。対象となる電気電子機器廃棄物は，RoHS指令の範囲に医療機器と制御機器を含めたもので，ほとんどすべての電気電子機器が含まれる。生産者は，E-Waste処理システムの構築に個別または共同スキームによって参加し，再利用やリサイクルしやすい製品設計に努め，製品にリサイクルマークを添付したり，製品情報を消費者に対して提供したりする義務が課せられる（図序-3「化学物質規制に用いられるマーク」)。また加盟国に対しては，国民一人当たり年平均4キロの電気電子機器廃棄物の回収が義務づけられた。

他の先進諸国でも，電気電子機器廃棄物に関してリサイクルを促す仕組みは存在するが，WEEE指令の特徴として，対象となる機器の範囲の広さや事業者が関わらなければならない義務の範囲，回収の義務づけといった点をあげることができる。

このように，EUで新たに成立した化学物質規制は，企業に対して直接的に化学物質の使用や輸入を制限したり，挙証責任を含む情報の提出や廃棄の責任を求めたりす

表序-2　規制内容の主要な相違

規制の種類	日　本	E　U
一般化学物質規制	化審法2009年改正 ①対象：新規化学物質のみ（既存化学物質は優先順位づけ） ②リスク評価主体：政府 ③情報伝達義務：限定的	REACH 規則（2006年） ①対象：すべての物質対象 ②リスク評価主体：企業 ③情報伝達義務：広い
電機電子製品規制	資源有効利用促進法施行令改正（J-Moss, 2006年） ①規制レベル：JIS 規格が政省令に引用 ②対象製品：PC など７製品 ③方法：対象物質が含まれる場合は，含有マークと情報提供の義務づけ。	RoHS 指令（2003年） ①規制レベル：二次法として国内法化 ②対象製品：医療機器及び制御機器を除く，電気電子機器 ③方法：対象物質の使用を原則制限。
電機電子製品リサイクル規制	家電リサイクル法（1998年） ①対象品目：４品目 ②回収達成義務なし ③廃棄時のリサイクルコスト：廃棄者	WEEE 指令（2003年） ①対象品目：約90品目 ②回収達成義務あり ③廃棄時のリサイクルコスト：企業

出典：筆者作成。

る内容である。これらの規制について，同じ対象を規制した日本の法律内容と比較しても，厳しいものとなっている（表序-２「規制内容の主要な相違」）。以下で，具体的に説明する。

まず，EU の REACH 規則にあたるのは，日本における化審法の2009年改正である。両規制は検討段階において，規制が設けられる前から市場に流通していた既存化学物質への対応が特に重要な政策課題とされた点で共通している。しかし，登録が求められる化学物質の範囲，リスク評価の主体，製品が消費者の手に渡るまでの企業をまたぐ物流システムであるサプライチェーンにおける事業者の情報伝達義務という３点について大きな違いがある（大塚，2009：80-81）。登録を求められる化学物質の範囲が広ければ広いほど，企業にとっては登録や情報提出などに要するコストが増えるが，それが日本では新たに市場に流通する新規化学物質のみであるのに対し，EU では原則としてすべての化学物質を対象としている。また，化学物質の安全性を評価するリスク評価には人材や施設なども含めて多大なコストを必要とするが，日本ではリスク評価を政府が行うのに対して，EU では企業が行うことになっている。これは，リスクに関する安全性の情報に関する挙証責任の転換を意味するため，大きな違いである。

さらに，製品が流通する際に化学物質の安全性に関する情報を伝達する範囲が広いと，企業はその情報管理のための新たなコストを負担することになるが，日本では特定化学物質及び監視化学物質という，特に人や環境への悪影響が懸念される危険物質についてのみサプライチェーンへの安全情報伝達義務が課されるのに対して，EUではすべての危険と分類される物質について，サプライチェーンへの安全情報伝達義務が課されるのに加え，REACH規則では川下から川上への用途情報の伝達の仕組みが存在する。つまり，事業者に求められる情報伝達義務の範囲が日本では限定的であるのに対して，EUではその範囲が広い。

つぎに，EUのRoHS指令にあたるのは，日本で2006年に成立した資源有効利用促進法政省令改正（特に，「電気・電子機器の特定の化学物質の含有表示方法：JIS C 0950」(JIS, The marking for presence of the specific chemical substances for electrical and electronic equipmentの略称として通称J-Moss。以下，J-Moss）である。両規制は電気電子機器に含まれる有害化学物質の使用を制限する目的で制定され，規制対象となる物質や使用が認められる限度（閾値）も共通している。しかし，規制レベル，対象製品，規制方法の3点でその内容は異なっている。まず，規制内容について政府が定める場合と業界が自主的に定める場合では，一般的に政府が定める方が企業にとって負担が大きくなるが，日本では業界が主導的に定められるJIS規格が省令に引用される形がとられたのに対して，EUではEUレベルの規制内容が各国において国内法化される形式がとられている。また，規制対象製品が広ければ広いほど規制に対応する企業の負担は重くなるが，それが日本ではパソコンなど7製品に限られるのに対し，EUでは前述の通り医療機器と制御機器を除くほぼすべての電気電子製品が対象となった。さらに，有害物質の使用が制限されると企業には代替物質を開発して対応する新たなコストが必要になるが，それが日本では有害物質が基準値を超えて含有されていても含有マークの表示と情報提供を行えばよいのに対して，EUでは基本的に含有製品を上市することができない（図序-1「化学物質規制に用いられるマーク」)。

最後に，EUのWEEE指令にあたるのは，日本で1998年に成立した特定家庭用機器再商品化法（以下，家電リサイクル法）である。両規制は電気電子機器廃棄物の量を減らすために，そのリサイクルや再利用を進めることを目的として制定された点が共通している。しかしその内容については，対象製品の範囲，回収達成義務，リサイクルコストの負担者の3点で異なっている。まず，RoHS 指令と同様に，規制対象となる製品が広ければ広いほど企業の負担は重くなるが，それが日本では冷蔵庫など大型家電4品目であるのに対し，EU では前述の通り，ほぼすべての電気電子機器が対象となっている。また，回収達成義務が日本では課されないのに対して，EU では加盟国に国民一人当たり4キロの回収達成義務が設けられており，間接的に企業が法令を遵守するコストを負担している。さらに，EU のように，廃棄時にリサイクルコストを企業が負う場合には，企業がそのコストを製品価格にどの程度転嫁するかを市場原理にしたがって決めることになるため，日本のように，リサイクルコストを消費者が負う場合に比べて企業の負担はより重くなる。

このように，いずれの規制においても日本に比べて EU において厳格な環境リスク規制が成立しているといえる。こうした EU の環境リスク規制の厳格化に対して，EU 加盟国に加え，1960年代から1970年代に先だって厳格な規制を導入したはずの日本やアメリカのような国も，対応を求められるようになった。

それでは，国際的な規制目標は共有されながらも，1990年代以降に企業活動に起因する環境リスク規制について日本に比べてヨーロッパで厳しい化学物質規制が成立したのは，どのような要因によるのであろうか。規制のあり方に影響を与える要因には様々なものが考えられるが，冒頭で述べたようにリスク規制においては，有害性そのものや生じる可能性が低い事象が含まれるため，生じうる可能性のあるリスクや予防すべき悪影響をどのようにとらえるか，という政策課題を設定すること自体が政治的な問題になる。それは後で述べるように，リスク管理が様々な社会条件のもとで総合的に決定される必要があり，実際の社会は多様なアクターの利害関係が複雑に入り組んでいるためである。そこで本書では政治的要因を明らかにすることを目的とする。つまり，日欧における複数の化学物質規制を横断的に比較分析することによって日本に比べてヨーロッパで厳しい化学物質規制が成立した政治的要因を明らかにする。

リスクやハザードをめぐる規制の中で有害化学物質規制を取りあげる理由は，有害物質規制が以下の特徴を有しているからである。まず，有害化学物質は慢性的な毒性と長期的な残留性という性質を有する点で，環境リスクの中でも重要かつ代表的な位置づけにある。環境リスクについて考察する際に最も問題となるのが長期的な残留性と慢性的な毒性が問題となる化学物質管理についてである（高橋，1999：176；大塚，2010a：295）。このため，化学物質規制は環境リスク問題を扱う上で典型的な事例といえる。

また，化学物質政策は環境保全のみならず，公衆衛生，原子力利用など他のリスクと関連する政策領域と深く関係する。化学物質規制政策は，用途ごとに規制が進められてきた。たとえば，農薬，食品，建築といったものである。これは，何を経由して人に接触あるいは環境中に放出されるかという暴露のプロセスによって，化学物質の使用用途は異なり，その悪影響の与え方である有害性の程度も異なるためである。もちろん，それぞれの分類の仕方には多少の違いはあるものの，こうした用途ごとの化学物質規制は先進諸国で共通した傾向である（図序-2「日本の化学物質関連関係法体系」および図序-3「欧州の化学物質関連関係法体系」）。農薬，食品安全，医薬品など，個別の規制をみると化学物質規制に含まれる範囲は広い。このため，化学物質リスク規制の性質は，安全や健康と関連する他のリスク規制とも関連が深いものである（高橋，2001：27―28）。したがって，化学物質規制政策を分析することで，リスクに関わる他の政策領域を分析する際に参考となる知見が得られると考えられる。

このような特徴から，特に有害化学物質規制は環境リスクやハザードに対する規制の中でも重要な位置づけにあり，リスク規制全体を考える上でもこの事例は重要な意味をもつ。

2　環境リスク規制分析の学術的意義

本節では，環境リスク規制分析の学術的意義を示す。本書が目指すのは，三つの貢献である。第一に，政治学的アプローチからリスクアナリシスの枠組みに対して新しい視角を追加することによるリスク規制研究の発展への貢献である。第二に，政治学・行政学への貢献である。本書では，制度配置が政策帰結に与える影響についてのモデルを提示し，政策課題の設定から政策形成のメカニズムに至るまでの流れを明らかにする。第三に，日本とEUという異なるレベルでの政策形成についても比較可能

有害性＼暴露		労働環境	消費者	環境経由	排出・ストック汚染	廃棄	危機管理
人の健康への影響	急性毒性	毒劇法	毒劇法		大気汚染防止法、水質汚濁防止法	廃棄物処理法等	化学兵器禁止法
	長期毒性	労働安全衛生法、農薬取締法	農薬取締法、食品衛生法、薬事法、家庭用品品質表示法、有害家庭用品規制法、建築基準法	農薬取締法、化学物質審査規制法（化審法）、化学物質排出把握管理促進法（PRTR・SDS制度）	大気汚染防止法、水質汚濁防止法、土壌汚染対策法	廃棄物処理法等	化学兵器禁止法
生活環境（動物性を含む）への影響				農薬取締法、化学物質審査規制法（化審法）、化学物質排出把握管理促進法（PRTR・SDS制度）	大気汚染防止法、水質汚濁防止法	廃棄物処理法等	
オゾン層破壊性				オゾン層保護法、化学物質排出把握管理促進法（PRTR・SDS制度）		(1)	

図序-2　日本の化学物質関連関係法体系

注１：フロン回収破壊法等にもとづき，特定の製品中に含まれるフロン類の回収等に係る措置が講じられている。

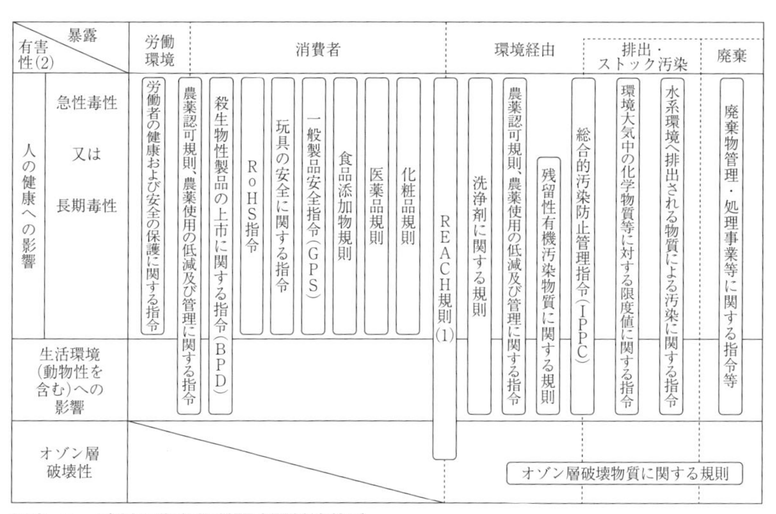

図序-3　欧州の化学物質関連関係法体系

資料：化学物質物規制の概略図（経済産業省，平成24年）。

注１：REACH 規則は消費者暴露，労働者暴露も対象となるが，農薬，殺虫剤（殺生物性製品），化粧品等は登録の対象外。

注２：ハザード分類及び表示等に関する CLP 規則（Regulation on Classification, Labelling and Packaging of substances and mixtures）は，可燃物，農薬，殺虫剤，等も対象となるが，化粧品（別途規定有），食品添加物は対象外。

であることを示すことによる，比較政治学に対する貢献である。以下，順に説明したい。

第一に，リスク規制研究への貢献についてである。リスク規制研究はこれまで法学，経済学，社会学，科学技術社会論，環境工学，生物学，社会心理学など様々な分野で取り組まれてきた。科学技術がめざましく発展するなかで，科学技術に関わるリスクを社会の中でいかに適切に管理し大きな被害や悪影響を予防するかという問題は，あらゆる分野において極めて重要な課題であることはいうまでもない。しかし当然のことながら，様々な領域における研究はその領域独自の関心に基づいて行われる。たとえば，法学では規制に関わる権利義務関係の規定に，科学技術社会論では技術と社会との関係性および社会的合意形成のあり方に，生物学では毒性学の視点からの動植物に対する影響に，社会心理学ではリスクが人の心理や行動に与える影響に，それぞれ焦点が置かれる。これらの研究領域では総じて，リスク規制の内容に影響を与える政治制度やそれにより規定される行政組織には，それほど関心を示さない。

環境リスク規制を政治学的アプローチによって分析する意義の一つは，アクターの選好や行政組織によるルールの運用方法を規定する政治制度が政策帰結に与える影響やそのメカニズムを分析できることにある。このことにより，リスクの影響を最小限に抑えることを目的として先進諸国で共有されている枠組みである「リスクアナリシス（リスク分析）」の適用に対する理解を深めることが可能になる。すなわち，リスクアナリシス自体は先進諸国で共有されているにも関わらず，リスク規制の内容に違いが生じることを説明するには，政治制度に着目する必要があると本書は主張する。リスクアナリシスをどのような政治制度のもとで適用するか，また実際に運用する行政組織がどのように異なるかという点が大きく関わると考えられるからである[(2)]（図序

（2） リスクアナリシスはリスク研究の発展に伴って進化し，環境，健康，保険，金融などリスク一般をコントロールする際に用いられてきた。特に1990年代以降は特に科学的評価だけではなく社会的評価も含めて政策決定を進める方向性へ進んだとされる。1983年の全米研究評議会（National Reserch Council：NRC）の報告書で発表された当時，リスク評価とリスク管理を分離して科学的評価を重視する傾向が強く，その概念にリスクコミュニケーションが含まれていなかった。しかし，1989年のNRCの報告書で，市民と専門家を対等な立場に置き，双方向的なリスクコミュニケーションの必要性が表明されると（National Research Council, 1989=1997），1990年代以降は，リスクコミュニケーションも重視されるようになった（石原，2004：91-93；平川，2005：51-52）。

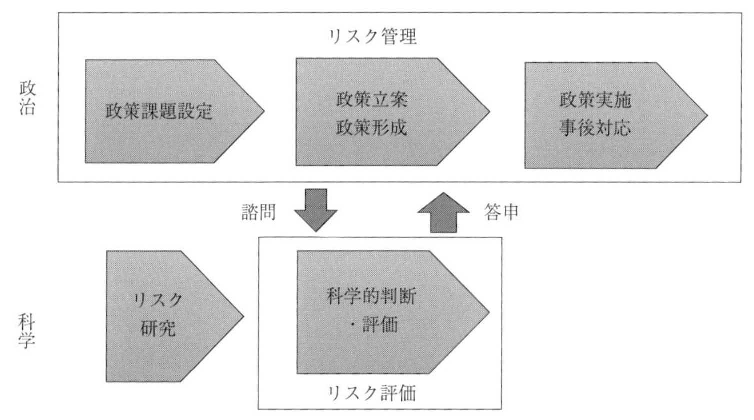

図序-4　政策過程におけるリスクアナリシス
出典：平川（2011：4）を参考に筆者作成。

-4「政策過程におけるリスクアナリシス」)。

本研究では特に,「リスク管理」のあり方について，政治制度がどのように関わり，それが政策帰結にどのような影響を与えるのか，というメカニズムを分析する。リスク管理は，政策課題の設定からその実施に至るまでの，リスクに関する政策過程の広い段階に関わるという意味で，リスクアナリシスの中でも重要な要素である。既に政治学や行政学でも，リスクアナリシスに関わる制度や組織が実際の政策過程にどのように機能しているかを分析する研究は存在している(3)。これに対し本研究は，規制主体である行政組織が政策課題の設定にどのように関わるか，またそれにより政策形成にどのような特徴がうまれるか，さらにそれぞれの政策帰結にどのような違いが生じるかを明らかにしようとする。化学物質は慢性的な毒性と長期的な蓄積性という環境リスクの代表的性質をもつため，化学物質規制の分析から得られる知見は，環境保全，食品安全，原子力安全といった他の科学技術に関わるリスク規制政策におけるリスクアナリシスの理解にも貢献できると考える。

（3）　たとえば日本における研究として，原子力規制をはじめとしたリスクに関する法システムや組織の制度設計に関する研究として城山（2003；2004b；2005；2006；2007；2015），食品行政における行政組織の課題などを含む日本の技官を中心とした行政制度と政策研究として藤田（2008；2012），日本の食品安全行政へのリスクアナリシスの適用や実際の組織運営上の課題を示す研究として平川ほか（2005），食品安全行政の制度設計やガバナンスの問題を分析する研究として松尾（2013）がある。

第二に，政治学・行政学への貢献である。本書では，政治制度の規定のあり方（以下，本書ではこれを「制度配置」と呼ぶ）が，行政組織などに代表される規制者の，事業者等被規制者に対して有する規制並びに実施に対する権限や責任を定め，これらを通じて政策形成の特徴さらには規制内容に影響を与えることを示すモデルを提示する。これにより，リスク規制に関わらず，規制政策一般における政策課題の設定のされ方とそれに伴う意思決定の特徴に対する関連を明示することで，政治学・行政学へ貢献することを目指す。またこのモデルを示すことは，前述したリスクアナリシスの枠組みにおけるリスク管理のメカニズムを明らかにするという意義も含まれる。

もっとも，政治学や行政学において，不確実性は様々な形で扱われてきた。たとえば不確実性に関する組織の意思決定モデルの一つである「ゴミ缶モデル（garbage-can model）」（Cohen et al., 1972；March and Olsen, 1986=1989：13-40）は，組織における合理性や合理的決定とは対比的に，組織における意思決定の無秩序さを示している。また，不確実性は政治・行政活動の中では常に存在しているため，この存在を当然のこととして不確実性を考慮にいれて制度設計や政策形成が行われてきた。

こうした中で，リスク規制を扱うことには大きな意義がある。なぜなら，リスク規制で扱われる科学的不確実性や専門性がきわめて高いことにより，政策決定における法治行政原理や行政活動への民主的統制の観点がより鮮明に現れるためである。科学的に不確実である可能性を含み，かつ生じる悪影響の程度または生じる頻度が低い事象に対して，政府は，事前介入の際には，規制する根拠を提示する困難性に直面する。また，こうした問題の専門性は高く，状況に応じた政策的判断が求められ，さらに時間やコストとの関係から，十分な時間を確保して全ての個別状況に応じた対応をすることは難しくなる。つまり，リスク規制では，「法令による民主的で画一的な統制の要請と個別の対象の個性に対応した柔軟で鋭敏な行政活動の要請という，行政活動における基本的ジレンマ（西尾，2000：33）」が強く現れることになる。したがってリスク規制のあり方を分析することは，規制政策の形成や規制行政の特徴を明らかにするのに適している。

本研究では，後で詳述するように，リスク規制政策において重要である，政策課題を設定する規制主体にも留意する。規制主体が被規制者に対してどのような権限や責任をもつか，さらに実施に対して権限や責任をどの程度有するかによって，課題設定や政策形成の特徴が現れると考える。政策課題の設定の重要性については，より多くの資源を持っているアクターほど政府の政策課題の設定に影響力を与えることができる（Cobb and Elder, 1971），解決すべき政策課題とされるに課題や政策案だけでなく，政治の流れのような外部環境も重要である（Kingdon, 1984=2017），決定的分岐点のような重大な出来事（focusing event）が政策課題の設定に与える影響するとする議論（Birkland, 1997）行政活動のなかでの行政需要と行政ニーズの関係がもつ意味（西尾，1990：117-166）などが示されている(4)。しかし，政策課題の設定と政治制度の関係について十分に研究が行われているとはいえない(5)。本研究では，リスク規制を事例として，政治制度を起点とした政策課題の決定やその意思決定に関する枠組みを提供することで，規制政策の課題設定とその過程に係るメカニズムと規制行政の実態に関する知見を提供する。

第三に，比較政治学への貢献である。本書は，日本とEUの化学物質政策の政策過程を比較分析することにより，なぜヨーロッパで厳しい環境リスク規制が成立したのかという事実を明らかにする。EUでは1990年代以降に化学物質に限らず，環境全般，食品安全，消費者保護といった分野で予防をめぐる厳格な規制が次々に導入された。これは，アメリカや日本など他国に比べても逸脱している状況にあるといえる。では，なぜEUにおいてこうした規制を導入することが可能であったのか。これはたいへん興味深いテーマであり，他の国と比較分析しその理由を明らかにすることにも大きな意味があると思われる。

従来の比較政治学研究では，日本とEU加盟国各国の政治や政策間の比較分析が行われ，日本とEUが比較対象とされることはなかった。日本のような単一国家と，

（4）　政策課題の設定については，Birkland（2016, 199-239），秋吉ほか（2015：49-69）を参照した。なお，アメリカにおける政策課題の設定を政府の情報処理の仕組みという観点から一般化する研究であるJones and Baumgartner（2005）は事例分析を否定的に捉えるが，本書では政策形成の過程も含めて政策課題設定を分析できるに事例分析を行う意義があると考える。また後で述べるように，本書で扱う事例は社会における注目度がそこまで高くない政策課題といえるため，政策形成活動のルーティーンに着目するものである。社会的に注目度が高まった場合については，終章で述べるように別途検討が必要である。

（5）　後で述べるように例外として政府と拒否権プレーヤーとの距離により，環境パフォーマンスが異なることを示すJahn（2016）がある。

EU のような超国家的機関では，その制度構造が大きく異なるためである。しかし1980年代半ば以降，特に環境政策の形成に関して，加盟国を取り巻く状況は劇的に変化した。1986年の単一欧州議定書調印を契機として，それ以降 EU レベルへの環境規制の統合が制度的に進んだ。それと同時に，規制内容の決定プロセスの重心も加盟国レベルではなく EU レベルに移行した。これに伴い，1990年代以降の環境政策の形成過程を分析する場合，日本と加盟国の間で政策形成メカニズムを直接比較することは困難になった。具体的な規制内容を検討するには，加盟国レベルの政策過程に着目するよりも，むしろ EU レベルの政策過程を重視して分析する必要が生じているともいえる。この点は，加盟国に直接適用される規則だけではなく，指令についても同様である（規則・指令の説明は第１章で行う）。既に，たとえばアメリカと EU の環境・食品安全・消費者保護規制を横断的に比較する研究（Vogel, 2014）や，アメリカと EU の農業政策を比較する研究（Sheingate, 2000）のように，安全規制や農業政策など EU レベルに政策形成が移行した分野に関しては，政策過程を比較する研究が存在する。

もちろんＥＵでは社会保障政策など加盟国が主体となる政策領域も多く，すべての政策領域を比較分析することは困難である。とはいえ，環境規制のように EU が規制内容を具体的に定める構造を有している分野において政策過程を比較することは可能であり，むしろ1990年代以降の EU における規制を比較分析する意義は大きい。このため，本研究では，日本と EU における政治制度の発展過程の違いに着目することにより，制度配置によって規定される規制者の権限が規制内容に影響を与えるメカニズムを明らかにすることで，1990年代以降に日本に比べて EU において厳しい規制が成立した理由を説明する。そして，一部の政策分野に限られるとはいえ，異なるレベルの政体を比較することが可能であることを示すと共に，これまであまり注目されることのなかった政治制度の特徴を明らかにすることで，比較政治学に対する貢献を目指す。

3　環境リスク規制はどのように規定されるのか

本書では，日欧の化学物質規制改革の政策過程を比較分析することにより，環境リスク規制の内容がどのような政治的要因によって規定されるのかを明らかにする。分析のなかでは，前項でも確認したように，リスク管理の過程を示すこと，制度配置に影響を受けて政策課題が設定されるメカニズムを示すこと，日本とEUの政策過程が部分的に比較可能でありここから新しい知見を提供できることを示すことにより，リスク規制研究，政治学・行政学研究，比較政治学研究に貢献することを目指す。

詳しくは第2章第4項で述べるが，本書の構成は以下の通りである。第1章では制度配置と規制者の権限をめぐる分析枠組みを示す。リスク規制に影響を与える要因に関する先行研究を検討した後，本書で対象とする制度配置の概念について明らかにする。そして，制度配置によってもたらされる規制者の被規制者に対する権限と責任，および実施に対する権限と責任の違いが規制内容に与える影響とそのメカニズムに関する仮説，および分析枠組みを示す。このなかでは，規制者が被規制者に対して発展させる役割を持っているか否か，さらに実施に対する権限や責任を担っているか否かにより，政策調整のあり方が規定され，規制内容に影響を与えることを示す。具体的には，以下の内容である。日本では規制者が被規制者に対して発展や育成など規制以外の権限と責任を担い，かつ政策実施に対して権限と責任を有していることから，ボトムアップかつ事前調整型の政策形成が行われ，緩やかな規制が成立する。これに対しEUでは，規制者が被規制者に対して規制する権限と責任を担い，かつ政策実施に対する権限と責任が部分的であることから，トップダウンかつ事後調整型の政策形成が行われる結果，厳しい規制が成立する。

第2章では，歴史的制度論にもとづき制度配置の歴史的な形成過程を示す。日本では1971年の環境庁設立が決定的分岐点であり，EUでは1986年の単一欧州議定書調印が決定的分岐点であった。これにより環境政策における主導権が日本では業所管省庁，EUでは欧州委員会の担当総局によって握られていく過程に重点を置いて分析する。

第3章から第5章では日本とEUにおける代表的な化学物質規制を対象として事例分析を行い，第1章で示した仮説が支持されるかどうか，および分析枠組みが適用されるかどうかを検証する。

第3章では化学物質の製造・使用に対する規制として，日本の化審法2009年改正の成立過程とEUのREACH規則を比較分析する。日本では政策実施に対する責任も有する経済産業省が法案制定を担当したことから，利害関係者との調整もボトムアップかつ事前調整を重視する形で行われ，やや緩やかな規制内容が成立した。これに対してEUでは，環境総局が規制案成立過程で重要な役割を担って化学物質規制案を作成し，また実施に対して責任や権限を一部しか有していないため，利害関係者との調整はトップダウンかつ事後調整によって行われた。これにより厳しい規制内容が成立した。

第4章では電気電子製品に使用される化学物質に対する規制として，日本のJ-Mossの成立過程とEUのRoHS指令の制定過程を比較分析する。電気電子製品に対する規制ではもともと通商産業省が所管していたことから，規制案作成においても重要な役割を果たしたことから，ボトムアップ的かつ事前調整型の政策形成となり，やや緩やかな内容が成立した。これに対してEUでは，環境総局が重要な役割を果たし，また，環境総局は実施に対して権限や責任を有していないため，事後調整型の政策形成となり，拡大生産者責任といった理念が重視される厳しい規制内容が成立した。

第5章では化学物質を含む電気電子製品の廃棄・排出に対する規制として，日本の家電リサイクル法の成立過程とEUのWEEE指令の成立過程を比較分析する。日本ではリサイクルの問題が生じたときに業界の意見を汲みやすい通商産業省が中心的役割を果たすことになった。実施に対しても責任をもつ通商産業省が業界との調整をボトムアップ的に行い，やや緩やかな規制が成立した。これに対してEUでは，RoHS指令同様，リサイクルに関する規定の見直しを行う際に環境総局が中心的な役割を果たすことになった。環境総局は実施に対して完全な権限をもたないことから，事後的な調整かつトップダウンを特徴となり，厳しい規制が成立した。

終章では，本研究における分析対象とする3パターンの規制いずれにおいても，仮説および分析枠組みが適用できることを結論として示したうえで，分析の含意と課題を示す。

第1章

制度配置と規制者をめぐる分析枠組み

本章では，本書で用いる制度配置と規制者の権限分析枠組みを示す。初めに，リスク規制に影響を与える要因について，先行研究に基づいて検討を行う（第1節）。これを踏まえて，リスクに対する規制政策の特徴について分析する。その上で，本書で対象とする制度的要因，とりわけ制度配置によって規定される規制者の被規制者に対する権限並びに実施に対する権限や責任の有無といった分析の基礎的な概念について検討を行う（第3節）。その上で，本書の仮説および分析枠組みに加え，リサーチ・デザインを示す（第4節）。

1　リスク規制に影響を与える諸要因

（1）経済的要因・社会的要因

本書では，前述の通り，リスク規制における政策課題の設定の重要性に着目することから，政治的要因について検討を進めるが，規制内容が経済的要因あるいは社会的要因に左右された可能性もある。このため，1990年代以降の化学物質改革に関して，経済的要因および社会的要因に関連する先行研究について検討を行いたい。とりわけ，市場規模，経済パフォーマンス，実際のリスク，ヨーロッパのキャッチアップ，文化的価値について検討する。

まず，規制の厳格化の要因として経済規模に着目する議論についてである。「EUの規制力」（遠藤・鈴木，2012）の背景としての経済規模がその例である。すなわち，ヨーロッパが巨大な市場規模を有していることを背景として，1990年代以降に一連の厳格な規制が導入できたのではないかという。EUの規制力（特に標準化戦略）の議論ではEU域内における規制強化のメカニズムを分析しているが，その背景とされるのは人口と名目上の域内総生産が世界最大の経済体であるEUの市場規模（遠藤，2012：4－5）である。もちろん政策領域ごとの規制力にはばらつきがあるため，経済規模の大きさが直接的に規制力につながらないとしているものの（同前書：6），規制力のひとつの構成要素とされる。なぜなら，EUの市場規模が大きいと域外国が貿易や投資の観点からEU市場を無視することができず，EUの規制やルールを域外国が受け入れることで，EUの規制力が強められる「市場の引力」を形成するからである（鈴木，2012：27)。また，EUで最も厳しい規制力をもつ分野のひとつである環境規制についても，その経済規模を背景として域内ビジネスに優位に働くような「経済戦略」をEUが追及していることが指摘されている（臼井，2012：145,153-157)。

しかし，経済規模の大きさは規制の厳格化において必要条件なのであろうか。つまり，規制は経済規模あるいは市場規模が大きいほど強化されるものなのであろうか。政治経済学の通説的な理解では，市場規模の小さい国の方が規制は厳しいと理解される傾向にあるといえる。たとえば，Katzenstein（1985）は，西ヨーロッパの小国におけるコーポラティズムによって，労働および産業政策において厳しい規制が導入されてきたことを示している。また，Hall and Soskice（2001）は，直接的には経済規模に言及していないものの，アメリカのような市場規模が大きな国でも自由経済市場が強い国々では労働および産業政策で緩やかな規制が導入されていることを指摘している。したがって，この論点については再考を要するものといえる。

このため，ここでは経済規模と化学物質規制の強化について検討するために，比較的多くの国々で導入されている新規化学物質届出規制の厳しさと市場規模の関係についてみていきたい。新規化学物質届出制度とは，化学物質を新たに輸入あるいは製造する際に化学物質の安全性に係る情報を事業者が政府に提出する制度である。日本における化審法やEUにおけるREACH規則がそれにあたる。

新規化学物質の届出制度の導入は先進諸国で比較的広くみられるものの，届出内容や届出方法には統一されたルールがあるわけではなくその内容には幅がある。また，新規化学物質規制が制定されている国と制定されていない国がある。このため，地理的な散らばりにも配慮して，新規化学物質規制の有無が同数になるように計20か国のデータを集めた[1]。それぞれの国の新規化学物質届出制度の規制の厳しさについて日本化学物質・安全情報センター『世界の新規化学物質届出制度』（2007）を参考に，届出対象物質関連の規制内容の６項目について規定の有無，数量規定の段階によって２段階から４段階で評価して，数値化した[2]。さらに規制の厳しさについては項目が多いため，主成分分析を行うことで変数を集約する作業を行った[3]。一方の市場規模について，ここでは，「市場規模＝（化学製品出荷額－輸出額＋輸入額）／購買力平価を考慮した一人当たりGDP」とした。第一主成分である「規制の厳しさ」と市場規模の散布図が図１－１「規制の厳しさと市場規模」である。ここからは，市場規模の小さい国でも比較的規制が厳しい国があり，市場が大きくても規制の緩やかな国があることが確認できるため，規制の厳しさと市場規模の間に相関関係は認められない[4]。

次に，リスク規制のあり方に影響を与えうる要因としてVogelが議論する，経済パフォーマンス，実際のリスク，ヨーロッパのキャッチアップ，文化的価値についてである。Vogelはそれぞれの仮説について次のように否定している。まず，ヨーロッパの経済パフォーマンスや経済成長率が高かったことによって厳しい規制が成立しえたのではないかという点については，アメリカにおける1990年代以降の経済状況は高成長を保っていただけではなく，ヨーロッパで次々と予防的な規制が導入された2000～07年におけるGDPの成長率はアメリカで2.6％だったのに対し，EU15か国では2.2％であったことに触れながら，この仮説を否定する（Vogel, 2012：26-27）。また，

（1）　20か国は，ヨーロッパ，アジア，オセアニア，南北アメリカを中心とし，オーストラリア，ニュージーランド，カナダ，日本，韓国，アメリカ合衆国，スイス，EU，ブラジル，チリ，コロンビア，インド，インドネシア，イスラエル，メキシコ，ノルウェー，ペルー，フィリピン，タイ，ベトナムとした。なお，ノルウェーはEUに加盟していないが，EEAに加盟しておりEUと同じ規制が適用されるため，規制ありの国としてカウントした。中国は他国と比較して極めて市場規模が大きい値となった（約9934万6979ドル）ため，外れ値として除いた。

（2）　項目として，届出不要ポリマー規定の有無，少量免除規定の有無（数量制限で重みづけ），研究開発免除規定（数量制限の有無），試験販売免除規定の有無，アーティクル規制の有無，既届出物質の後続届出の必要性の有無とした。

（3）　第一主成分までが固有値１以上となるため採用された。また，第一主成分は「規制の厳しさ」と意味づけた。

（4）　市場規模と第一主成分「規制の厳しさ」に関する相関分析の結果は，相関係数0.113（有位確率（両側）0.634）であり，ここからは２つの変数間に相関関係は認められない。

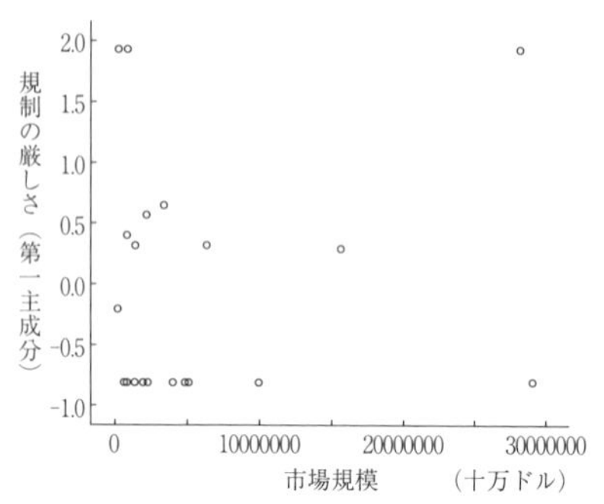

図1－1　規制の厳しさと市場規模（2007年）

出典：筆者作成。

実際のリスクが地域あるいは国ごとに異なっていたために，地域や国ごとの規制の程度に違いが生じているのではないかという仮説もある。この仮説については，個別のリスクについて地域や国ごとに分析した包括的なデータはないため，被るリスクの違いは不明確であることや，もしヨーロッパにおいてリスクが高い状況が生じていたとしても，どれだけのリスクに市民が直面しているかという点と政策形成者がそれにどの程度対応するかという点の関係性は必ずしも明確ではないとして否定する（Vogel, 2012：23-24）。さらに，1980年代までヨーロッパの規制が他の国や地域より遅れていたため，そのレベルに追い付くために規制が強化されたのではないかという点については，REACH 規則をはじめとする1990年代以降にヨーロッパで導入された規制が，世界でも最も厳格な規制内容であり，なぜこうした基準が採用されたのかという点は説明できないとして，この仮説を否定する（Vogel, 2012：25）。最後に，ヨーロッパの文化的価値観が規制を強化することを好んだのではないかという点については，仮にヨーロッパに歴史的にこうした価値観が根づいていたとしても，アメリカにおいて1970～80年代にヨーロッパに比べて厳格な規制が導入された理由を説明することはできないことや，ライフスタイルや科学技術に対する態度がそもそも先進諸国間でそこまで決定的に異なっているのかという点は不明確であるとしてこの仮説を否定する（Vogel, 2012：32-34）。

このように，これらの経済的要因および社会的要因ではヨーロッパで1990年代以降に厳しい環境リスク規制が成立した理由を十分に説明することができない。このため，次に政治的要因について検討を行う。

（2）政治的要因

本書の問いである，予防をめぐる環境規制について日本に比べてヨーロッパで1990年代以降に企業負担が重い規制が成立するようになったことを説明する政治的要因を説明する先行研究を整理すると，利益，制度，アイディアという３つの系統に大きく分けられる。以下ではアイディアと利益の要因が中心的に論じられた研究を順に検討する[5]。

①アイディア

1990年代以降にヨーロッパにおける化学物質規制が日本を含む他の国や地域に比べて強まった理由として，アイディアを中心的な要因と捉える先行研究を検討する。

本書と近い関心を持つ研究として，Vogel（2012）がある。Vogelは，ヨーロッパとアメリカの予防をめぐる規制を比較分析して1990年代以降にヨーロッパで規制が強まった要因を分析した。Vogelは特に公衆のリスク認識，政治的な環境保護派勢力の台頭，政策担当者の選好基準の変化という３つの要因に着目し，食品安全，大気汚染，化学物質規制，消費者保護といった多様な領域について分析した。その中で，化学物質規制の事例分析に関しては公衆のリスク認識の高まりや環境保護勢力の伸長ではなく，政策担当者の選好基準の変化に関する要因，特に「予防原則（precautionary principle)」という政策アイディアが化学物質リスクの規制において重要な役割を果たしたとする。予防原則とは，規制根拠が不十分な状態でも予防的措置を講じることを認める政策アイディアである。Vogelによれば，アメリカでは連邦政府が健康に対するリスクをそこまで考慮しなかったのに対し，EUでは予防原則が重要な役割を果たして，政策決定者が有する基準が予防的なものへ変化したことでREACH規則，RoHS指令，WEEE指令といった化学物質規制が強まった（Vogel, 2012：187-189)。

特に2006年にEUで成立したREACH規則については，予防原則をめぐって生じ

（5）　ここでは，本書の課題に即して先行研究のレビューを行っているが，深谷がより広い観点から規制現象を説明する理論研究を検討しているため，参照されたい（深谷，2012：８-13)。

た食品安全政策などの他分野の議論がREACH規則の提案内容を強化する役割を果たしたこと（Pesendorfer, 2006：104）や，過去の政策の失敗の積み重ねによって広がったリスクを予防的に規制することに対する世論や政治による支持（Vogel, 2003）に対応する形で化学物質規制を予防的なものに変えようとする要求が生じたこと（Selin, 2007：74；2009：65）が指摘されている。

EUでは，1992年マーストリヒト条約174条2項において予防原則が環境政策の原則であることを示し，規則や指令の中でも予防原則について明示的あるいは黙示的に採用してきた。また，欧州委員会は2000年のコミュニケーションペーパー（Communication from the Commission on the Precautionary Principle）で「予防原則」の適用指針を示している（European Commission, 2000a）[6]。予防原則は当初，環境分野において採用されたが，食品安全などの消費者保護にそれを拡大させている。このように予防原則は1990年代以降，EUの政策の中で広まってきた。このため，Vogelらの研究によって示されたように，予防原則という新たな基準が広まったことによって政策形成者が予防的基準を採用したり，世論の支持を得るようになったりしたという指摘は重要である。

では，Vogelらが分析するように，予防原則という政策アイディアの有無によって規制が強くなるといえるのであろうか。以下では，予防原則を積極的に捉えている国で，EUのように企業負担の重い化学物質規制が成立しているのかどうかを検討する。たとえば，オーストラリアやカナダは予防原則が積極的に捉えられて法律上にも明示的・暗示的に示す国として知られている（小山，2001；2006）。しかし，それぞれの国の新規化学物質届出制度の規制の強さについて日本化学物質・安全情報センター『世界の新規化学物質届出制度』（2007）を参考に，届出対象物質関連に分類される6項目について[7]，規定の有無，数量規定の段階によって2段階から4段階で評価した上で数値化して（数値が高いほど規制が厳しいことを示す）合計したものを比較すると，

（6） 2000年のコミュニケーションペーパーは，1998年に欧州委員会の保健・消費保護局が作成したガイドライン（Guideline on the Application of the Precautionary Principle）に加筆される形で作成された（小山，2002：23）。1998年のガイドラインと2000年のコミュニケーションペーパーについては小山（2002）が詳しい。

表1-1　新規化学物質規制の強さの比較（2007年時点）

	カナダ	オーストラリア	日　本	E　U
届出不要ポリマー規定	1.0	1.0	1.0	1.0
少量免除規定	0.3	0.7	0.3	1.0
研究開発免除規定	0.5	1.0	0.5	1.0
試験販売免除規定	1.0	0	1.0	1.0
アーティクル規制	0	0	0	1.0
既届出物質の後続届出の必要性	0	0	0	1.0
規制の強さ	2.8	2.7	2.8	6

出典：日本化学物質・安全情報センター（2007）を参考に筆者作成。

EUの方がカナダやオーストラリアが有する規制も厳しいと判断できる（表1-1「新規化学物質規制の強さの比較」）。

また，日本でも国際協定や条約に対応する形で国内のリスク規制において，予防原則の考え方の適用は増えてきている。環境基本法第4条では「環境の保全は，（中略）科学的知見の充実の下に環境の保全上の支障が未然に防がれることを旨として，行われなければならない」と定められ，直接的に「予防」について触れているわけではないものの，科学的根拠が不十分であることが措置を講じることを延期する理由ではないとされている（環境省総合環境政策局総務課，2002：149）。また，2000年の第二次環境基本計画では環境政策の4つの指針のひとつとして「予防的な方策」が初めて盛り込まれ，2006年の第三次環境基本計画，2012年の第四次環境基本計画でもその方針が引き継がれている。また，オゾン層保護法など日本における予防原則の考え方は広がってきている（大塚，2010a：3，6，10，11章）。化学物質規制にかかる個別法でも，1973年に新規化学物質届出制度として成立した化審法では科学的不確実性を前提としている点で予防原則の考え方に基づいているとされる（大塚，2009：80-81）。しかし前述の通り，2009年改正の内容では実質的にEUのREACH規則よりも厳しい内容の

（7）既存化学物質リスト関連，（化学物質情報に関する）調査方法，届出対象物質関連，届出方法関連という4つの大項目のうち，届出対象物質の範囲に関する「届出対象物質関連」を分析項目として選んだ。なお，規制項目とした「アーティクル規制」はもともと「アーティクル免除規定」となっていたものだが，アーティクル（成形品）規制の有無によりその項目の有無が変わる（アーティクル規制に免除規定がない国は存在しない）ため，アーティクル規制の有無に置き換えた。

規制が成立している（大塚，2010b）。

このように，規制の強さや弱さに影響を与えるのは，予防原則という政策アイディアの存在の有無のみであるとは考えにくい[8]。このため，より重要であるのは，予防原則が政策過程において適用されやすくなる，あるいは，適用されやすくなることを規定する制度的条件の方にあるのではないだろうか。

②利益

1990年代以降にヨーロッパにおける化学物質規制が日本を含む他の国や地域に比べて強まった理由について，アクターの利益や利益に基づく戦略を中心的要因とした先行研究を検討する。

日本における化審法2009年改正とEUにおけるREACH規則の立法過程を直接比較分析した研究は存在しないものの，それぞれが成立した理由についてアクターの活動や影響力に注目した分析はなされている。化審法2009年改正を分析した内記（Naiki, 2010）は，日本の利害関係者が規制制度そのものの改革を行う動機を持たなかったことや，環境保護を促進する非国家アクターの組織化が不足していたことを指摘している[9]。また，REACH規則成立の理由を提唱連合枠組み（Advocacy Coalition Framework）で分析した研究によると，REACH規則の最終提案には企業連合の意見が反映されたものの（Pesendorfer, 2006），最初の提案内容が基本的に守られた理由として環境連合の活動の強さや継続性が重要な要因であったことが示されている（Selin, 2007）。利害関係をもつ特定のアクター，あるいはその構成員の影響力に着目した研究もある。たとえば，Haverland（2009）は，オランダを事例としてEUの政策過程に送り込んだ専門家がREACH規制を積極的に推進したことを示した。また，安達（2015）は政策ネットワークの構成員やその影響力の違いによってドイツ（さらにEU）と日本の化学物質規制の内容が異なったことを指摘している[10]。

（8） たとえば，日本とイギリスの行政組織改革の政策過程を比較分析した内山（2005）は，同じアイディアが実現する可能性は日英のエグゼクティブパワーをめぐる制度配置によって異なりうることを示している。

（9） フォリヤンティ＝ヨスト（2000）においても，日本の環境政策が1990年代以降それほど発展しなかった要因として，市民運動が活発ではなかったことに着目して分析する。

こうした先行研究では，政策過程における利害関係者の対立間でどのアクターが強い影響力を及ぼしえたかという要因が分析されるため，政策帰結に至るプロセスが明示されている。しかし，次のような限界がある。それは，アクターの選好を所与とする分析にせよ政策形成過程で内生的に変化する分析にせよ，アクターの選好形成に影響を与えた要因やそのメカニズムについては十分な分析が行われていない点である。アクターの選好形成やその後の合意形成は制度によって影響を受けるため，日本とEUアクターの選好について制度的要因と関連づけて分析を行う必要がある。

次に，先行研究で指摘されるグローバル・スタンダード戦略について検討したい。遠藤・鈴木（2012）では，EUの規制力（特に標準化戦略）に着目してEU域内における規制強化のメカニズムを分析している。ここでは「規制力」について，「ある経済的・社会的・政治的行動主体が，他の行動主体に対し，相互に認知し，共有し，それにしたがって行動するルール・要件（『標準』）に基づいて行動することを，誘導ないし強制すること（『規制』）を担保し実効的なものにする能力のこと」，と定義する（鈴木，2012：20-21）。そして，EUの規制力の実効性を担保する能力として，アジェンダ・セッティング能力（国際的な関心事項を設定できること），説得力（国際社会に影響力を与えられること），集合的行動能力（国際機関を通じたグローバルな規制策定過程における票数をもつこと），市場の引力（域外からの資本と商品を引きつけられること）という4つの能力をあげている（鈴木，2012）。EUでは，1992年に調印されたマーストリヒト条約によって単一市場が形成された後に様々な分野で規制が形成されており，こうしたグローバル・スタンダードづくりをEUがけん引してきたといえる。

とりわけ，規範的なパワーと経済的戦略性の結びつきに着目する臼井（2012；2013）は，EUの化学物質規制について，生産・利用・廃棄のすべてのステージで環境に配慮する仕組みが具体的に示されたとする2001年の統合製品政策（Integrated Product Policy：IPP）と，それと関連する環境規制（ELV指令，RoHS指令，WEEE指令，EuP指

(10)　安達の分析枠組みは政策ネットワーク論にメゾ・コーポラティズム論を組み合わせて政策に関わるアクターの違いが帰結に与える影響を強調するものであるかのように読めるが，分析枠組みで示されるべき肝心の因果メカニズムの説明が不十分かつ理論的な基盤が読みとれないため，分析枠組みが何を指すのかが明らかではない。また，分析概念の操作化もなされていないため，事例分析と分析枠組みの対応関係が不明確で理論的示唆に乏しい。

令，REACH 規則）がわずか６年の間に一気にリニューアルを進めていくというタイミングの計り方について「EU の戦略性」を示すものとする。

こうした EU の規制力に関する一連の研究では，近年の EU における規制政策の戦略性について，幅広い観点からの分析が説得的に行われている。しかし，化学物質規制については次のような疑問も残る。それは，WEEE 指令が途中で分離することで生まれた RoHS 指令や，エコデザインを指向する EuP 指令以外の指令や規則は，IPP が指向する製品ライフサイクルとは異なる文脈から生まれた規制であり，それぞれ加盟国の要望などによって1990年代前半あるいは半ばから継続的に議論されてきたという点である。また，IPP が初めてヨーロッパレベルで欧州委員会と利害関係者間とで検討されたのは1998年であり（Kögler and Goodchild, 2006：71），このときすでに一部の規制の議論は開始されていた。これらに鑑みると，一連の化学物質規制が IPP の一環としてうまれてきたのではなく，それぞれの化学物質規制に IPP のコンセプトが後づけされたという可能性も考えられる。もちろん EU の化学物質規制のなかには，たとえば REACH 規則の中で，高懸念物質（SVHC）の取り扱いや登録にあたっての企業に対するサポートなどの面で，域外国に一定程度不利な内容が含まれる規定もある[11]。このため，製品規制に関して安全性が明らかではない物質や粗悪品を排除できる点で経済戦略としての側面が含まれることは考慮に入れるべき観点ではあるものの，はじめからグローバル・スタンダード戦略を意図してそれぞれの化学物質政策立案が行われたかどうかについては議論の余地があるものと考えられる。

これに加えて，新たに導入された予防的規制に関しては EU 域内企業にとっても必ずしも有利に働く内容ばかりではないことが指摘されている（Vogel, 2012：27-30）。規制の中には部分的に EU 域外企業にとって不利な内容が含まれるものの，WTO の判断が示している通り規制内容そのものについて非関税障壁の問題にはなっていないとされる。また，EU 域内は日本同様に中小企業の割合が高く，2000年代初めの段階で中小企業の割合が95％を超えていた[12]。このため，規制の厳格化に伴う新たな規制へ

（11） Japan Business Council in Europe （JBCE） Ex-Director 2013年６月11日および2013年７月８日インタビュー，Japan Business Council in Europe（JBCE）Environmental Committee2013年７月８日インタビュー。

の対応や，既存の規制と大幅に異なる制度に移行することによって生じる手続きの煩雑化は中小企業にとってコストが高く，経済的利益に見合っているとはいえない。このため，EU 域内企業の経済的利益に対する EU 全体の政治的戦略のみでは域内企業に負担を多く負わせる規制が成立した理由を説明できない。

最後に，ヨーロッパの政府の選好がそもそも介入主義的であり，それゆえに厳しい規制を設けることを好んだのではないかという見解についても検討する。政府が市場に積極的に介入し，また設けられた規制に正当性があると仮定した場合，ヨーロッパでは政府が厳格なリスク規制を設ける選好をもち，それが企業や市民に受け入れられていたのではないかと考えられる。確かに，政府と企業の関係性について，アメリカと比較してヨーロッパでは介入主義的であると理解されており，1990年代以降に強化された規制はこうした理解に即した傾向といえる。しかし Vogel が示すように，政府が放任主義であり自由市場を重視するとして理解されているアメリカが，1970～80年代にヨーロッパに比べて厳格な環境規制や消費者保護規制をとっていたことは説明できない（Vogel, 2012：30-31）。このため，政府の選好のみによってヨーロッパで厳格な規制が導入された理由を説明することはできない。

以上の検討から，利益および戦略の要因だけでは EU において化学物質規制が強まった理由を十分に説明できないと本書では考える。

（3）制　度

ここまでの検討により，政策アイディアおよび利益の要因では，なぜ日本に比べてヨーロッパで1990年代以降に化学物質規制が強まったかについて十分に説明できないという問題点を抱えていることを示した。したがって，本書では制度的要因に着目して分析を進めたい。以下では，規制内容と政治制度の関係について，先行研究を検討

(12) 日本と EU では当時化学産業において中小企業の占める割合がそれぞれ96.9％と95.8％と共に非常に高かった（総務省統計局2006年（http://www.stat.go.jp より入手），Eurostat 2005年度（http://www.ec.europa.eu/eurostat より入手）のデータによる）。なお，日本における中小企業とは従業員300人以下，または資本金３億円以下（中小企業基本法２条１項）の企業であるのに対し，EU における中小企業とは Small and Medium Enterprises（SMEs）と表現される従業員250人以下，かつ売上5000万€以下またはバランスシート4300万€以下（2003/361/EC）の企業である。

していく。

まず，ヨーロッパの政党システムや選挙制度によって規制が強まったとする見方である。この見方に基づけば，政党システムが環境に関する政策課題をより取り上げやすくしたということになる。たとえば，Schreursは選挙制度が影響を与える政党システムの違いが市民運動に対して異なる影響を与えることで，ドイツ，日本，アメリカにおいて環境規制の発展に影響を与えることを指摘する。そのメカニズムによれば，ドイツにおける比例代表制が緑の党の成立を助け，緑の党の存在によって政府が環境コミュニティにおいて協議的な役割を果たしたのに対し，日本やアメリカの選挙制度がシングル・イシュー政党や第三党の成立を妨げたため，環境保護運動の活性化に影響を持たなかったとされる[13]（Schreurs, 2002=2007：77-78, 211-212）。

こうした研究では，政党システムや選挙制度によって特に緑の党やその所属議員の選好が形成され，規制内容に影響を与える点が説明されている。しかし，例外も多く存在するのではないか。たとえば，1970年代に環境政策で一定の成功を収めた日本のように，中選挙区複数候補者制を有して緑の党がない国でも環境政策は一定程度成功することから，緑の党の役割は野党でも果たしうる（Jänicke, 1992=1994：216-217）。また，1970年代のアメリカにおいても緑の党がない状態で環境規制は作られた（Vogel, 2012：31-32）。このため，特に緑の党の役割に影響を与える，政党システムや選挙制度によって規制の強さが直ちに決まるとはいえないのではないだろうか。

これと関連してJahn（2016）は政策課題の設定者（政府）と拒否権プレーヤーとの距離により環境パフォーマンスが異なることを示す。JahnはTsebelis（2002）の拒否権プレーヤー論をもとに政策課題設定力モデル（Agenda Sefting Power Model：ASPM）を設定する。政策課題の設定者である政府が，「環境―経済」の対立軸や左右の党派性，環境運動など様々な状況が環境パフォーマンスに影響を与えるとする。Jahnはこの枠組みをOECD加盟国21か国に適用可能であることを実証し，さらにEUの影響も考慮している点で重要な研究である。しかし，Jahnのモデルは影響を与えるとされる要素を示すのみであり，その過程を示すものではない。また政策課題の設定者

(13)　ほかにも，アメリカとデンマークについてはGreen-Pedersen and Wolfe（2009）。

である「政府」が具体的ではないため因果関係を含めて具体的に明らかにする必要がある。また国内政治分析が主であるため EU 内の政策課程については更に詳しく検討することも必要である。このため，政府と拒否権プレーヤーとの関係モデルとして異なる視点から分析しなければならない。

次に，司法制度が規制政策に与える影響に関する研究である。裁判所の判決が環境規制をはじめその他の規制政策に与える影響については広く研究されている。たとえば，日本の公害問題における環境規制の厳格化においては裁判所の判決がひとつの重要なターニングポイントとなっていたり（森，2003；2004），EU において欧州司法裁判所（ECJ）が規制強化の役割を果たしていたりする（たとえば，Augenstein（2012））。こうした司法判断と関連した重要な判決が化学物質規制の進展に影響を与えた可能性があるため，こうした観点は重要である。しかし，予防をめぐる化学物質規制についてみると，1990年前後に規制内容に直接的に影響を与える決定的に重大な判決は存在していない。このため，別の観点からの説明を検討する必要がある。

つづいて，Carpenter（2010）による評判の獲得による規制組織の規制権力の強化に関する研究がある。Carpenter はアメリカの食品医薬品局（Food and Drug Administration : FDA）が組織外から獲得する評判により，その権力を強化してきたことを示す。議会の委員会や医薬品会社などを含むオーディエンスが規制者を強めたり弱めたりする，規制者はオーディエンスに順応するという二点により規制内容に影響を与える（Carpenter, 2010 : 33-35）という視座の重要性はもちろん，制度の構成面にも着目するという点でも貴重な研究である。しかし，研究視角やアメリカにおける多元主義的な政治過程の背景のためか，官僚制と組織外の関係が重視され官僚制組織内の関係はあまり重視されていない。本研究で対象とする環境リスクは社会的関心がそこまで高くないため，官僚制外より官僚制内の組織間関係を合わせて見る必要がある。したがって，評判の獲得以外のアプローチをとる必要がある。

最後に，官僚制に関しては手塚（2010）による官僚制の責任回避に関する研究がある。手塚は「するべきではなかったのにした」という作為過誤と「するべきだったのにしなかった」不作為過誤を官僚制が同時に選択できないという「過誤回避のディレンマ」を前提として，行政が保有する責任と執行能力によって，規制レベル・政府介入の程度が決定（「過誤回避」が選択）されると主張する。この官僚制の責任回避論において，「過誤回避」の選択に影響を与えるのは，生じうる過誤によって官僚制が「帰責されうるか」どうか，つまり官僚制の責任に対する認識とされる。したがってこの枠組みは，事件や事故が生じる，あるいは生じることが懸念されることによって官僚制が「帰責される」と判断した政策課題に対して規制レベル・政府介入の程度を説明できるという指摘はもっともである。しかし一方で，官僚制が帰責されない状況，あるいは事件や事故が生じることが懸念されない状況にある政策課題については，この枠組みでは十分に説明することができない可能性がある。環境リスクのような「将来何らかの害が生じるかもしれないが，まだ何も生じておらず生じるかどうかもわからない」といった問題に関しては，官僚制が「帰責されない」と判断する可能性が高い政策課題といえる。このため，本書の課題に関して限定すると，責任回避論以外の説明による分析を試みる必要性がある。

このため，環境リスク規制の進展については，政党システム，選挙制度，政府と拒否権プレーヤーとの関係，司法判断，規制者の評判獲得官僚制の責任回避論とは異なる制度的要因に着目して分析を進める必要がある。

2　リスクに対する規制政策の特徴と課題

前節までで先行研究および本研究課題を分析する上での課題について明らかにした。本節ではリスクに対する規制政策の特徴と課題を示した上で，本書で着眼する視角を示す。

（1）規　制

規制とは，「特定の社会を構成する私人，ないし特定の経済を構成する経済主体の行動を，一定の規律をもって，制限する行為」（植草，2000：3）と定義される。規制は市場の失敗を防ぐために政策手段として用いられるため，規制政策および規制行政は，政府活動において財やサービスの提供や再分配を行う給付政策および給付行政と並んで重要な位置づけにある。

表1－2　規制政策の類型

		規制により生じるコスト	
		集　中	分　散
規制により得られる利益	集　中	①	②
	分　散	③	④

出典：Wilson（1980）をもとに筆者作成。

規制の分類には様々な観点がある。たとえば，規制の目的によって分類する方法では，効率的な規制を実現することを目的とする経済的規制と，人々の健康や安全，社会の健全な発展といった価値を実現することを目的とする社会的規制に分けられる（臨時行政改革推進審議会事務室，1988：5－8；1989：24-28）。この分類では，本書が分析対象とする環境リスク規制は，人間の健康や安全の確保，環境保護を目的とする点で，社会的規制の一部に位置づけられる。八代によれば，社会的規制には経済的規制とは性格の異なる3つの役割がある（八代，2000：14-16）。それは第一に，社会的規制は規制によって生じるコストが拡散しやすいため，経済的利益と比較して利益集団が形成されにくいという点である。第二に，第一の点と関連して，情報の非対称性が大きいため，消費者主権が成立しにくいという点である。市民が規制に関わりにくいために，経済的規制と比較して情報公開が進みにくい。第三に，社会における平等性の確保が大きな目的の一つであるという点である。社会的規制は，市場原理によって生じる社会への悪影響を減らすことにより，平等に市民の財産や安全性を確保するという目的をもつ。しかし，たとえば消費者の安全確保を目的とする資格付与による規制は，参入規制という経済的規制にも，消費者保護という社会的規制にも当てはまる。これは規制が単一の目的ではなく，複数の目的を達成するために実施されることが少なくないからであり，2つの規制について厳密に区別することは困難である。

このため，ここではJ. Q. Wilsonによる利益とコストの観点による規制政治の分類を参考にしたい。Wilsonは規制によって生じる利益とコストに着目し，それに対するアクターの認識の違いによって，異なる政治スタイルが生じることを示した（Wilson, 1980）。以下は，Wilson（1980：367-372）および原田の規制政策の類型化の整理（原田，2016：21-23）に基づいてまとめる（表1－2「規制政策の類型」）。

第一に，①に該当する利益とコストが集中している場合である。この場合，比較的小規模の集団が規制によって得られる利益を享受し，規制によって生じるコストは比較的小規模の集団が負う。たとえば，労働組合法における使用者と労働者の関係では，一方を規制するともう一方が不利になるという関係をもつ。このように，利益とコストの範囲が比較的狭く，利益を保持するための政治的組織化が容易であることから，利益集団政治的なプロセス（Interest-group politics）になりやすい。

第二に，②に該当する利益が集中していてコストが分散しているという場合である。この場合，比較的小規模の集団が規制によって得られる利益を享受できるのに対して，規制によって生じるコストは広く社会に分散している。たとえば，新エネルギー利用等の促進に関する特別措置法における，認定事業者と国民の関係がそれに当たる。新エネルギー利用が認められることによって生じる利益は認定事業者に集中するのに対して，その費用は国民全体が負担することになる。このように，利益は集中しても，コストを負う側の利益の政治組織化は困難であるため，顧客政治的なプロセス（Client politics）になりやすい。

第三に，③に該当する利益が分散していてコストが集中しているという場合である。この場合，規制によって得られる利益を社会全体が享受するのに対して，規制によって生じるコストは比較的小規模の集団が負う。たとえば，道路運送車両法では公害の防止や環境保全のために車の排出ガス基準を設けて，それを製造者に課している。つまり，規制によって国民は安全でよりよい環境という利益を享受できるのに対して，車の排出ガス基準を設けることによって生じるコストは製造者に集中する。このように，コストを負う製造者側は政治組織化して規制に反対しやすいが，利益を得る側の国民はこれに対抗するために政治組織化することが難しいため，企業家政治的なプロセス（Entrepreneurial politics）になりやすい。

第四に，④に該当する利益とコストが分散している場合である。この場合，規制によって得られる利益を社会全体が享受し，規制によって生じるコストも社会全体が負う。たとえば，消防法における建物の所有者に対する設備の義務における，所有者と国民の関係がそれにあたる。安全な建物や火災の防止という得られる利益は国民全体が享受し，規制により生じる様々な義務は広く所有者に分散する。政治的な組織化がされにくく，様々な人々が関わる必要があることから，多元主義政治的なプロセス（Majoritarian politics）になりやすい。

このように規制をめぐる政治や政策では，規制によって生じる利益とコストとの関係により，そこに関わるアクターや政策過程のあり方も変わりうる。

（2）リスク規制の特徴

次に，リスクを規制するとはどのようなことか，を検討する。そもそもリスクとは，一般的に望ましくない事象のことをいうが，リスクはリスク評価と合わせて理解される。リスク評価とはリスクの大きさを客観的に評価することであり，リスク評価は望ましくない事象が起きる確率とその事象の重大さとの掛け合わせによって評価される（リスク＝（望ましくない事象が起きる確率）×（その事象の重大さ））(14)。たとえば交通事故や自然災害のように，めったに生じることはないが，その事象が重大であるといった性質の事象のリスクを評価するときには，主に確率論によってリスク評価が行われる。リスク評価は，規制の安全性の基準などを決定する政策的判断の基準としても用いられる。

対象とするリスクの性質によってリスク評価の方法は少しずつ異なっており，本研究で対象とする化学物質の環境や健康に対して起こりうるリスクについては，有害性（化学物質の有害性）と暴露（化学物質への接触頻度や確率）の掛け合わせによって評価される（リスク＝（有害性評価）×（暴露評価））(15)。リスク評価は，２つの要素のバランスによって定まるともいえる。化学物質が環境や健康に対してもたらすリスク評価を行う場合，有害性が低い物質であっても暴露量すなわち接触する頻度が高ければリスクは高くなり，逆に接触する頻度が低くても有害性が高ければリスクが高くなることになる。つまり，有害性が高くても適切に規制や管理を行えばリスクを低くすることができ，逆に有害性が低くても規制や管理が不十分であればリスクは高くなる。このため，適切なバランスで規制や管理を行う必要がある。

---

(14)　リスク評価一般に関しては，益永（2013）を参照した。
(15)　化学物質の健康に対するリスク評価については，蒲生（2002；2013）を参照した。なお，化学物質の生態系に対するリスク評価はその算出方法が異なる（松田，2013）。

リスクの特質には様々なものがあるが，このリスクを判定するにあたって，基本的かつ重要な性質として，科学的不確実性とリスク・トレードオフをあげたい(16)。以下では，科学的不確実性とリスク・トレードオフの２つの特徴を簡潔にまとめる。

第一に，科学的不確実性とは，科学者の認識，実験の条件，採用する理論式等によって，結果が一定にならず不確実になるという自然科学が内包する性質である。科学の理論が，演繹的手法によって形成されるために生じる性質であり，リスク規制政策を策定・実施する上で理解すべき重要な性質である。

リスクの科学的不確実性は２つに分類される。ひとつは，リスクを算出するためのデータが不足している場合の不確実性である。これは，リスクの存在は認識していても，データ不足によって専門家の間でも統一的な見解が得られない場合に，推量によって算出されるリスクが有する不確実性である。データが不足している，あるいは値が低すぎて算出できない場合は，基準となる見解を導き出せないこともある。もう一方は，リスクの存在そのものが認識されていない場合の不確実性（これを「アンノウンリスク」ともよぶ）である。この場合，そもそもリスクを算出することが不可能である。このため，すべてのリスクにおいて「ゼロリスク」，すなわち絶対的な安全性は存在しないことになる。

---

(16)　リスクがどの程度かを判断するリスク評価の各段階でも，科学的不確実性は大きく関係する。一般的なリスク評価の手順は，有害性の原因であるハザードを特定し，それについて有害性評価を行うことから始まる。有害性評価は，動物実験を行えるものについては動物実験を行い，どのような有害的効果が起きるのかについて調べ，リスクの許容量を求める（特に健康リスク評価の場合は，一般的に安全率が掛けられて計算される）。次に，その有害性からどれだけ影響を受けるか，という暴露評価を行う。たとえば，食品の中に含まれる化学物質の暴露量の場合，その物質が含まれる食品を一日平均どれだけ摂取したかについて調べる。その暴露量の調査について，動物実験が行われた場合にはその結果をヒトに対して外挿する。そして，暴露量の推定と有害性の発生可能性のリスクを判定し，定量的な評価が決まる。その際に用いられるのが，ハザード比というリスクに対する暴露量と許容量の比である（ハザード比＝（暴露量）／（許容量））。ハザード比が１より小さければ，安全であるとみなされる。こうしたプロセスの中で，たとえば，有害性評価における実験がどの程度実際の状況に近い条件で行われるか，暴露評価におけるリスクの摂取量や人の反応の違いをどのように平均化するか，動物実験によって得られたデータをどのように人間に外挿するのか，計算に用いる理論式が複数ある場合にどの理論式を用いるのかなど，それぞれの条件が異なれば，当然その結果も変化する。こうした点から，人や環境の反応確率の平均値を精確に算出することは困難であることがわかる。また，リスク評価は政策決定の際に大きな参考とされるが，科学的なデータに基づいて算出されるとはいえ，精確性という意味での厳密性を追求することは難しいことがわかる。

20世紀半ばまでは，後者の認識されていないリスクの方が多かった。しかし，1970年代からアメリカを中心としてリスク分析の研究，とりわけリスクの原因物質であるハザード研究が飛躍的に進んだため，ハザードが明らかになったリスクの量は絶対的に増加した。そして，その頃から前者のデータ不足による科学的不確実性をもつリスクに対しても，専門家の間で「ゼロリスク」の概念に対する認知が広まった。

このため，社会の中でこうした科学的不確実性を扱うためには様々な困難が生じる。たとえば，専門家の間では絶対的な安全性は存在しないという「ゼロリスク」が常識であっても，世間での「ゼロリスク」に対する理解が浅い場合がある。また，リスク認知の研究では，世論が敏感になりやすいリスクとそうではないものとが存在していることが明らかになっている[17]。たとえば，一度の事故破壊的な力をもつ原子力発電の事故の発生率と比較して，日常生活での自動車による交通事故にあう確率は高いが，原子力発電所の建設に反対する運動は活発でも，車の不買運動はそれほど活発に行われることは少ない。また，2000年代に大きく問題化したBSE（牛海綿状脳症）の事件後，日本では多額の費用をかけて全頭検査が実施されたが，これは世界的に見ても厳格な検査である。しかし，世論によって強く支持されたため，農林水産省は畜産農家の信頼回復のためにも実施を中止することができなかった。このように，実際のリスク規制では，社会が受容できるレベルで科学的不確実性がコントロールされることが多い。

さらに，現在のようにハザード研究が日々進んでいても，その結果は科学のパラダイムに依存したものであるため，理論上は可変的である。研究が進み，確立された理論を用いて新しい科学的知見が見出されることもあれば，それまでの定説的な理論を否定するような新しい研究が生まれ，それまでの知見が覆されることもある。

以上のように，科学的不確実性は実験可能性やその結果に依存し，可変的であるため，「ゼロリスク」とは切り離せない性質を持っている。政府は，この性質を社会の中でコントロールしていく必要性がある。

第二に，「リスク・トレードオフ」について説明したい。リスク・トレードオフと

---

(17)　Slovic（1987：280-285）は，社会心理学的アプローチから，様々なリスクにおいて人々の注意を引きやすいものとそうではないものがあることを指摘している。

は，特定の目的のリスクを逓減させようとする努力が，逆にそれと対抗関係にあるリスクを逓増させてしまうことをいう（Graham and Wiener, 1995=1998：1－2）。このリスク・トレードオフの性質は，科学的不確実性における「ゼロリスク」とも関連する。特定のリスクは，常に様々なリスクとのバランスの上に成り立っているため，特定のリスクをゼロに近づけたとしても，それと対抗関係にあるリスクがゼロを示すことはない。

たとえば，安全な飲料水を得るために塩素処理をする場合，未処理の水に含まれる病原菌を殺すことによって社会に伝染病が蔓延するリスクを減らすことができる。病原菌で汚染された水を使えば，抵抗力のない子供や高齢者の発病リスクが高まるため，この塩素処理は重要な過程である。しかし，塩素消毒は逆に塩素に起因する発ガンリスクを高めるといわれている。発ガンリスクは一般的に潜伏期間が長いため，水道水との因果関係を立証することが困難である。このため，政策決定時に飲料水の塩素処理を行うことによる人間の健康への長期的影響が不明確になる（Putnam and Wiener, 1995=1998：107-132）。この例の場合，病原菌感染のリスクが目的リスク，塩素消毒による発ガンリスクが対抗リスクとなり，両者はトレードオフの対抗関係に置かれている。こうしたリスク・トレードオフの性質は，ほとんどのリスクに関わる政策に当てはまる。また，対抗リスクは政策を判断する主体によって政策決定当時に認識されなくても，時間の経過とともに意図せざる結果として顕在化する場合もある。

ここで留意すべき点は，こうしたリスク間のバランスは常に変動的であるということである。なぜなら，国や地域によって自然条件や社会条件が異なるため，リスクの値が一定ではなくなるからである。先の安全な飲料水の例に当てはめると，地域の気候や保健衛生状況によってリスクの基準設定が異なる。たとえば，西ヨーロッパとアフリカでは，平均気温や地域の上下水道の設置状況は異なる。また，同じ北半球であっても，夏は微生物の増殖が早いため，他の季節よりも多くの塩素が投入されることになる。このため，リスクの基準設定は，国や地域の気候によって異なる場合がある。

つまり，政策決定者は特定物質や特定行動の影響のみを考えるのではなく，それぞれの関連性や自然条件および社会条件を考慮する必要がある。もちろんその際，不確実なリスクを危険視しすぎて目的リスクを逓減できないことは問題である。しかし，これまで論じたように，具体的な政策決定の場面においてリスク・トレードオフの性質は無視できない要素であり，特定の政策と他の政策との関係性からリスクバランスを均衡点に近づけることが重要である。

これら2つの特徴，すなわち科学的不確実性とリスク・トレードオフは，ある特定のリスクに対する規制政策を決定する際に検討すべき事象の広さとそこに関与する利害関係者の広さを示している。つまりリスクに対する規制政策は，規制対象のみではなく，他の政策との関係や様々な状況とのバランスの中で決定される必要があるということである。

以上のようなリスクの性質および特徴をふまえ，本研究では環境リスクを科学的不確実性が伴うことを前提として「環境を通じて人や生態系に悪影響を及ぼす可能性」と定義する。これは，特定の良くない状況の発生が差し迫っている，あるいは既に危険が生じている状況を示す，「危機」や「危険」とは異なる概念として用いられる。

（3）リスク規制政策の政治行政的な課題

このようにリスクの性質および特徴を検討すると，リスクに対する規制政策をデザインする際の政治行政的な課題として，大きく次の2つが考えられる。

第一に，規制基準の設定と運用における複雑化及び多元化への対応である。リスクに対する規制は，ハザードのように規制の根拠がある程度明らかであるものを規制する伝統的な警察法とは異なり，科学的不確実性を完全に排除できないという意味で規制の根拠が不確実な条件のもとに予防的な介入を行う性質を持つ。こうした規制では，政策基準が必ずしも明らかではないため，政策領域の多層性や地域等の差異に対応する必要が生じる[18]。この場合，政策過程に関わる利害関係者が多元化する上，基準の設定や運用において政府の政策的判断に求められる専門性が高度化することになる。このため，政策過程全体における複雑化と多元化が進むという課題が生じる。

第二に，規制政策の領域がさらに拡大することに伴う規制コストの増加への対応で

(18)　リスク規制において様々な対立軸が生じることについて，城山はリスク規制の調和化と差異化という論点を提示する（城山，2002：229-232；2003：162-164；2005：84-88）。

表1－3　規制政策の類型におけるリスク規制の位置づけ

		規制により生じるコスト	
		集　中	分　散
規制により得られる利益	集　中		
	分　散	リスク規制の導入時 →	長期的なリスク管理の傾向

出典：Wilson（1980）を参考に筆者作成。

ある。規制政策は給付政策と比較して相対的にかかる予算が少ないものの，規制政策の実効性を高めるには規制範囲を拡大する必要性があるため，規制範囲の拡大に伴って規制コストは増加する。リスク規制のように，環境や人の健康に被害の発生までに時間がかかる可能性が高い問題を規制し監視するためには，将来の影響を考慮するために比較的広い範囲を規制することになるため，規制実施に要するコストは拡大せざるを得ない。このため，制度設計の段階で規制の実効性と効率性を同時に確保するのはもちろん，規制によって生じるコストをいかに，そしてどの程度事業者に負わせるかという大きな課題が生じる。

では，２点目について，リスク規制のコストさらにそれによって生じる利益は，一般的な規制との関係でどのように位置づけられるのであろうか。ここで，リスク規制によって発生するコストと利益について，前述したWilsonによる分類をもとに検討したい。

この分類の中で，リスク規制は表１－３「規制政策の類型におけるリスク規制の位置づけ」のように位置づけられる。リスク規制は一般的に，生じる可能性が低いが問題が起きた時に将来の環境や健康に対する悪影響が大きく深刻になる可能性がある問題を規制するため，規制によって得られる利益は広く社会全体に分散している。一方で，規制によって生じるコストは，規制導入時は規制に関連する事業者あるいは利用者が対応する必要が生じることが多いため，集中する傾向にある。この点で，リスク規制では市民が政治的組織を形成するインセンティブが低くなるために，政府とクライアントの取引による政治が成り立ちやすいことが予想される（Wilson, 1980：367-368)。先にも述べたように，この領域ではコストを負う比較的小規模な集団（たとえば，特定の業界や企業）の組織化が容易であり，利益を得る国民が規制を導入するために政治的組織化を図ることが難しい領域といえる(19)。ただしこのコストは，例えば製品価格に転嫁される，あるいは税のような形で利用者に負担させると，長期的には部分的に分散されていく傾向にあると考えられる。

以上の2つの課題，すなわち政策過程全体の複雑化と多元化，および規制コスト増加への対応を同時に確保することは，リスクという新しい規制対象によって生じたものではない。規制政策に限らず，従来の公共政策あるいは行政活動の中でも，何らかの不確実性に対応してきた。このため，リスクによって規制政策が本質的に変化したとはいえない。むしろ，リスクに着目することによって現れるこうした課題の性質は，本来規制政策に内在する問題の特徴がより明確化されているものといえよう(20)。

本書では，リスクに対する規制政策をとりまく政治行政的な課題，すなわち規制基準の設定と運用における複雑化及び多元化とコストの増大への対応に対処する上で重要であると考えられる，政策課題の設定段階に着目する。なぜなら，リスク規制では予防的な介入を要するため，生じうる可能性のあるリスクや予防すべき悪影響をどのようにとらえるか，という政策課題を設定すること自体が政治的な問題になるからである。さらにいえば，いかなる規制者によってどのように政策課題が設定されるかによって，異なる規制内容が生じうると考えられる。政策過程の初期の段階において規制者が政策課題をどのように設定し規制内容を立案するかによって，規制内容における実効性や効率性に対する考え方についても違いが生じてくるであろう。新たなリスク規制を導入する過程を検討する場合には，イニシアチブを発揮して政策課題を設定する規制者が，規制の実施コストの増加に対応するためにどのように規制内容の実効性や効率性を高めながら被規制者と調整を行うのかに着目することが重要である。このため，以下では規制者の権限が政策課題の設定を含む政策立案の内容に与える影響

(19)　このため，本書でも後で述べるように，規制者である政府と被規制者である企業の関係を軸にとらえる理由のひとつである。ただしフッドは，実際のイギリス国内のリスク規制において，規制のコストと利益の集中と分散が常にウィルソンの示す政治スタイルになるとは限らないことを示す（Hood et al., 2002：112-123）。

(20)　科学技術社会論では，科学の営みのあり方まで議論の対象を広げ，科学的合理性に対して社会的合理性を追求すべきとする（藤垣，2003）。

に着目して分析を進める。

3　規制者の権限と制度

（1）規制者と制度的要因

第2節で示した，規制者が政策課題を含む政策立案の内容に与える影響を与えるメカニズムを検討する前に，規制者の権限がどのように規定されるのかという点を検討したい。

規制者としての政府が規制システムに影響を与えることは，Majone が一連の規制国家論研究で議論している。規制国家論とは，西ヨーロッパを中心として1980年代以降にケインズ主義的な福祉国家の代わりにうまれた，規制を中心とするガバナンスモデルである（Majone, 1996）。Majone によれば，グローバル化，規制緩和，NPM 改革の中で，政府が行政活動を維持すると同時に政府の権力を維持する戦略として規制が増加し，その結果として規制国家は発展した（Majone, 1997：140-148）。

Majone は，特にヨーロッパで規制が拡大した理由として，規制者が加盟国から「ヨーロッパ共同体（European Community：以下，EC）」に変わったことに着目する。予算を多く必要とする他の政策に比べ規制政策は予算が小さく各国の利害調整が比較的容易であり，規制範囲を拡大することによって加盟国の中で EC の影響力を高めることができるため，経済活動における共通のルールづくりは EC 全体の利益となった（Majone, 1994：85-88）。そして，EC が規制者になったことによって，規制数が大幅に増加した（Majone, 1997：149）。つまり，この議論は規制者が加盟国から EC に移り，EC が規制政策を形成するインセンティブを有することによって規制数が増え，規制を中心とするガバナンスがうまれたことを示している。

このように，規制政策を作成する規制者にどのような権限が与えられるかによって，規制システムに違いが生じる。こうした規制主体の権限は，政治制度によって規定される。制度は，政策形成に影響を与えるアクターの有する権力を規定し，アクターの利益を定義づける（Hall, 1986：19）ためである。つまり，制度が異なれば規制主体の権限も異なり，それによって目的や利益が変わるということになる。

たとえば，EUでは政策形成のルールが欧州委員会を中心とするか，あるいは加盟国を中心とするかはその政策領域でどのように法案作成のルールが規定されるかによって，規制領域ごとの実態が大きく異なる。具体的には，農業政策や競争政策ではEU加盟国に対して共通のルールを適用することによって規制政策が集権的に形成されるが，社会保障政策や財政政策は加盟国が中心となって進められる（Falkner ed., 2011）。このため，制度の違いによって規制者に与えられる権限が異なり，規制政策の過程に大きな多様性が存在する。また，日本の財政・金融政策は大蔵省を中心として一体的に形成および実施が進められてきたために財政赤字が進展した。しかし，1992年に金融庁が設置され，財政政策を財務省，金融政策を金融庁が担当するという制度変化が起きたことによって，これまで保護的な政策もとられてきた金融機関に対しても財務省の監督の役割が強化されることになった（真渕，1994）。

このように，制度によってアクターの権限は規定され，それによってアクターの目的や利益に違いが生じるといえる。以下では，環境政策，特に化学物質規制の領域において，規制者の権限は制度によって規定されるものとして検討したい。

（2）規制者と権限

では，制度によって規定される規制者の権限は，政策形成や政策帰結にどのような影響を与えるのであろうか。政策を立案する主な規制者が，政策立案の段階で作成する規制案は，問題とすべき対象およびその対象の問題に対処して最終的に目指すべき状態を明確化した上で，具体的な政策課題を設定し規制内容の基本的な方向性を定める。このため，政策課題をいかに設定するかが最終的に成立する規制内容に影響を与えると考えられる。

特にリスク規制に関しては，問題の外形や状況の定義を定める「フレーミング（framing）」（Goffman, 1974）が政策課題の対象や範囲を定める上で重要である。リスクを含む社会的な問題に関して，フレーミングが設定・再設定されることによって問題のとらえ方や範囲が決まるため，政策課題の形成，さらには政策帰結にも影響を与えることになる[(21)]（城山，2008）。同じ問題状況であっても，フレーミングの違いにより政策課題の設定は変わりうるため，どの主体によりフレーミングが行われるかが重要になる。フレーミングが規制者により異なるのは，限定合理性の議論にみられるように，組織によって注意の焦点（focus of attention）が異なるためであると考えられる（橋本，2005：63）。規制者は一度に１つあるいは少数のことにしか取り組めないため，１つの課題の中でも取り組むべき焦点を絞る必要がある。焦点の違いは規制者の目的や役割により異なり，これがフレーミングに反映されるのである。フレーミングは政治的に行われることもあるが，一般的な政策形成のルーティンを考えた場合に政策を所管している部局がフレーミングを含めた政策立案を行う。つまり，政策立案を行う規制者がフレーミングを含めてリスクをどのようにとらえるのかという作業を行っている。

ここでは政策立案を行う規制者を，規制案の作成を担当する行政府内の官僚組織内の担当部局とする(22)。それは，政策形成における主導的な官庁（主管官庁）が，政策課題を具体化するだけでなく，規制案の策定さらにその実現にむけた調整において重要な役割を果たすためである。一般的に政策立案を行う規制者は，規制案の作成を担当する行政府内の官僚組織（日本では担当省庁，ヨーロッパでは加盟国内の担当省庁あるいは欧州委員会内の担当総局）内の担当部局である。担当部局は具体的なアジェンダを設定し(23)，被規制者を含む利害関係者や担当する他の省庁の担当部局との間で調整を行い，規制案を作成する。さらに規制者は，規制案作成後も他の立法機関（日本の場合は議会，EU の場合はこれに加えて EU（閣僚）理事会）に所属するアクターとの関係の中で，様々な根回しを行うなどして自らの規制案を通そうとする。また，成立した規制

(21)　特に科学技術をめぐる様々な政策形成については，科学的知識に関わる不確実性や，技術の社会的利用のあり方に関する不確実性を操作，解釈することによって，様々なフレーミングの設定・再設定が行われることで，政策が変化することが指摘される（城山編著，2008：第Ⅱ部）。

(22)　もちろん，規制案の方向性が政治的に定まる場合もあるが，化学物質規制のような環境や健康に与える被害が広範である場合には，大きな事件や事故が起こらない限りイシューセイリアンスが低いことが多い。イシューセイリアンスが低い場合，政策形成の中では官僚制組織や業界団体などが中心的役割を果たす（京，2011）。なお，先行研究の中でも検討したように，本書で対象とする規制期間においては判例に影響を与えるような，大きな事件や事故は生じていない。

(23)　アジェンダ設定の要請自体は外生的に生じる場合もある。たとえば，日本の場合は首相や大臣からの要請，EU の場合は EU 理事会や議会によって法案作成が要請される場合である。また，EU の場合は誰が環境総局のコミッショナーかといった点も政治的関心が高いイシューについては重要である（Delreux and Happaerts, 2016 : 59-62）。しかし，問題をフレーミングした上で具体的なアジェンダを設定し，政策立案するのは規制当局である。

（日本では法律，EUでは規則，指令など）に基づいて，実施における下位のルール（日本では政令，省令など，EUでは各国法など）が定められることになる。このため，規制案作成後に他の立法機関によって修正が加えられても，規制者が作成する規制案は規制内容の方向性を定める重要な役割を果たすといえる。

では，主管官庁の担当部局が重要な役割を果たす理由は，どこにあるのか。それは，官僚制が有する専門的知識に加え，執務に関する知識にあるとされる。官僚制における専門性の重要性は，法案作成能力（金井，2007：28）と省庁間調整の中で必要な執務知識（牧原，2009：269）にあるとされる。こうした知識を源泉として，規制案の作成やその後の調整が行われる[24]。

このような規制者としての官僚制組織は，自己組織の権限拡大（Niskanen, 1971）や組織の役割の維持（Dunleavy, 1991）を目指し，自己の規制権限を維持・拡大しようとすると理解されてきた。それは，組織の自律性を維持するためであり，官僚制組織内で独自の文化を形成したり（Wilson, 1989），官僚制組織外のネットワークからの評判を獲得しようとしたりする（Carpenter, 2001；2010）ことによって組織の存続を安定的に保持しようとしてきたことにも表れている。

規制者としての官僚制組織が規制政策を形成する上では，まず被規制者との関係が重要になることが先行研究によって示されている。規制者と被規制者との関係を考える場合，一般的に規制者である政府と被規制者である企業は，対峙する関係にあるといえる。しかし，政府の規制活動は「権力性」と「近接性」という特質を有する。すなわち，規制とは，規制者が被規制者の自由を拘束する権力的行為でありながら，基本的には互いの協力関係を要する近接的行為である（Selznick, 1985：363-364）。このため規制内容は，規制者と被規制者での対話が可能でかつ合意できる内容にする必要があり，実施に向けて最終的な規制ルールを決める段階では規制側と被規制側が一定程度協力的に内容を調整する必要がある（Hawkins, 1984；Ayres and Braithwaite, 1992；森田，1988；村上，2016）。それは，「規制の虜（regulatory capture）」論（Stigler, 1971）で

(24)　こうした知識などもアイディアにもとづく制度改革を実現させる上で重要な役割を果たすことを示す研究として，木寺（2012）がある。アイディアは省庁内の政策形成や手段を方向づける上で大きな役割を果たす（内山，1998）。

表1－4　法と規制ガバナンス

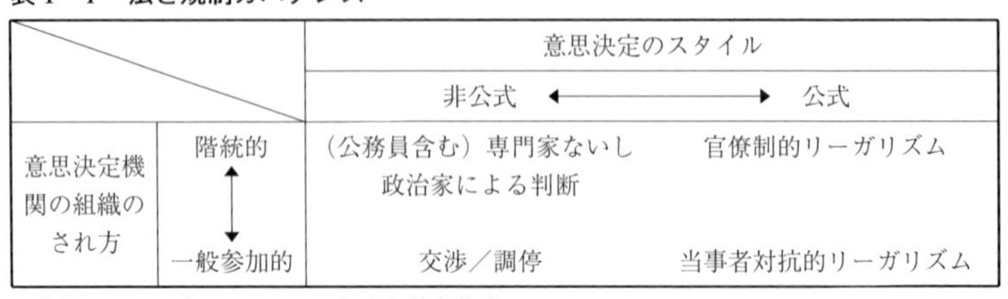

		意思決定のスタイル	
		非公式 ←→	公式
意思決定機関の組織のされ方	階統的 ↕	（公務員含む）専門家ないし政治家による判断	官僚制的リーガリズム
	一般参加的	交渉／調停	当事者対抗的リーガリズム

出典：Kagan（2001=2007：33）より筆者作成。

示されたように，ひとつは規制者が規制基準の策定や実施に必要な資源や情報を有していない場合に被規制者がそれを補う役割が求められているためである。また，実施できない内容だった場合には，規制が存在する意味が薄れてしまうことから，規制者と被規制者が規制内容についてある程度合意できる内容にすることで規制の実効性を高められるという意義もある。したがって，規制者が被規制者の有する個別利益に対して，どの段階でどの程度配慮するかによって，規制者が被規制者の権利を制限する程度，つまり規制の厳格さが変化することになる。

さらに，規制政策の形成は実施との関係についても重要である。この点は，Kagan による，当事者対抗的リーガリズム（Adversarial Legalism）と対比される官僚制的リーガリズムについて着目したい。

当事者対抗的リーガリズムの議論は，紛争解決と政策実施の関係に着目することによって，アメリカ（に代表される英米法系の国家）における法と規制のガバナンスの関係を示したものである[(25)]（表1－4「法と規制ガバナンス」）。

まず，当事者対抗的リーガリズムの特徴は，第一にフォーマルに法を用いて論争す

(25)　この中で，Kagan は法と規制のガバナンスのあり方を次の4つによって類型化する。表1－4「法と規制ガバナンス」における横軸は法のフォーマリティの度合いを表す。これは，対立する当事者や利害集団が公務員のように書かれた法的手続きや既存の法内容との一致や主張にこだわるかという観点である。同じ表の縦軸は政策の実施や意思決定のプロセスが階統的である度合である。たとえば，意思決定のスタイルが非公式で意思決定機関の組織のされ方が一般参加的である場合は，「交渉／調停」に分類される。ADR（裁判外紛争解決手続）のような当事者の交渉による紛争処理がこれにあたる。また，階統的なプロセスを経るもののインフォーマルな場合は，「専門家ないし政治家による判断」に分類される。障害者手当の決定における医師団や，自動車事故の過失をめぐる争いを現場で整理する交通警察官がこれにあたる（Kagan，2001=2007：31-34）。ここでは，公式的な意思決定スタイルである，当事者対抗的リーガリズムと官僚制的リーガリズムに議論を限定する。

るというものである。フォーマルな法とは，たとえば法的強制，法的懲罰，訴訟，司法審査などを指し，法的権利や義務，手続き用件が引き合いに出される。第二に，訴訟当事者の積極主義があげられる。これは，法的論争を行うのが裁判官や公務員ではなく，当事者や利益団体が弁護士をたてて争われることを意味する。こうした特徴をもつ当事者対抗的リーガリズムは，「権威が分散し階統的統制が相対的に弱いような意思決定諸制度（傍点原文）」に埋め込まれている。こうした当事者対抗的リーガリズムでは，訴訟が起こされてそれによって新たな意思決定が行われるため，結果として意思決定に時間とコストがかかる。また，当事者対抗的な主張が先に述べた分権的で階統的統制が相対的に弱い意思決定権限のあり方と結びつくと，法的判断は予測がつきにくくなる（Kagan, 2001=2007：31）。

これに対して官僚制的リーガリズムは，高度な階統的権威と法的なフォーマリティで特徴づけられる。官僚制的リーガリズムでは，中央権力が定めたルールが統一的に適用され，上の権威に対して説明責任を果たす必要がある。この仕組みでは，当事者対抗的リーガリズムと比較して，関係市民や利益集団の法的主張や影響力が果たす役割は限られたものになる。その代わりとして，官僚制組織が果たす役割が大きくなる。日本において検察官が事実の調査の仕方や適切な起訴罪状の決定や，求刑について詳細なルールに基づいているように，説明責任を果たすという観点から，ルールは詳細化する傾向にある（Kagan, 2001=2007：33-34）。

このようにケイガンの議論に依拠すると，ルールをどの程度詳細に決めるかは，実施の組織が中央組織に対して説明責任を果たす必要性の強さによって規定される。実施に対して一部しか責任を持たない（説明責任が弱い），あるいは他の法的手段によって紛争解決が行われる場合にはルールは曖昧に設定される方が効率がよいということになる。逆に，実施に対して責任をもつ（説明責任が強い）場合には，ルールはなるべく詳細に決定し争いが生じる余地を減らした方が効率がよいということになる。もちろん，官僚制的リーガリズムについてもすべての規定に関して詳細に決定することは困難であるが(26)，最終的な規制内容には，実施に対する説明責任のあり方が影響していることを示している。

このように，行政学や法社会学の蓄積からは，規制政策形成における規制者の権限を考える上で，規制者と被規制者の関係および規制者と規制政策の実施に対する責任の，両方の観点が重要であることがわかる。

4　規制内容に影響を与える要因とそのメカニズム

（1）規制者の権限と政策形成

前節までの規制者の権限に関する検討から，本書では規制者の権限について次の2つの回路から政策課題の設定を含む政策形成過程の特徴と規制内容に影響を与えると考える。

第一に，政策立案を担う主たる規制者が被規制者に対して有する権限である。規制者が被規制者にどれだけの負担を課すかは，規制者が被規制者の有する個別利益に配慮する動機を持つか，言い換えれば被規制者を規制する以外に被規制者の経済活動を発展させるあるいは育成する役割や責任を担っているかどうかによって決まる。たとえば，産業や建設といった分野を担う省庁は被規制者を規制するだけでなく，その経済活動を発展させるあるいは育成する役割や責任を担い，両方の政策を行っている。その一方で，国税や警察といった分野を担う省庁は被規制者を規制する役割や責任を担い，規制政策の執行活動を中心に行っている。もちろん，環境系の省庁がグリーン産業と関連しているように，規制者の中でも事業の領域によって権限が異なる場合があるものの，特定の規制に限定して考えると規制を担う担当組織がどのような権限や責任を有するかは，発展や育成といった規制以外の役割も果たすか，あるいは規制のみの権限であるかのどちらかの値をとりうる。

つまり，政策立案を担う主たる規制者が被規制者に対する規制に加え，その発展や育成を促進するなどの役割や責任を担っている場合には，政策課題の設定段階から規制者が被規制者の個別利益に一定程度配慮する。このため，被規制者の負担をなるべ

(26)　Kaganは日本をアメリカに比べて「協働志向」をもつ国として位置づける一方，法のスタイルは確定的ではないとする（Kagan, 2001=2007：35)。たとえば環境規制の実施について日米の企業に対してサーベイを行った青木（2006）は，正反対とされるアメリカの規制スタイルと一定程度収斂化がみられることを指摘している（青木，2006：142-145)。また，日本において現場で適用される環境法には曖昧性も残っており，その解釈は実施過程の中で判断される（平田，2009：2017)。

表1－5　規制者の被規制者に対する権限と規制内容

	規制者が被規制者に対して有する権限	
	規制以外の（発展・育成等）権限・責任あり	規制する権限・責任のみあり
被規制者の個別利益への配慮	一定程度考慮	あまり考慮しない
規制内容	やや緩やか	厳しい

出典：筆者作成。

く軽くする内容の規制が立案されやすくなり，規制内容は緩やかになる。一方，政策立案を担う主たる規制者が被規制者に対する規制の役割や責任しか担っていない場合には，政策課題の設定段階で規制者が被規制者の個別利益へはあまり考慮しない。このため，被規制者の負担を重くする内容の規制が立案されやすくなり，規制内容は厳しくなる（表1－5「規制者の被規制者に対する権限と規制内容」）。

第二に，政策立案を担う主たる規制者が政策実施に対して有する権限である。規制者の内部において，政策を立案する主体と実施する主体は必ずしも一致していないため，政策立案主体が実施に対する権限をどの程度有するかによって政策課題の設定や政策立案の方向性が変わる。具体的には，政策立案主体が実施に対しても権限を強く有している場合，規制者は規制内容を実効的なものにする責任がある。このため，規制者は政策立案を行う段階から政策実施に必要なコストなどを見通した上で，過去のルールとの整合性や実施可能性を重視した規制を立案しようとする。実施をめぐる具体的な規制内容を制定するためには，前述したように被規制者と協調する必要が生じる。このことから，規制者は政策立案の早い段階から被規制者の意向に配慮するという意味で，ボトムアップ的に制度設計を行うことになる。したがって，政策を立案する主たる規制者が実施に至るまでの権限や責任を有していれば，実効性や短期的目標を重視した緩やかな規制案が生じやすくなる。

一方で，規制者内で政策立案主体と政策実施主体が分かれている，あるいは政策形成主体が実施に対して権限や責任を部分的にしか有していない場合，一般的に実施に向けた具体的な議論は規制内容が定まった後に行われるため，政策立案を担う主たる規制者は規制内容を細部にわたって決めることはできない。このため，規制者は政策立案段階で過去のルールや実効性を考慮して細かな内容を決めるよりも，ルールの大枠や目指すべき方向性について決定する。政策立案を担う主たる規制者は規制案を検討する段階で過去のルールにあまり縛られる必要はない。また，被規制者の意向をあまり反映しないという意味で，トップダウン的に内容を決めることができるため，規制案には規制者の理念や長期的目標が反映されやすくなる。この段階で決められた規制案あるいはその内容が反映された規制内容は下位ルールを拘束することになるため，規制方針の方向性次第で厳しい規制内容になる場合もあれば緩やかな規制内容になる場合もある。

つまり，政策立案を担う主たる規制者が被規制者に対して規制だけでなく発展させるあるいは育成させるといった他の権限をもつ場合は緩やかな規制案が，規制する権限のみを持つ場合は厳しい規制案が成立しやすくなる。また，その規制者が実施に対しても権限を有している場合には，被規制者の意向に配慮するという意味でボトムアップ的に政策が立案されるため実現性や短期的目標を重視した緩やかな規制案が，実施に対して権限が限定的である場合には，被規制者の意向に限定的にしか配慮しないという意味でトップダウン的に政策が立案されるため規制者の理念や長期的目標が重視された規制案が成立しやすくなる（表1-6「規制者の実施に対する権限と規制内容」）。

以上，規制者の2つの権限と規制における規制内容の関係についてまとめたものが，表1-7「有害化学物質規制における規制者の権限と規制内容」である。規制者が有する2つの権限との関係により，規制内容における規制の厳しさの程度は表のように段階的に変化すると考えられる。なお，後述するように，本書で用いる枠組みについて日本とEUの例について当てはめると，規制内容が緩やかな場合と厳しい場合の2つのパターンを扱うことになる。すなわち，日本では主たる規制者の被規制者に対する権限や責任が規制以外の内容を含み，かつ実施に対する権限や責任があるため，規制内容が緩やかになる。一方で，EUでは主たる規制者の被規制者に対する権限や責任が規制のみであり，かつ実施に対する責任や権限が部分的であるため，規制内容は厳しくなる。

（2）制度配置の形成

これまで検討してきた規制者の権限に影響を与える制度を，本書では法制度および

表1-6　規制者の実施に対する権限と規制内容

	規制者の実施に対する権限	
	実施に対する権限・責任あり	実施に対する権限・責任が部分的
政策形成の特徴	事前調整 ボトムアップ（被規制者の意向に配慮）	事後調整 トップダウン（被規制者の意向に限定的に配慮）
政策課題の設定及び政策案形成時に重視される観点	実効性・実現性を重視。 短期的目標を重視。 過去のルールとの整合性を重視。	理念を重視。 長期的目標を重視。 過去のルールにあまり拘束されず。
規制内容	緩やか	厳しい／緩やか （規制の方向性による）

出典：筆者作成。

表1-7　有害化学物質規制における規制者の権限と規制内容

実施に対する権限 ＼ 被規制者に対する権限	実施に対する権限・責任あり	実施に対する権限・責任が部分的
規制以外を含む	緩やか（日本）	中程度[1]
規制のみ	中程度[1]	厳しい（EU）

注1：本書では分析対象から外しているが，この枠組みから想定されるのは「中程度」の厳しさの規制である。本来であれば，すべてのバリエーションを分析すべきであるが，本研究では有害化学物質規制のバリエーションの多様性を事例選択で優先したため，2つの組み合わせのみを対象としている。この点については，今後の課題として終章でも言及する。
出典：筆者作成。

意思決定に関するルールであるとみなす。法制度や意思決定のルールによって，政策立案にかかわる主たる規制者が被規制者に対してどのような権限を持つか，さらに，規制者が実施に対してどのような権限を有するかといったことが決まるためである。したがって以下では，日本およびEUにおける法制度および意思決定のルールの形成過程について検討する。

その際に本書では，歴史的制度論の立場に依拠してその形成過程について検討を進める。歴史的制度論は，特に制度がアクターの選好に対して果たす役割という観点からみると，制度がアクターの選好を形成するといった構成的な側面および個人や制度が置かれる歴史的展開を重視するという特徴がある。これは，合理的選択制度論が制度の機能的な側面および個人の選好に対するミクロ的な基礎づけを重視するのと対照的である。歴史的制度論における制度は歴史的あるいは社会的に構築されたものとみなされ，歴史や文脈の中で制度がどのように存続して帰結が導かれるのかに着目する。この中で制度は基本的にアクターの選好を形成し，新たな制度を形成する，あるいは政策選択に影響を与える[27]。

こうした観点から，歴史的制度論では制度が過去に形成される段階で規定されたことによって，特定の制度および政策が選択されたかという歴史的な過程に焦点を当てる。その時に重要になる概念は，「決定的分岐点」，「経路依存性」，「ロックイン」である。こうした概念の立証は，多くの歴史的制度論にもとづく研究で着目されてきた[28]。

決定的分岐点（critical juncture）とは，たとえば新しい制度の形成，制度改革による組織変化のように，それ以前と以後とでアクターの認識や選好を変える契機となる出来事をさす。歴史的制度論ではこの決定的分岐点が何であるか，またこれによってアクターの選好がどのように変化したかという点が分析される。近年では，歴史的制度論の理論的発展により，決定的分岐点のような特別な出来事によって大きく変化が生じるというより，より漸進的で内生的な変化が重視される傾向にある[29]（早川，2012b）。しかし本書では，制度配置と規制者の権限の相互影響関係を分析することが主眼ではなく，規制者の権限を既定する制度配置の成り立ちそのものに着目する。したがって，時間の流れの中での規制者の権限の定着には関心を払いつつも，制度配置が形成される決定的分岐点を重視する。

経路依存性（path dependency）とは，過去のある時点で選択された制度がアクターの行動を制約する要因として働き，その後もアクターの行動を拘束し継続される状況をさす。このときに働くのが「正のフィードバック効果」（positive feedback）（Pierson, 2004=2010）である[30]。正のフィードバック効果とは，一度進み出したものが同一方向

(27) 歴史的制度論の概要および理論的発展については早川（2012b）を参照されたい。

(28) たとえば日本を対象とする研究として真渕（1994），久米（1998），北山（2011），佐々木（2011），Hieda（2012），大西（2012），前田（2014）がある。

(29) たとえば，Mahoney and Thelen （eds.）（2010）。内生的要因を強調する歴史的制度論の発展をめぐる理論的な問題提起については，稗田（2012）を参照されたい。

(30) 正のフィードバック効果，およびロックインと経路依存については北山（2011：30-40）による歴史的制度論に関する議論を参照のこと。

に加速的に変化することである。たとえば，ある特定の規制できると既得権益を生むことによって，利害関係者の選好や行動を規定し，それが進むというものである。これによって経路依存性が生み出されることになる。

ロックイン効果（lock in effect）とは，特定の事柄や物事が動けなくなってしまっている状況を指し，過去に形成された制度や採択された政策が現在の制度選択や政策選択を強く拘束し，他の制度や政策の選択を考えつくこともできないほど困難なものにするという現象をさす（秋吉ほか，2015：181）。正のフィードバックによって経路依存が生じることによって，アクターは特定の選好を維持することになるが，それがさらに進むことによってロックインの状況が生じることになる。

歴史的制度論ではこうした歴史や政治的文脈の中で制度がどのように存続して帰結が導かれるのかに着目するが，特に重要であるのは制度が形成される段階である（Thelen and Steinmo, 1992：27）。詳しくは第2章で制度の歴史的な形成について分析するが，本書において法制度や意思決定のルールの形成される段階として着目するのは，日本における1971年の環境庁の成立，および EU における1986年の単一欧州議定書（SEA）の成立である。以下では，日本と EU における制度配置の形成，およびこれらによって規制者の権限がどのように成立したのか，さらにそこで規定された規制者の権限がどのように定着して政策帰結と結びついたのかを検討する。

①日　本

日本では，政策立案において組織としての官僚制[31]が中心的な役割を果たしてきた。日本の議院内閣制では首相のリーダーシップが弱く，さらに内閣が短期間で変わるため，政策形成が首相や大臣のリーダーシップより各省庁によって中心的に行われてきたためである。1990年代以降に一連の政治行政改革が行われ，首相のリーダーシップは高まったものの，首相が重要政策として掲げる一部の政策を除いては基本的に各省庁が中心となって政策形成が行われる傾向が続いている。

官僚制において，ある法律と関連する政策課題を担当することは，自己組織の権限

(31)　官僚制は制度を意味する場合と組織を意味する場合があるが，ここでは組織を意味する概念として用いる。制度と組織の違いについては後述する。

拡大（Niskanen, 1971）や組織の維持（Dunleavy, 1991）に結びつく。このため，一度政策課題を担当した省庁が法律を所管すると，その担当組織が規制者として継続することになる。また，規制者にとってこれまで担当したことがない新たな政策課題に取り組むにはコストがかかるため，ある政策課題の担当になった組織が当該政策課題と関連する課題や似た課題に対応することは，経路依存性（path dependency）によっても理解できる。

日本において環境規制が本格的に取り組まれるようになったのは，1960年代からの高度経済成長期に激化した公害への対応の必要性からであった（環境省総合環境政策局総務課，2002：3-17）。1967年の公害対策基本法の制定を契機として，各種の公害対策が体系的に作成された。当時政策立案で中心的な役割を果たしたのは，厚生省，通商産業省，運輸省，建設省といった省庁であった。また，1970年には内閣に公害対策本部が設置され，公害の大きな社会問題化に対して抜本的な対策を講じることが求められた。そして，1970年の第64回国会（いわゆる「公害国会」）では公害関係の14法案の制定または改正が行われ公害関係法全般の充実，強化が行われた。

公害対策本部は臨時的な機関であり，対策の企画，調整以外の公害規制の実施権限は各省庁に分散したままであった。こうした状況が変わろうとしたのは，公害行政権限を一元化した行政機関の必要性が認識されるようになり，1971年7月に環境庁が発足したときである。しかし，もともと公害行政の権限をもっていた各省庁の反対により，環境庁は総合調整機能は持つが事業予算は持たないことを特徴とする組織になった。環境に関わる権限はすでに各省が有しているが故に政策立案及び実施に関する権限配分が少ないことから，環境庁には利害にかかる調整を十分に行えるだけの権限が備わっていない（森本ほか，2002：67）。このため，政策立案も共同所管官庁とともに行うことになった。たとえば，化学物質規制の製造や輸入に関する規制は，通商産業省，厚生省，環境庁の共同所管，リサイクルに関する規制は業所管省庁，厚生省，環境庁の共同所管とされてきた[32]。中央省庁の再編によって2001年から環境省になって一部の法において所掌範囲が拡大した後も，こうした共同所管体制が続いている。

---

(32) 行政改革会議省庁ヒアリング説明資料「環境庁説明資料（5月21日）」http://www.kantei.go.jp/jp/gyokaku/0730kankyou.html（最終アクセス 2017年12月28日）。

また，日本では戦後，自民党の一党優位体制が長く続いたことから，環境政策において自民党と経済産業省と産業界が強く結びついてきた（Broadbent, 1998）。特に通商産業省の産業政策に関する研究からは，政府主導の観点からの分析[33]や企業主導の観点からの分析[34]といった観点の違いはあるものの，後発的発展国家として産業政策を通して政府と市場が強固に結びついてきた。こうした通商産業省が環境政策の中で中心的な役割を担ってきたため，被規制者との結びつきも強くなっている。

環境規制の実施主体は，省庁，自治体，市民団体など規制により様々であるが，基本的には所管省庁が実施の責任を有する。自治体が実施する内容についてはたとえば，環境状態の測定や事務所への立ち入り検査などがあり，環境庁が地方に出先機関を持たないことから，現場で必要な多くの事務は自治体の法定受託事務となっている（森本ほか，2002：66）。

このように，日本では公害対策の段階から，被規制者の発展や保護に強く関係する所管省庁が政策立案の中心的な役割を担ってきた。このため，こうした省庁が環境庁の設立に深く関わり，環境庁は十分な規制権限を持つことができなかった。また，政策立案を担う規制者が実施までの責任を有していることから，規制立案は規制内容の実効性を重視し，被規制者の意向を尊重する形でボトムアップ的に行われてきた。

②E　U

EUの場合，環境政策はもともと加盟国内で形成され実施されており，ヨーロッパレベルで環境政策を形成する明確な根拠が規定されていなかった。以下では，加盟国レベルからヨーロッパレベルへと規制者が変化してきた過程について説明する[35]。

現在のEUのもとである1957年に調印されたローマ条約（1958年発効）によって成立した欧州経済共同体（EEC）はヨーロッパ域内の経済統合を目的としたものであった。しかし，1972年のストックホルムにおける国連人間環境会議で環境政策および消費者政策の必要性が宣言されたことで，EUの環境政策が徐々に開始されることに

(33)　たとえば，Johnson（1982=1982）。
(34)　たとえば，Calder（1993=1994）。
(35)　EUにおける環境政策の歴史的発展について，たとえばKnill and Liefferink（2007：1-26）。

なった。このときに欧州委員会内に組織された「タスクフォースグループ」は，現在の環境総局のもととなった組織である。

環境規制が加盟国レベルからEUレベルに統合されるようになった契機は，1986年の単一欧州議定書の調印（1987年発効）である。単一欧州議定書は，1992年までに「単一市場」を形成することを目的としたものである。単一欧州議定書は，その策定過程において単一市場の形成に向けて欧州委員会がリーダーシップを発揮したことによって誕生した（Sandholtz and Zysman, 1989；Christiansen et al., 2002）。単一欧州議定書によって環境政策の規制者にもたらされた制度変化は次の2つである。第一に，環境政策の法的根拠が与えられたことで欧州委員会内の環境総局の権限が高まったことである（McCormick, 2001：57）。EUの立法過程において法案を提出できる権限をもつのは欧州委員会のみであるため，環境総局が環境政策を進める契機となった。第二に，EU（閣僚）理事会において単一市場に関連するものであれば，環境立法について特定多数決で決定できるようになったことである。単一欧州議定書以前はEU理事会の議決は加盟国による全会一致制がとられていたため，加盟国の拒否権が強く働いたが，特定多数決制度（QMV）が導入されたことによって加盟国の影響力が弱まった。これにより，EUレベルの環境立法のペースは早まった（Greenwood, 2011：129）。その後も，1992年に調印したマーストリヒト条約（1993年発効）では，単一市場に関連しない環境政策にもEU理事会で特定多数決が適用されることになったため，この傾向はその後さらに強まることになった。

EUの環境政策の立案は，立法機関の中で唯一法案の提出権限をもつ欧州委員会において，政策領域に関わる総局内の担当部局間で調整されながら行われる。中心的役割を担う環境総局は，1973年に第Ⅲ総局（現在の成長総局の名前は，歴史的説明や事例の中では基本的に当時の名称を用いる。）に創設された環境に関する部局が第Ⅺ総局として1981年に独立した組織である（Shon-Quinlivan, 2013：95,104）。環境総局は交通総局（現在のモビリティ・運輸総局）や企業総局（現在の成長総局）といった他総局に比べて後発組織であったことから，欧州委員会内では他総局との調整権限や経験を十分に持たない組織であった（Cini, 2000）。このため，他の総局に比べても政策形成過程においてNGOなど市民活動に対しても開かれた組織として発展した（Greenwood, 2011）。しかし，アムステルダム条約において，ECの様々な諸政策を環境保護の観点から統合し政策形成を行うことを義務とする「環境統合原則（environmental policy integration：EPI）」が導入されたことで，欧州委員会内での環境規制の法的根拠が更に固まり，環境総局の立法権限が徐々に強まることになった（Shon-Quinlivan, 2013：106-107, 109；Koch and Lindenthal, 2011）。

一方，欧州委員会内で環境規制の政策領域に大きく関わる組織として成長総局がある。成長総局は環境総局よりも歴史や規模も大きいが，EUレベルで独自の産業政策を行ってきたわけではない。産業政策はもともと加盟国の役割とされてきたため，EUレベルにおける産業政策はエアバス育成策など一部の例外を除いてほとんど行われてこなかったためである（Bianchi, 1998：121-142）。ECの産業政策に初めて根拠が与えられたのはマーストリヒト条約であったため，以降は成長総局によって産業競争力を強化する政策が打ち出されるようになった。このように，ヨーロッパ企業は欧州委員会よりも加盟国との関わりを強く持ってきたといえる。

また，EUレベルで成立した環境規制について欧州委員会は加盟国に実施を促す権限は有しているが，実施する権限や義務は加盟国にある[(36)]。EU法の法体系において規則（Regulation），指令（Directive），決定（Decision）ではそれぞれ，加盟国に対する「拘束」の強度および実施の方法が異なる（規則の方がより拘束力が強い規制となる）。規則は加盟国において直接適用されるものであり，加盟国内で立法される必要はない。一般的に規則案が成立した後に，実施のためのガイドラインなどが作られる。一方，指令は加盟国内で指令の内容が最も効果のある形で立法される必要がある。欧州委員会は指令が成立した後にコミトロジー（Comitology）手続きを行う。第2章で詳述するように，コミトロジー手続きでは欧州委員会を中心として加盟国，欧州議会の間で成立した規制内容に基づいて実施に向けた詰めの調整が行われ，それをもとに実施や国内法化が進められる。

このように，EUでは1980年代半ば以降，環境政策の立案主体が加盟国から欧州委員会に移行していった。それとともに，環境政策の根拠が強化されていったことから，

（36）　環境政策における国家の役割の重要性に関して，たとえば和達（2009：16）。

被規制者を規制する立場にたつ環境総局が環境政策の立案において中心的な役割を担うようになった(37)。また，環境総局が実施に対して有する権限は限定的であり，加盟国がその責任を担っている。政策実施にむけた調整が後回しになるため，被規制者の意向を限定的にしか尊重しないという形でトップダウン的に政策が立案されてきた。こうしたメカニズムによって，EU の環境規制手法はトップダウン的になる傾向にあり，政策の実効性や政策実施に対する関心が欠ける問題が生じている（Weale et al., 2003：117-118）と考えられる。

以上のように，日本と EU では異なる法制度と意思決定のルールが歴史的に形成された。

（3）仮　説

ここまでの議論を踏まえ，本書の目標，分析で用いる基礎的な概念を確認し，仮説と分析枠組み，さらに主張を示したい。

①本書の目標

まず，序章第2節で詳述した本書の目標を再確認する。本書はリスク規制研究における政治学的な視座から，政治制度によって規定されるアクターの選好および政策形成の特徴に着目して，規制内容に影響を与える要因とそのメカニズムを明らかにしようとするものである。特に，環境リスク規制において，1990年代以降に EU で他の先進諸国と比べて厳格な化学物質規制が成立した理由について，なぜ日本に比べて EU で厳しい規制が成立したのかを示すことで，リスク規制政策におけるリスク管理の理解への貢献を目指す。

リスク規制政策では，リスクの性質やそれと政治行政活動の接点から，政策課題の

---

(37)　EU 政治においては，政策形成における加盟国の役割を重視する政府間主義（intergovernmentalism）と政策形成における EU 機関およびその他 EU レベルで活動するアクターの役割を重視する超国家主義（supranationalism）という2つの見方が存在する。本書では各規制における加盟国の影響力を否定するわけではないが，EU レベルの制度および EU レベルで活動するその他のアクターが政策形成において与える影響力を重視する点で超国家主義的な立場に立っている。なお，政府間主義および超国家主義に関する概要については，たとえば Nugent（1994：431-433）にまとめられている。

設定とその実施との関係が重要になる。このため，制度配置により規定される規制者の権限がどのようなメカニズムにより政策帰結に影響を与えるのかにも着目する。政策課題を設定する規制者を官僚制組織の担当部局とするとき，規制組織のもつ権限によって政策形成過程の特徴やその帰結がどのように変わるのか，という観点から分析することで，規制政策あるいは規制行政に関する政治学・行政学の研究に対しても貢献することを目指す。

最後に実証分析では，1990年代以降の日本とEUの政策過程を比較分析する。超国家組織と国家という，レベルの違いがあるため，これまで日本とEUの政策過程が比較分析される機会はなかった。しかしながら，加盟国が従来行ってきた政策課題の設定がEUレベルに移ってきていることを考えると，時期と分析の範囲を絞ることによって比較政策分析は可能になると考えられる。このため，日本とEUの政策過程が部分的に比較可能であること示し，これまであまり注目されてこなかった制度や政策形成の特徴を明らかにすることで，比較政治学に対する貢献も目指す。

②基礎的概念の整理と仮説

次に，これまでの議論に基づいて分析の基礎的概念について整理したい。

本書では制度配置によって規制者の権限が歴史的に形成されるものと考える。本書における制度配置とは，公式あるいは非公式な法制度と意思決定のルールを指すものとする。また，制度には組織が含まれる場合もあるが，本書では組織をある一定の目的をもった集団ととらえ，基本的にルールを意味する制度とは区別して用いることにする。

規制者は基本的に組織，さらに詳しくいえば，所管省庁の担当部局とみなす。つまり，制度配置が組織のあり方や権限を規定しているものととらえる。そして，組織としての規制者の選好は，制度配置が規制者の中に所属する個々のアクターの選好を形成することによって現れるものとみなす。規制者以外の被規制者等のアクターについても，組織に所属する個々のアクターの選好の総意として表出されるものとみなす。こうした選好形成は，政策形成の特徴と最終的な政策帰結にも影響を与える。

規制者の権限は次の2つの回路によって規制内容に影響を与える。第一に，規制者が被規制者に対して有する権限である。規制者が被規制者を規制する権限と責任のみを有しているか，それ以外の権限と責任も有しているかによって，被規制者にどの程度配慮するか，つまり規制の厳しさが決まると考えられる。第二に，規制者が政策実施に対して有する権限である。規制者が政策実施に対して権限や責任を有しているか，あるいは限定的にしか有していないかによって，政策形成時にどのような観点が重視されるか，つまり政策形成の特徴が決まると考えられる。

ここで，この枠組みにおいて分析する規制者の２つの権限の関係性について補足したい。本書での問いである政策帰結としての規制内容とは，厳しさ／緩さという意味で用いている。この規制内容は，規制者の被規制者に対する権限と責任のみによってある程度特定されると考えられる。しかし，政策形成の特徴がどのようなものなのか（事前調整なのか，事後調整なのか，あるいはトップダウンなのかボトムアップなのか）によって，政策課題の設定及び政策案の形成時にどのような観点が重視されるのか（理念なのか，実効性なのか，あるいは短期的目標なのか，長期的目標なのか，さらには過去のルールを重視するのか，しないのか）を分析するためには，規制者が有する政策実施への権限についても分析する必要がある。このため，規制者の政策実施に対する権限を分析することで，政策形成のメカニズムを明らかにすることが可能になる。

そして，これらの権限が組み合わさることによって，政策形成のあり方に違いが生まれ，規制内容である政策帰結が規定されるものととらえる。すなわち，規制者が被規制者に対して発展させるあるいは育成させるといった規制以外の権限と責任を有していて，かつ，実施に対する権限や責任があるという条件が組み合わされると，規制が事前調整型かつボトムアップ的な政策形成になると考えられる。この場合，規制の実効性や短期的目標が重視されて政策課題の設定及び政策案の形成がなされることから，緩やかな規制が成立すると考えられる。また，それぞれが逆の条件で組み合わされる場合には，規制の理念や長期的目標などが重視されると考えられる。この場合，規制がトップダウン的かつ事後調整型の政策形成になることから，厳しい規制が成立すると考えられる。

仮説１：規制者が被規制者に対して規制する以外の権限と責任を有し，かつ政策実施に対して権限と責任を有している場合には，事前調整型かつボトムアップの政策形成が行われることから，緩やかな規制が成立する。

仮説2：規制者が被規制者に対して規制する権限と責任のみを有し，かつ政策実施に対して権限と責任が限定的である場合には，事後調整型かつトップダウンの政策形成が行われることから，厳しい規制が成立する。

それぞれの仮説は，日本とEUを示す。仮説1にあたる日本では各省庁を中心とした政策形成が行われているが，環境規制については環境庁が後発組織で十分な権限を持たなかったために中心的な役割を担うことがなく，通商産業省をはじめ，もともと公害行政を担ってきた省庁が中心的役割を担ってきた。また，基本的に法律を所管する省庁が実施に対しても権限を有している。このため，日本では企業を保護する権限を有するアクターが政策立案に深くコミットし，かつ実施への権限も有していることにより，企業との調整が政策立案の早期に行われ，実効性や短期的目標を重視した政策課題や政策案が形成されることになる結果，緩やかな規制内容が成立すると予想される。

一方，仮説2にあたるEUでは単一市場の完成を目指した単一欧州議定書によって規制立案が加盟国から欧州委員会に変更されたのとともに，EUレベルでの環境政策の根拠が強化されていったことから環境総局が政策形成において中心的な役割を担うようになった。また，環境総局が実施に対して有する権限は限定的であり，責任を担うのは加盟国である。このため，EUでは環境保護を重視するアクターが政策立案に深くコミットし，そのアクターは実施に対しては間接的な権限しか持たないことにより，企業との実質的調整が後から決められ，政策課題の設定や政策案が形成される段階で理念や長期的目標が重視されやすくなると考えられる。またその内容が実施ルールを拘束することになるため，厳しい規制内容が成立すると予想される。

以上の仮説を検証することによって，日本に比べてEUでは，1990年代以降の環境リスク規制，特に化学物質規制について厳しい規制が成立したことを示す（図1-2「分析枠組み」，表1-8「本研究で対象とする有害化学物質規制に関する規制者および規制内容の対応」）。

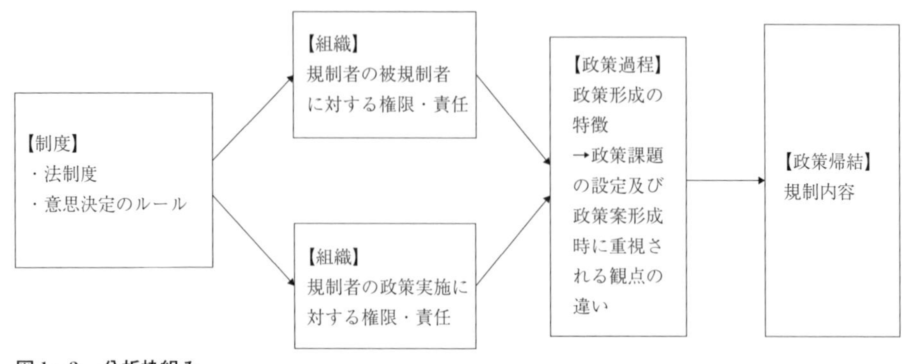

図1-2　分析枠組み
出典：筆者作成。

表1-8　本研究で対象とする有害化学物質規制に関する規制者および規制内容の対応

	化学物質規制の政策立案を担う中心的規制者	被規制者に対する権限・責任	政策実施に対する権限・責任	政策形成の特徴	政策課題の設定及び政策案形成時に重視される観点	規制内容
日　本	経済産業省	発展など規制以外の権限・責任も担う	あり	事前調整中心 ボトムアップ	実効性・実現性 短期的目標 過去のルールとの整合性	緩やか
E　U	環境総局	規制する権限・責任のみを担う	限定的	事後調整中心 トップダウン	理念 長期的目標	厳しい

出典：筆者作成。

（4）分析対象と分析方法

本書では，日本およびEUにおける共通の政策課題が扱われた有害化学物質規制改革の制定過程について過程追跡を行う。少数事例研究の場合，事例の選び方が論点になるため，以下では日本およびEUの事例の位置づけ，さらに化学物質規制の事例選択について検討する。

まず，日本とEUの事例の位置づけについてである。前述したように，1990年代以降の化学物質規制や大気汚染といった環境リスク規制の改革において，EUでは他の地域や国に比べて企業負担の重い規制が導入された。それは，環境リスク規制だけではなく，農薬や食品安全，消費者保護といった他のリスク規制についても同様である

(Vogel, 2012)。1980年代まではむしろEUのリスク規制は他の先進諸国に比べて遅れをとっていたにもかかわらず，1990年代以降に飛躍的に規制が厳格化された点で極端な事例（extreme case）といえる。一方，日本では1990年代以降そのような急激な規制の厳格化はみられない事例である。1960年代以降，公害を経験したことから規制は強まったが，1990年代以降は停滞している。アメリカも日本と同じように規制が一定程度強化された後，1990年代以降は大きくは厳格化されていない（Vogel, 2012）という状況から，他の先進諸国と同じような事例に位置づけられる。もちろん，日本が1960年代に経験したような大規模な公害は他の先進諸国にはみられないので，この点では日本も極端な事例であるが，本書では1990年代以降の規制の厳格化という特徴に着目するという意味で先進諸国の中の一事例とする。

こうした逸脱事例を含めた比較分析することの意義は，仮説構築を行うことにある。本書のように，対象とする政策領域での研究が少なく，因果関係が明らかであるか否かがはっきりしない場合には，仮説検証を行う以前の予備的な手法として極端な事例を検討することによって新たな仮説を構築できる可能性がある。このため，こうした分析は，多くのサンプルを分析することによって仮説検証を行うのと同等の意義がある[(38)]（Gerring, 2007：104-105）。

次に対象とする化学物質規制の事例選択についてである。前述した通り，環境リスク規制は何らかの形で化学物質を規制する形をとっているため，化学物質規制は環境リスク規制の中で重要な事例といえる。この中で分析対象とする事例を選ぶにあたり，化学物質規制における規制段階と規制対象による区別に留意して異なるカテゴリーの事例を選んだ。

まず，規制段階に着目した分類として製造・使用段階と排出段階の規制に分けられる（増沢，2001：1）。たとえば，化審法や農薬取締法は製造・使用段階の規制にあたる。化学物質の登録を事業者や使用者に求めたり，特定の化学物質の製造や使用を制限したりする規制である。一方，たとえば，家電リサイクル法や大気汚染防止法などが排出段階の規制にあたる。事業者に対して環境中に排出する化学物質に一定程度の

(38)　極端な事例を分析することによる発見的作用については，たとえば佐藤（2012），前田（2013）において論じられている。

表1－9　化学物質規制のパターン

	製造・使用段階の規制	排出段階の規制
プロセス規制	①化審法／REACH 規則(1)（第3章）	③家電リ法／WEEE 指令（第5章）
製品規制	②J-MOSS／RoHS 指令（第4章）	—

注1：REACH 規則における高懸念物質（Substances of Very High Concern：SVHC）の届け出制度については部分的に製品規制的な要素が含まれるが，RoHS 指令と異なり材料単位ではなく成形品中の濃度をみるため，ここでは化学物質規制の登録制度を主とした規制として扱う。
出典：Vogel（1997：556-564），増沢（2001：1）を参考に筆者作成。

制限を設けて，排出処理や工場施設からの排出に関して制限を設ける規制である。

つぎに，規制対象に着目するとプロセスに対する規制と製品に対する規制に分けられる（Vogel, 1997）。たとえば，化審法や家電リサイクル法はプロセスに対する規制である。事業者に対して，登録や処理といった過程に対して情報提出や方法に関する義務づけを行うことによって規制する。一方，たとえば J-Moss は製品に対する規制である。製品中に含まれる化学物質を直接的に制限することによって，事業者に対してその物質の使用を制限する規制である。

このため，考えられる規制のパターンは，製造・使用段階かつプロセスに対する規制，製造・使用段階かつ製品に対する規制，排出段階かつプロセスに対する規制，排出段階かつ製品に対する規制という4つの組み合わせの規制となる。ただし，排出段階かつ製品を対象とする規制は存在しないため[39]，実際の組み合わせとしては残る3つのパターンとなる（表1－9「化学物質規制のパターン」）。本書では，異なる規制パターンを網羅するように日本と EU で成立した代表的かつ規制対象が広い規制を分析事例に選んだ。網羅した規制パターンにおいて本書の仮説が支持され分析枠組みが適用できれば，極端な事例を分析することで一般化の範囲を一定程度広げることができると考えるためである。

なおこれらの規制は，EU の廃自動車指令（ELV 指令）や日本の自動車リサイクル法が自動車を対象とするように単一の製品を規制対象と規制するものではなく，対象

(39)　たとえば自動車の排ガス規制のような規制は，製品設計に直接的に関わるので，排出段階ではなく製造・使用段階の規制になる。

とする製品や物質の範囲が広い点で重要な事例といえる。具体的には，次の3つである。

第一に，化学物質の登録制度である化学物質審査規制法（化審法）とREACH規則である。これらは，化学物質などを製造・輸入する事業者に対して登録や情報提供を求め，使用方法について制限を行う規制である。第二に，電気・電子製品に含まれる化学物質規制である資源有効利用促進法（特にJ-Moss）とRoHS指令である。これらは，電気・電子製品に含まれる有害化学物質について，事業者にその使用を制限する規制である。第三に，電子電機製品のリサイクル方法を定める特定家庭用機器再商品化法（家電リサイクル法）とWEEE指令である。これらは，電気・電子機器廃棄物の発生抑制，再利用，リサイクルを促進するため，事業者に対して回収や費用負担について義務づける規制である。なお，同じ政策課題を扱う立法を対象とするため，化審法については2009年改正，RoHS指令およびWEEE指令については2003年に成立した通称RoHS 1，WEEE 1とよばれる規制を分析対象とする。

このようにパターンを網羅して事例を選定することによって，多様な事例においても共通のメカニズムで説明できるかどうかを重視して比較分析を行う。つまり，本書の仮説および分析枠組みによってすべてのパターンにおいて同じメカニズムで説明できるかどうか，が本書の課題である。

規制パターンの多様性については，2つの軸から考えられる。ひとつは製造・輸入段階に対する規制か，排出段階に対する規制か，ということである。一般的には排出段階の規制に比べて製造・使用の規制の方が，経済活動に対してはより介入的であることが多い。それは，製造・使用段階で化学物質を規制することによって，被規制者の経済活動を制約するためである。たとえば，これまで使用できていた物質が規制されれば，その化学物質と同じ働きをする代替物質を探さなければならない。代替物質を探すには，様々な研究開発のための時間や費用といったコストがかかることになり，製品開発や製品の設計にもさまざまな制約が生じる。このため，規制者と被規制者の関係を考える上で，規制の製造・使用に対する規制のような経済活動への介入の程度が高い規制であるかどうかは，規制プロセスおよび規制内容に影響を与える可能性がある。

つづいてプロセスに対する規制か，製品に対する規制かということである。プロセスに対する規制の方が各段階での介入が行われやすいとされるが，先行研究では製品規制はプロセス規制と比べて他国の規制の影響を受けやすいことが示されている（Vogel, 1997：556-564）。なぜなら，企業は特定の製品を製造する際に，輸出先の地域ごとに分けて製品を作ることはコストの観点から行わないためである。このとき企業は，法令遵守のコストを抑えるために，最も厳しい規制に合わせて製品を作ることになる。この点，プロセス規制について企業は製造・輸出する場所がどこであれ，国ごとに対応を変える可能性がある。このように，グローバルな市場においては製品規制において規制波及のメカニズムが働くことが予想されるため，規制者がどのように政策課題を決定するのか，さらにはどのような内容の規制が作られるかという点に影響を与える可能性がある。

このように，３つの規制のパターンでは異なる規制形成プロセスが形成される可能性があるが，これらを比較分析した上で本書の仮説が支持され，同じメカニズムで説明できる場合には，分析枠組みの有用性が示されたことになる。したがって，３つの規制パターンの事例について比較することにより，本書で使用する分析枠組みおよび仮説を検証する（表１－７における①と②と③の比較）。

最後に，EU における指令について説明を加えたい。指令は加盟国内でその内容が最も効果のある形で立法される必要がある。ただし指令の根拠法によって，加盟国において EU 決定をより厳しくできる場合がある。本研究で対象とする RoHS 指令は EC 条約第95条（EU 機能条約114条）に基づくため国内でそれ以上に厳しい法律を作ってはいけないものの，罰則については変更することができる。また，WEEE 指令は EC 条約第175条（EU 機能条約192条）に基づくため国内でそれ以上に厳しい内容を定めることができる。

本書では，特に WEEE 指令については加盟国における国内法化の状況を踏まえなければならない点を自覚した上で，それでもなお EU レベルでの決定を分析することに意義を見出す。なぜなら，1986年の単一欧州議定書調印以降は環境規制の EU レベルでの統合が進んだため，とりわけ1990年代以降のフランスやドイツといった EU 加盟国と日本やアメリカといった EU 以外の国の政策を直接比較することが困難になっているためである。もちろん，このことは欧州加盟国の政治を分析することの意義が失ったことを意味しているわけではない。しかし，本書のようにEUレベルでの政策課題の設定および規制案の策定過程に注目する場合，時期と対象を限定することによって一つの政策過程の単位として扱うことは可能であると考える[40]。このため，本書では1990年代以降に成立した化学物質規制に分析対象を限定することによって，日本とEUの政策過程を比較する。

各事例のデータは，政府資料，議会議事録，審議会資料，企業資料，関係者インタビュー（官僚，業界団体，議員，企業，NGO／NPO，専門家）といった一次資料および新聞報道や雑誌記事，政治学，法学，社会学などにおける先行研究といった二次資料を用いる。日本の省庁，欧州委員会，EU理事会が所有する資料について，公開されていないものは情報公開請求等の手続きにより入手している。また，その他の資料の一部については，インタビューを行った個人から提供を受けた。

また，各事例における変数の測定については，記述的分析手法を用いる。

（5）本書の構成と主張

以上のように，第1章では先行研究の内容を示した上で本書の研究関心に基づいた分析枠組みを示した。この中では，制度配置によってもたらされる規制者の権限が規制内容に与える影響に着目する意義を示した上で，本研究で用いる仮説および分析枠組みを明らかにしてきた。以下では，本書の構成について改めて示すと同時に，主張をまとめたい。

第2章では，日本とEUにおける環境政策の発展過程とともに歴史的な制度配置の形成過程を示す。特に，日本では1971年の環境庁設立が，EUでは1986年の単一欧州議定書調印が，それぞれが決定的分岐点であることを示し，環境政策における主導権が日本では業所管省庁，EUでは欧州委員会の担当総局によって握られていく過程を分析する。EUでは環境総局の権限が強化されたのに対して，日本では十分な権限をもたない状態で組織の発展が進められてきた。さらに，環境リスクの台頭という共通

(40)　先行研究でも，EUと他の単一国家の政策過程が比較されることはある。たとえば，健康や安全に関する規制政策についてEUとアメリカを比較したVogel（2012）があげられる。

の政策課題について国際的な目標は共有されていることから，これらについて日本とEUが共通してどのように対応しようとしているかを分析するために，本書の分析枠組みからは一度離れて1990年代前後の政策手段および規制者の役割の変化を示す。

第3章から第5章では日本とEUにおける代表的な化学物質規制を対象として事例分析を行い，第1章で示した仮説が支持されるか否か，および分析枠組みが適用可能か否かを検証する。

第3章では化学物質の製造・使用に対する規制として，日本の化審法2009年改正の成立過程とEUのREACH規則を比較分析する。日本については通商産業省が化審法の制定に深く関与したことから経済産業省が化審法2009年改正も担当することになった。また，経済産業省が政策実施に対する責任も担い，利害関係者との調整もボトムアップかつ事前調整を重視する形で行われたことから，やや緩やかな規制内容が成立した。

これに対してEUでは，もともと個別の規制によって進められてきた化学物質規制を1990年代に統一する際に環境総局が重要な役割を担って厳格な化学物質規制案を提出した。また環境総局は実施に対する責任や権限を一部しか有していないため，利害関係者との調整はトップダウンかつ事後調整によって行われた。これにより，リスク評価に関する挙証責任の転換を含む厳しい規制内容が成立した。

第4章では電気電子製品に使用される化学物質に対する規制として，日本のJ-Mossの成立過程とEUのRoHS指令の制定過程を比較分析する。電気電子製品に対する規制ではもともと通商産業省が所管していたことから，その規制の問題になった際にも，経済産業省が中心的対応を行うことになった。JIS規格として政省令で規制を行うことになったことから，業界が対応しボトムアップ的かつ事前調整型の政策形成となり，やや緩やかな規制内容となった。

これに対してEUでは，加盟国によって異なる規制が実施されていたため，統一するにあたり環境総局が重要な役割を果たした。また，環境総局は実施に対して権限や責任を有していないため，事後調整型の政策形成となり，拡大生産者責任といった理念が重視される厳しい規制法制が成立した。

第5章では化学物質を含む電気電子製品の廃棄・排出に対する規制として，日本の家電リサイクル法の成立過程とEUのWEEE指令の成立過程を比較分析する。日本ではもともと厚生省が廃棄物処理を担ってきたため，リサイクルの問題が生じたときには，厚生省が担当すべきかあるいは電気電子製品の関連法を所管する通商産業省が担当すべきかといった対立が生じたが，業界の意見を汲みやすい通商産業省が中心的役割を果たすことになった。実施に対しても責任をもつ通商産業省が業界との調整をボトムアップ的に行い，やや緩やかな規制に留まった。

これに対してEUでは，RoHS指令同様，リサイクルに関する規定が加盟国によって担われてきたため，その見直しを行う際に環境総局が中心的な役割を果たすことになった。環境総局は政策実施に対して完全な権限をもたないことから，事後的な調整かつトップダウンを特徴とする政策過程であるといえる。このため，厳しい規制が行われることになった。

以上から，本書における分析対象とする3パターンの規制いずれにおいても，仮説が支持され分析枠組みが適用できることが示される。終章では結論を改めて示した上で，分析の含意と課題を示したい。

第2章

環境政策をめぐる制度配置と規制者

第2章では，歴史的な観点から日本およびEUにおける環境政策の発展を検討することにより，制度配置と規制者について分析を行う。まず，第1章で示したように歴史的制度論の立場から制度配置が歴史的にどのように形成されてきたか，その中で規制者の権限がどのように規定されたかという点を中心に，日本およびEUにおける化学物質政策の発展過程とともに示す（第1節，第2節）。また，環境リスクの台頭という先進諸国共通の政策課題への対応を分析するために，本書の分析枠組からは一度離れて日本およびEUにおける化学物質政策が環境リスクの規制という点でどのような政策手段の変容を示しているのか，さらに規制者の役割はどのように変化しているのかについて，通時的な検討を行うことによって明らかにする（第3節）。

1　日本における環境政策の発展と制度配置

第1章で述べたように，現在の日本における環境政策立案では官僚制，特に1960年代以降の高度経済成長に伴う公害対応を行った省庁を中心として歴史的に発展してきた経緯を持つ。もちろん，日本における公害は第二次世界大戦以前から存在していた[1]。たとえば，明治時代の足尾銅山鉱毒事件などにみられる，法令上の基準が存在しない中での企業の賠償による解決の道が探られた鉱山公害や，大正時代の大阪アルカリ事件にみられる，硫酸アンモニウム（硫安）工場からの硫煙による工場公害のよ

（1） 日本における第二次世界大戦以前の公害の歴史については，たとえば（環境庁10周年記念事業実行委員会編，1982：7－9）飯島編著（1993，12-18），倉阪（2008，14-21），大塚（2010a，3－5）に簡潔にまとめられている。

うに，政府が産業振興に関わったエネルギーおよび化学産業において公害が発生していた。しかし，当時は法令上の基準が十分に整備されていなかった上に，特に第二次世界大戦中は軍事政策が優先されたことによって公害が問題視されず，政府による対策はほとんど講じられなかった。

第二次世界大戦後，経済復興のために重化学工業を中心とする急速な産業政策が政府により押し進められ，高度経済成長期に入ると，1960年代から各地で公害が発生するようになった。深刻な被害が生じた理由は，政府が戦後の国民生活の立て直しと経済成長を重視し，公害発生の防止に対する配慮に欠けたためである。公害の被害を大きくさせた遠因として，工場の設備に対する公害防止の観点からの監督規制が当時規定されていなかったことがあげられる。すなわち，1911（明治11）年の工場法第13条では，公害防止等の観点から工場主への命令が規定されていたが，1947（昭和22）年に工場法を廃止して制定された労働基準法には，この条文を引き継ぐ条文が規定されなかった（倉阪，2008：21）。公害が発生した地域では，住民や被害者によって反公害運動が生じるようになった。たとえば，1958年に工場排水によって東京湾の漁場が汚染されたことから漁業者による反対運動が生じた浦安事件や，1963年に静岡県三島市・沼津市・清水町への石油コンビナート建設計画が策定されたことに対して住民の反対運動が生じた事件があげられる。また，同じ時期に生じた四大公害事件である，イタイイタイ病事件，熊本水俣病事件，新潟水俣病事件，四日市ぜんそく事件においても，大規模な反公害運動が生じた。

こうした公害への政府対応について，戦後直後は地方自治体の公害規制条例が中心となって行われてきたが，被害発生の範囲が拡大し問題が深刻化するに伴って，公害反対運動が全国各地で展開されるようになり，国レベルでも対応が求められるようになった。このため，様々な公害事件を契機に，法制化が進められることになった。代表的なものは，1958年制定の「公共用水域の水質の保全に関する法律」（水質保全法）及び「工場排水等の規制に関する法律」（工場排水規制法）（これら２つを合わせて以下，水質二法），1962年制定の「ばい煙の排出の規制等に関する法律」（ばい煙規制法）であり，それぞれ，浦安事件および四日市ぜんそく事件を契機として制定された。しかし，これらの対応は対症療法的であり，公害被害が収まるには至らなかった。

本格的な公害防止規制が制定されるようになったのは，1960年代半ば以降（昭和40年代）になってからである[2]。1964年3月の閣議決定により総理府に公害対策推進連絡会議が設けられた。また，各省においても1963年に通商産業省に公害局，1964年に厚生省に公害課，翌年には同省内に公害審議会がそれぞれ設置された。1965年10月に公害審議会による答申「公害に関する基本施策について」を受けて，公害対策推進連絡会議は，厚生省を中心として公害対策基本法の策定作業を行った（環境庁10周年記念事業実行委員会編，1982：49-50)。答申の中の「公法上の対策が必要であり，かつ可能なものであって，行政上の公害という共通の概念によって同一の原則の下に処理されることが望ましいもの」として選ばれた，大気汚染，水質汚濁，騒音，振動，悪臭の五種類が当初対象とされたが，法案では地方公共団体からの要望が強かった地盤沈下も加えた6種類になった（倉阪，2008：29)。

しかし，法案作成に関わった厚生省と通商産業省の立場は大きく異なっており，最終的には通産省の主張が一定程度取り入れられる形となった（今村，1976：52；環境庁10周年記念事業実行委員会編，1982：50-51；Schreurs，2002=2007：39；倉阪，2008：29；大塚，2010a：9-10；森，2013：39-41)。厚生省の試案では，経済的利益追求に対する健康と福祉の保持の優先規定，「維持されるべき環境上の条件に関する基準」としての環境基準の規定が盛り込まれていた。しかし，通商産業省の抵抗によって法案では目的規定に「経済の発展との調和を図りつつ」という文言が付け加えられたり，環境基準はその設定にあたり「産業間の相互調和をはかるように考慮しなければならない」ものとされたりした。法案は，1967年の第55回特別国会に提出され，国会審議では主に経済発展との調和，企業責任のあり方，紛争の処理，公害行政機構等に議論が集中した。衆議院において自民，社会，民社，公明の四党による共同修正が行われ，衆参両院で付帯決議が付された上で，同年8月に「公害対策基本法」が成立した。公害対策基本法は，法律の目的に「生活環境の保全については，経済の健全な発展との調和

(2)　公害対策基本法策定過程から公害国会を経て環境庁設置までの動きについては，主に環境庁10周年記念事業実行委員会編（1982，42-65）を参照した。環境庁設置までの組織内外における調整という観点から分析した今村（1976)，公害国会の通時的さらには政府外も含めた共時的な分析を通じて公害国家の政治過程を明らかにした森（2013）も参照した。なお，Schreurs（2002：2007，39-42)，倉阪（2008，29-32)，大塚（2010a，9-14）においても簡潔にまとめられている。

が図られるようにする」といういわゆる経済調和条項が含まれるため，産業活動を大きく規制するという内容ではないという問題を内包したものの，多様な対象に対する規制が認められた点で公害対応は大きく発展したといえる。

公害対策基本法の制定が契機となり，政府内では本格的な各種の公害対策が作成された(3)。公害対策基本法の成立以降も，公害はますます深刻化したため，行政の体系的な対応が必要とされたが，各省庁間の意見の相違や対立がますます際立つようになった。政府内でも新しい情勢に即応する総合的公害対策の検討が必要であると認められ，内閣審議室を中心に検討を開始した。また，同じ時期に自民党の公害対策特別委員会においてこの問題が取り上げられ，解決のための具体的提言が行われた。さらに野党三党も共同で同様の提案を行ったため，政府，与党，野党の間で，新たな組織をつくり公害の深刻な社会問題化に対して抜本的な対策を具体化する流れが生じた（環境庁10周年記念事業実行委員会編，1982：52-53)。

こうして，1970年７月には内閣に佐藤栄作首相を本部長，総理府総務長官の山中貞則を副本部長，本部長の指名する関係行政機関の職員若干名をメンバー(4)とする公害対策本部が設置された。公害対応のために首相がトップとなって省庁横断的なスタッフが集まる組織は，それまでにない新しい組織であった。さらに，省庁間の意見調整を行う機関として公害対策閣僚会議が設置され，同年８月から10月までの７回にわたる会合において，公害対策の具体的な問題について話し合いが行われた。そして，公害対策本部のもとで公害対策閣僚会議を中心として法案提出の準備が進められ，1970年11月の臨時国会（第64回国会，いわゆる「公害国会」）では，公害関係の14法案の制定または改正が行われ公害関係法全般の充実，強化が行われた。なお，ここで成立した改正公害対策基本法では，「調和条項」が削除され，公害の定義が拡大された（環境庁10周年記念事業実行委員会編，1982：53-57)。

こうして公害対策は徐々に進められたが，環境政策につながる公害行政は一元的に

（3） 日本の公害行政については，環境庁10周年記念事業実行委員会編（1982）に加え，環境省総合環境政策局総務課（2002，3-17）を参照した。

（4） 各省部課長クラスの出向者，常勤11名，非常勤４名の計15名。他に，これを補佐する事務局として総理府公害対策室が設けられ，各省庁から出向してきた職員が19名。

進められてこなかった。なぜなら，公害対策本部は臨時的な機関であり，対策の企画，調整以外の公害規制の実施権限は各省庁に分散したままであったためである。こうした状況が大きく変わろうとしたのは，公害行政権限を一元化した行政機関の必要性が認識されるようになり，環境庁が設立される段階になってからである。以下では，1971年に環境庁が設立された経緯と組織の特徴についてみていく。

1971年に環境庁が設置されたきっかけは，公害規制の実施権限が各省庁に分散していた状況について以前から問題意識を有していた総理府総務長官で公害対策本部の副部長も務めた山中貞則が，佐藤首相に環境庁設置の決断を求めたことである(5)。また，日本における公害行政の一元化に向けた動きは，海外での環境行政の動向からも影響を受けている（環境庁10周年記念事業実行委員会編，1982：59-60）。特に山中がこうした決断を佐藤に促した理由として，1970年に環境保護庁を設置したアメリカでの日米環境閣僚会議に総務長官として出席していることがあげられる(6)。こうして，環境庁を設置することが1971年１月８日に閣議決定され，環境庁設置法成立の同年７月１日に総理府の外局として環境庁が発足した。

環境庁はその設立準備の過程で，純然たる企画官庁にするのか，実施官庁としての性格も持たせるのか，さらに仮に実施事務・事業を持たせるとしたらどの範囲とするのかという問題が検討された。企画調整事務については，①公害防止のみならず自然保護も含めた環境問題全般について，基本的な政策の企画，立案，推進を行い，各省との調整を行うこと，②環境保全に関する事務の総合調整，経費の見積もりの方針の調整等を行うこと，とすることで一致した。一方の実施事務・事業については，公害関連法の施行，各種環境基準の設定等の事務を一元的に行うことについては一致したものの，下水道等公害関連公共事業については，移管について事務的合意に至らず山中総理府総務長官が直接折衝を行うことになった（環境庁10周年記念事業実行委員会編，

（５）　山中長官が有していた官庁のセクショナリズムに対する問題意識については，橋本道夫（筑波大学教授。元厚生省公害課初代課長）の発言（加藤ほか，1981，19）および，『毎日新聞』「公害対策問われる政府」昭和45年７月５日。また，山中長官が佐藤総理に決断を求めたことについては，金子太郎（元環境事務次官）の発言（加藤ほか，1981，19)。なお橋本道夫は公害規制実務をリードした人物である（森，2013：39)

（６）　木原啓吉（千葉大学教授。元朝日新聞記者）の発言（加藤ほか，1981，19-20)。

1982：61)。

環境庁が発足する以前から，厚生省，通商産業省，農林省，運輸省，建設省といった省庁が中心となって公害関連行政を担当しており，各法令はそれぞれが単独所管あるいは複数省庁による共管体制をとっていた（橋本，1970；野村，1970：228-229)。このため，厚生省が所管する廃棄物行政や建設省が所管する下水道行政を環境庁の所管として山中長官は移動しようとしたものの，各省やその関係自治体の反対が強かったため，実現しなかった(7)。結局，公害関連公共事業のうち，自然公園関係等一部の事業は環境庁に移管されることになったが，各省庁と密接な関わりを持ち，末端行政機構との関係もあるとの理由からその他のものについては，各省庁に残されることになった（環境庁10周年記念事業実行委員会編，1982：61)。

こうした経緯から，内閣府の外局として主に総合調整機能を持つものの，事業予算を持たないという形で妥協したことが環境庁の組織の特色となった(8)。環境庁の行政対象は公害対策と自然保護対策，その中でも国立・国定公園内の原生自然の管理に限られたため，発足当初の組織規模も小さいものとなった。発足時の組織は，内部部局として長官官房及び企画調整局，自然保護局，大気保全局，水質保全局の四局と，その下部組織に１審議官，19課，２参事官，１室存在し定員は502名（うち特別職は１名）であり，その後10年で徐々に定員は増加したものの614名に留まっている(9)。また，各省庁間で激しいポスト争いが行われ，通商産業省からは審議官や課長，農林省からは局長や課長が入るなど，14省庁のすべてから人が集められた(10)。この結果，「ポスト割」が長く続くことになり，他省庁からの出向者が多くなったため，環境庁としての制度的自律性が阻害される原因となった（畠山・新川，1984：258-289)。

このように，環境庁は総合調整機能を求められながらも，後発組織として設置されたために，環境に関わる権限はすでに各省が有していることから，利害にかかる調整

(7) 木原啓吉（千葉大学教授。元朝日新聞記者）の発言（加藤ほか，1981，20)。

(8) 金子太郎（元環境事務次官）の発言（加藤ほか，1981：20)。

(9) 環境庁10周年記念事業実行委員会編（1982，61)。環境庁の機構の推移，および定員の推移については前掲書資料５，６。

(10) 橋本道夫発言（加藤ほか，1981：20)。もともと厚生省が有していた公害行政のポストを他省庁にとられることに対しては，当時，内田常雄厚生大臣や政務次官は憤慨していた。

を十分に行えるだけの権限が備わっておらず，また発揮しえない（森本ほか，2002：67）といえる。特に環境政策を強化しようとする環境庁と経済成長を第一目標とする通商産業省，建設省，運輸省といった経済・開発系官庁とは，様々な環境政策をめぐって対立する構図を維持してきた[11]。両者の対立は，単純に目標が異なっているというだけではなく，環境規制強化の実現が既存の省庁の有する権限の縮小につながるために，組織の自己権限の維持や拡大という理由より深刻化するのである（畠山・新川，1984：253)。

環境庁の権限の弱さは，これまでの先行研究における事例分析によっても指摘されている。たとえば，環境アセスメント法制化に関する事例では，法案の国会提出が5回連続で失敗した理由について，推進派の環境庁と反対派の通産省および建設省（特に通産省）との省庁間折衝が進まなかったことをひとつの要因としている（畠山・新川，1984)。また，オゾン問題に関する規制においても，議論の途中から積極的に推進しようとした環境庁と，競争力低下への懸念から議論の最初から反対した通産省との間で対立が生じたために，対応が遅れたとされる（シュラーズ，1993)。さらに，本書で対象とする化学物質規制の製造や輸入に関する規制は，通商産業省，厚生省，環境庁の共同所管，リサイクルに関する規制は業所管省庁，厚生省，環境庁の共同所管とされ[12]，規制に対する考え方は必ずしも一致していない。中央省庁の再編により2001年から環境省になって一部の法においては所掌範囲が拡大したものの，主要な法律について共同所管体制が続いている。

日本における環境政策は一般的に，省内調整の後，省庁間調整を行い，自民党政務調査会部会，総務会において審議が行われる。通常，各省庁が事前に十分党側の意向に配慮し，また「根回し」工作を行う場合が多いため，自民党内では形式的な審議が行われるにすぎず，実質的な政策決定は省庁間で行われることが多い。しかし，部会では全会一致となるため，一部で強硬な反対がある場合には法案が了承されないこと

(11)　たとえば，畠山・新川（1984，235，252-253)；船橋（1993：60)。
(12)　行政改革会議省庁ヒアリング説明資料「環境庁説明資料（5月21日)」http://www.kantei.go.jp/jp/gyokaku/0730kankyou.html（最終アクセス2017年12月26日)。なお共同所管になった理由として業所管官庁の政策に対する知見の必要性が（氷見，2016）により指摘されている。

になる（畠山・新川，1984：262）。このため，通常では省庁間調整が重要であり，自民党内で強い反発がある場合には政治的リーダーシップが必要になる。

環境政策における自民党と各省庁の調整については，日本では戦後，自民党の一党優位体制が長く続いたことから，自民党と経済・開発系官庁と産業界が強く結びついてきた[13]。経済・開発系官庁は，通商産業省と産業界，建設省と建設業界，運輸省と運輸・航空業界のように，それぞれの業界と深く結びついている。さらにそれぞれは，自民党内の商工族，建設族，運輸族といった族議員との関係を築いてきた。特に通商産業省の産業政策に関する研究からは，政府主導の観点からの分析（たとえば，Johnson（1982=1982））や企業主導の観点からの分析（たとえば，Calder（1993=1994））といった観点の違いはあるものの，後発的発展国家として産業政策を通して政府と市場が強固に結びついてきたことを示している。自民党内でも，1990年に地球環境問題が世界的な問題として浮上した際に竹下元首相をリーダーとする「環境議員連盟」が誕生するなど環境問題をめぐるゆるやかなネットワークが構築されたが，経済・開発系官庁が環境政策の中で中心的な役割を担っているため，被規制者との結びつきが強くなっている。このことは，既述の通り公害問題の対応において，被害者側の立場に立つ厚生省に先んじて，企業側の立場に立つ通産省内に公害課が設置されたことが象徴的に示しているといえよう。

一方で環境庁は，これらの省庁に対抗できるほどの組織の自律性や専門性が高くなく，政策形成に必要な情報も十分に集めることが難しかった。それは，これまでも見てきたように，環境庁は設立時に総合調整機能が求められ，ほとんど実施機能を持つことができなかったことによる。このため，環境規制の実施主体は規制により省庁，自治体，市民団体など様々であるものの，基本的には当該規制法の所管官庁が責任を有する[14]。つまり，環境庁がリーダーシップを発揮して独自の法律を生み出したとしても，実施するのは他省庁や他省庁と深い関係を有する業界団体の自主規制にゆだね

(13) たとえば，自民党，通産省，産業界の結びつきの強さについては，Broadbent（1998）で示されている。

(14) 自治体が実施する内容についてはたとえば，環境状態の測定や事務所への立ち入り検査などがあり，環境庁が地方に出先機関を持たないことから，現場で必要な多くの事務は自治体の法定受託事務となっている（森本ほか，2002：66）。

ることになる。したがって，実効性のある規制を行うためには法案作成の段階から他省庁や被規制者の意向を反映して協調的にボトムアップの形で作成される必要がある。

このように，日本では公害対策の段階において，通商産業省をはじめとする被規制者の発展や保護に強く関係する省庁が政策立案において中心的な役割を担い，環境庁成立後ももともとの法の所管が引き継がれることになった。また，環境政策を担当する環境庁が形成される段階においても，こうした省庁が強い影響力を有していたため，環境庁には総合調整機能が求められ，十分な事業予算や規制権限を持つことができなかった。さらに，法の所管省庁が実施までの責任を有していることから，被規制者の意向を反映する形で規制内容の実行性に焦点を置いた議論がなされたという意味でボトムアップ的に行われてきた。このため，1971年の環境庁設立が決定的分岐点となり，被規制者の意向が強く反映された政策が政策遺産としてアクターの選好を拘束することから，経路依存的にこうした立案が継続されることになった。

2　EUにおける環境政策の発展と制度配置

ヨーロッパでは19世紀の産業革命後，工業化や都市化に伴う公害事件が生じたためその対応が進められたが，各国において環境政策が本格的に取り組まれるようになったのは20世紀に入ってからである。ヨーロッパでも日本同様，公害に対して環境規制が進められてきた（小西，2001：240-241）。たとえば，イギリスでは自動車の排気ガスが主たる原因となり深刻な大気汚染が生じた1952年のロンドンスモッグ事件を受け，1956年に大気浄化に関する法令が制定された。イギリスでは同時期に，河川の水質，港湾，都市計画に関する環境法令が制定された。また，フランス，ドイツ，イタリアといった国でも同様に公害に対する対策法として規制が制定されるようになった。

ヨーロッパ各国において環境規制の整備が進むと同時に，特に河川の水質問題や大気汚染の問題に対しては，多国間での規制が進んだ（小西，2001：241-242）。とりわけ沿岸に工業地帯や工業都市を有するライン川の汚染問題は1950年代に顕在化し，多国間の環境問題として認識されるようになった。1963年にはスイス，ドイツ，フランス，ルクセンブルク，オランダの間でライン川汚染防止国際委員会協定が成立し，1976年にはこの協定をもとに当事国に加えて欧州共同体（EC）加盟国が加わってライン川化学汚染防止条約及びライン川塩化物汚染防止条約が締結された。この条約は，ECが初めて条約締結当事者になった事例であるが，このときECは直接イニシアチブをとったわけではない。ECが地球規模の環境問題に対して対外的な存在感を示すために積極的に加わっていくことになるのは，1970年代後半からである。

第１章で述べたように，EUレベルでの環境政策は1970年代から徐々に進められるようになった。現在のEUの基礎である1957年に調印されたローマ条約（1958年発効）によって成立した欧州経済共同体（EEC）はヨーロッパ域内の経済統合を目的としたものであった。このため，経済統合や単一市場の形成が第一の優先課題であった。しかし，1972年のストックホルムにおける国連人間環境会議で環境政策および消費者政策の必要性が宣言され，その年の10月に開かれたECの首脳や政府代表が集まるパリサミットにおいてこれらの政策が議題としてあげられたことによって，EUレベルでの環境政策が徐々に進むことになった。こうして，翌年の1973年７月の加盟国代表会議において採用された行動計画がEUレベルでの最初の環境政策である（Hildebrand, 1993：20-21；Knill and Liefferink, 2007, 2-3）。なお，パリサミットを機に欧州委員会内に組織された「タスクフォースグループ」は，現在の環境総局のもととなった組織である（Knill and Liefferink, 2007：3）。

EUレベルで環境政策が取り組まれるようになった理由は，主に３つある（Knill and Liefferink, 2007, 3-5）。第一に，環境規制が共通市場の形成に対して支障をきたさないようにする点である。多様な加盟国の環境基準が共同体内の自由貿易にとって，障害にならないよう調整していく必要性があった。とりわけ1960年代後半以降に各加盟国において環境政策に関する法制や行政措置が進み，実施の段階について調整が求められた（福田，2004：150）。第二に，前述した国境を越えた環境問題に対して多国間で解決するという点である。特に国境を越える大気汚染の問題は，1970年代の酸性雨問題を通して加盟国間で何らかの措置を講じる必要性が認識されるようになった。第三に，EU域内の住環境の改善に向けた動きである。EU条約の中でも，たとえば目的に関わる第２条（旧第２条）において住環境や労働環境の改善や生活基準の向上などが目標として定められているため，加盟国が各国の広い意味での環境を改善していく義務を有している。

環境政策を形成する必要性は加盟国間でも認識されて，徐々に環境政策は進められていたものの，当時は各国を法的に拘束するEUレベルの制度が存在していなかったため，拘束力のある環境政策はあまり実現しなかった。EUの場合，環境政策はもともと加盟国内で形成され実施されており，条約の目標には含まれてはいてもヨーロッパレベルで環境政策を形成する明確な根拠が規定されていなかったためである。こうした状況が大きく変わったのは，1986年の単一欧州議定書（Single European Act：SEA）の調印（1987年7月発効）によって，環境政策の規制者が加盟国からヨーロッパレベルへと規制者が移ったことである。以下では，加盟国レベルからヨーロッパレベルへと規制者が変化してきた過程について説明する。

環境規制が加盟国レベルからEUレベルに統合されるようになった契機は，1986年の単一欧州議定書調印である。単一欧州議定書は，1992年までにEC加盟国域内における「単一市場」を形成することを目的としたものである。単一欧州議定書は，その策定過程で加盟国だけでなく欧州委員会がリーダーシップを発揮したことによって誕生した（Sandholtz and Zysman, 1989；Christiansen et al., 2002）。当時は世界の技術革新が同時期に生じており，加盟国や欧州委員会をはじめとするヨーロッパ域内のアクターがアメリカや日本に対抗するために市場統合を進めて強いヨーロッパ経済を作りたいという選好を有していた。単一欧州議定書は，単一市場を形成するためにルール作成をめぐる大きな制度変化が生じたため，ヨーロッパにおける環境政策の形成をめぐる制度配置に与えた影響が強かったといえる。

単一欧州議定書が1987年7月に発効されたことによって生じた具体的な制度変化は，次の2つ，すなわち環境総局の権限強化及び特定多数決制度導入に伴う加盟国の影響力の低下である。これらによって，ヨーロッパにおける環境政策の規制者は加盟国からEUレベルに大きく移行した。

第一に，EUの環境政策に法的根拠が与えられたことによって，欧州委員会内の環境総局の権限が高まったことである（McCormick, 2001：57）。単一欧州議定書では，新たに環境に関する規定が導入された。EEC条約第130r条1項（TFEU第191条［EC条約第174条］[15]）において，環境の質の維持，保護および改善，人間の健康保護，天然資源の慎重かつ合理的な活用という3つが目的とされた。また，同条約第130r 条2項では，環境に関するECの政策が立脚する原則として，未然防止原則（環境被害の防止），根源是正優先原則（汚染源の優先的な修復），汚染者負担原則（汚染対策の費用は汚染者が負担する）という3つがあげられ，その第二文には「環境保護の要請は，共同体の他の政策の構成要素となる」と規定された(16)。さらに，こうした環境政策は，EEC 条約第100a 条（TFEU 第114条［EC 条約第95条］）3項において，欧州委員会が環境保護に関する域内市場関連の提案を行う際には，高水準の保護を基礎としなければならない旨（高水準保護の原則）が定められた。単一欧州議定書でこうした規定が設けられたことによって，EU レベルで高水準な環境政策を形成する根拠が確立された。

条約に基づいたEU の立法過程(17)において，法案を提出できる権限をもつのは欧州委員会のみであるため，アジェンダ設定に中心的に関わる欧州委員会がヨーロッパ全体の環境政策形成により強く関わるようになった。後に述べるように，それまで加盟国が進めてきた環境規制をEU レベルで調整する作業について，環境総局が中心となり環境政策の立案や調整を進める契機となった。

また，EU の環境政策の法的根拠については，その後のマーストリヒト条約以降も目的規定の中でさらに強められた。1993年発効のマーストリヒト条約では，「調和及び均衡のとれた経済活動の発展，および環境を尊重した持続可能な成長の促進」がEC の政策目標のひとつとされた上に（EC 条約第2条（TEU 第3条3項［EC 条約第2条］）），具体的な目的の中に「地域的または国際的な環境問題への対処」が加えられた（EC 条約第130r 条（TFEU 第191条［EC 条約第174条］））。さらに1999年発効のアムステルダム条約では，高水準保護の原則がEC 条約第2条［TEU 第3条3項］のEC の目的としても規定された。このため，単一欧州議定書を契機としてEU の環境政策の範囲がさらに拡大していき，その立案を担う欧州委員会，さらには環境総局の役割

(15) 2009年発効のリスボン条約では，「EU 条約（TEU）」はそのまま維持された一方で，EC 条約は「EU 機能条約（TFEU）」と改正された。この改正に伴い，EU 条約およびEU 機能条約には大幅な変更が生じたため，以下では新番号とともにカッコ内（［ ］）に旧番号を併記している。

(16) この第二文が後述する「環境統合原則」のもととなる規定である。

(17) ここでは，一次法規とよばれる条約ではなく，二次法規とよばれる規則や指令などの制定過程を指す。二次法規の区別については，後述する。

表2-1　EU基本条約における環境関連規定の発展

			欧州共同体（EEC）条約（1958年発効）	単一欧州議定書（1987年発効）	マーストリヒト条約（1993年発効）	アムステルダム条約（1999年発効）	リスボン条約（2009年発効）
目的規定			なし（EEC 2条を拡大解釈）	なし（環境編を規定）	EC 2条	EC 2条	TEU 3条3項
環境統合原則			なし	EEC130r条2項	EC130r条2項	EC 6条	TFEU11条＋基本権憲章37条
立法手続き	環境関連規定	理事会	全会一致 EEC235条	全会一致	特定多数決/全会一致 EC130s条	特定多数決 EC175条	特定多数決 TFEU192条
		欧州議会	諮問 EEC235条	諮問	協力	共同決定	共同決定
	域内市場調和規定	理事会	全会一致 EEC100条	特定多数決 EEC100a条1項	特定多数決 EC100a条1項	特定多数決 EC95条1項	特定多数決 TFEU114条1項
		欧州議会	諮問	協力	共同決定	共同決定	共同決定

出典：東（2009：65）より筆者が一部を抜粋。

も拡大した。

第二に，単一市場に関連するものであれば，環境立法についてEU（閣僚）理事会において特定多数決で決定できるようになったことである。具体的には，EEC条約100a条（TFEU第114条［EC条約第95条］）1項においてEU理事会の全会一致制の代わりに特定多数決制度（qualified majority voting：QMV）が導入された。特定多数決制度とは，加盟国の過半数（国票）に加え，国の規模や人口のバランスに応じて決定される国別持票数のうち，国別持票や人口票で投じられる賛成票の合計数がそれぞれ一定割合（成立下限票数）を超える場合に可決成立する意思決定方式である(18)。

単一欧州議定書以前の加盟国による全会一致制では加盟国の拒否権が強く働いたが，特定多数決制度が導入されたことによって加盟国の影響力が弱まった。これにより，EUレベルの環境立法のペースは早まった（Greenwood, 2011：129）。その後も，マーストリヒト条約（1993年発効）では，単一市場に関連しない環境政策にもEU理事会で特定多数決が適用されることになった（EC条約第130s条（TFEU第192条［EC条約第175条］））[19]。このため，こうしたEU理事会における加盟国の影響力の低下傾向はさらに強まることになった。なお，加盟国の影響力低下と同時に影響力の強化が図られたのが欧州議会である。アムステルダム条約以降は共同決定手続きを通して，EU理事会同様に欧州委員会提案に対して修正を働きかけるようになった。ただし後述するように，欧州議会の有するアジェンダセッターとしての機能は相対的に弱いため，以下では欧州委員会を中心に検討を行う。

EUの立案過程では環境政策に限らず，立法機関の中で唯一法案の提出権限をもつ欧州委員会が政策課題の設定において中心的役割を果たす[20]。環境政策の立案は一般的に，EU理事会，欧州議会，加盟国などの要請を受けて，欧州委員会の担当総局が開始する。担当総局は，EU理事会やEUの様々な機関，加盟国，国際機関，NGO，企業など幅広いネットワークの中で調整を行う。提案を担当する総局は原案を作成すると，関係する他の総局と折衝を行い，欧州委員会として環境政策（二次法）の提案を行う。

欧州委員会の提案後は，共同決定手続きにしたがってEU理事会と欧州議会がそれぞれ審議を行う（図2-1「共同決定手続きの流れ」）。提案はまず欧州議会に送られ，欧州議会がそれに対して承認や修正といった判断を行う。それを踏まえてEU理事会が審議を行う。EU理事会では加盟国の代表から組織される常駐代表委員会

(18) リスボン条約改正後，特定多数決は2014年10月31日までは原則としてニース条約改正に基づく三重多数決制度（国別持票，加盟国票，人口数），2014年11月1日以降は原則として国票と人口票からなる二重多数決制度がとられる。ただし，2017年3月末まではEU理事会が従来の三重多数決制を要求できるため，完全に移行したのは2017年4月1日以降である。具体的には，クロアチア加盟後の2013年7月1日時点での三重多数決制は，国別持票352票中260票以上，加盟国の過半数（国票），EU人口の62％以上が条件となった。また同様に，二重多数決制の場合は，加盟国数の55％以上（国票），EU人口65％以上が条件となった。

(19) より正確には「協力手続」が採用された。つまり，EU理事会の特定多数決による「共通の立場（common position）」を欧州議会が否決した場合には全会一致が必要であった。リスボン条約以降は，「共同決定手続」が採用されたため，特定多数決となった。欧州共同体条約からリスボン条約までの立法手続きを含む環境関連規定の発展が簡潔にまとめられたものとして，東（2009）がある。

(20) EUの政策形成のアジェンダ設定において，欧州委員会が中心的な役割を果たすことについて，たとえばPeters（1996）がある。

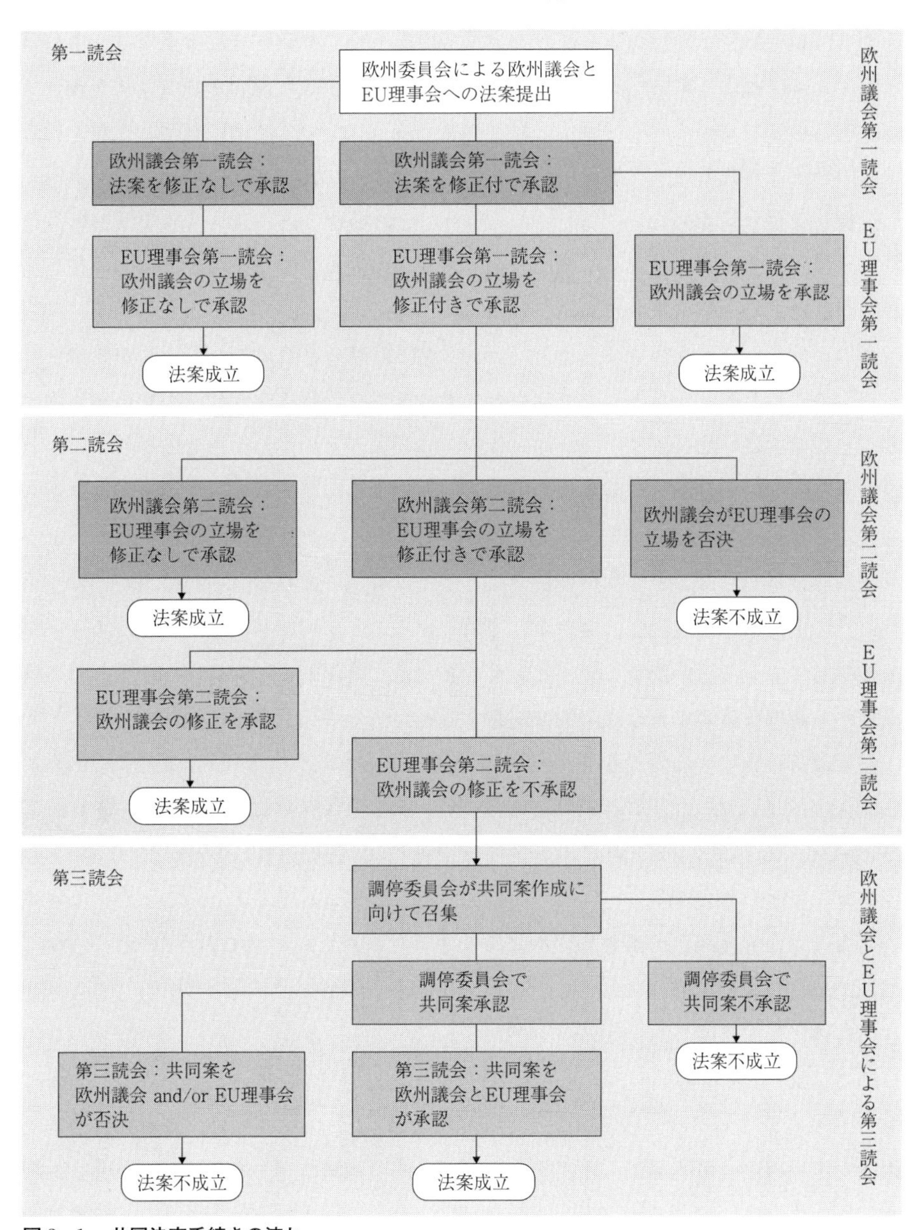

図2-1 共同決定手続きの流れ

出典：「通常立法手続きの各段階（EU 機能条約第294条）」（European Parliament 2017：12）をもとに筆者訳。

(COREPER：コレペール）が事前検討と合意形成を行う。コレペールの下には，予め議長国をトップとして常駐代表部のスタッフおよび専門家から構成される作業グループが設置されており，その中で欧州委員会提案の内容について詳細に審議と検討を行う。議会の修正に対してEU理事会が同意しない場合は，「共通の立場（common position）」を採択しなければならない（以上が第一読会）。この場合，再び提案は欧州議会に送付され，第二読会が開始される。第二読会でも双方が同意できない場合は，調停委員会が開かれた上で，第三読会が開始される。

このように，法案が成立するかどうかは，EU理事会と欧州議会の意向が影響を与えるものの，どのような内容の提案をどのタイミングで行うかは欧州委員会が決定することができる。たとえば，コレペール内の議長国がどの国か，議会内の勢力図がどのような状況にあるか，各委員会の委員長がどのような考えを持っているかなどを考慮することにより，EU理事会と欧州議会によって内容がなるべく修正されないようなタイミングを計ることも欧州委員会にとっては可能であり，自らの提案が通りやすいように事前に各国や議会に働きかけて調整することが可能となる。このため，いずれの総局によって，いかなるタイミングをとらえ，具体的にどのような法案として構成されるかは政策の成否を決定的に左右するといえる（平島，2008：11）

環境政策策定で中心的役割を担う環境総局は，1973年に第Ⅲ総局（現在の成長総局）に創設された環境に関する部局が第Ⅺ総局として1981年に独立した組織である(Shon-Quinlivan, 2013：95, 104)。環境総局は交通総局（現在のモビリティ・運輸総局）や企業総局（現在の成長総局）といった他総局に比べて後発組織であったことから，欧州委員会内では他総局との調整権限や経験を十分に持たない組織であった（Cini, 2000）。このため，政策形成過程において他の総局よりもNGOなど市民活動に対しても開かれた組織として発展した（Greenwood, 2011）。

また，単一欧州議定書で導入された「環境統合原則（environmental policy integration：EPI)」がアムステルダム条約でさらに明確に示されたことで，欧州委員会内での環境規制の法的根拠がさらに固まったため，環境総局の立法権限が徐々に強まることになった（Shon-Quinlivan, 2013：106-107, 109；Koch and Lindenthal, 2011)。「環境統合原則」とは，ECの様々な諸政策を環境保護の観点から統合し，政策形成を行うことを義務とするEU環境法の法原則のひとつである[21]。環境統合原則は，単一欧州議定書でも「他の共同体政策においても環境保護が促進されることが求められる」という旨は示されていたが（EEC条約第130条2項2文（TFEU第11条［EC条約第6条］）），マーストリヒト条約で同規定内容が「環境保護の要件は，他の共同体政策の策定及び実施の中に統合されなければならない」と，より明示的に改正された。その後もアムステルダム条約では，政策のみならず活動にまで原則が拡大されたため（EC条約第6条［TFEU第11条］），その内容がさらに強化されることになった。この原則の存在により，様々な政策において環境保護を強化する必要性が生じることになり，環境総局が扱う政策課題の拡大につながった。

一方，第1章でも述べたように，欧州委員会内で環境規制の政策領域に大きく関わる組織として成長総局がある。成長総局は環境総局よりも歴史が長く，規模も大きいが，EUレベルで独自の産業政策を行ってきたわけではない。産業政策はもともと加盟国の役割とされてきたため，EUレベルにおける産業政策はエアバス育成策など一部の例外を除いてほとんど行われてこなかったためである（Bianchi, 1998：121-142）。ECの産業政策に初めて根拠が与えられたのは1993年に発効されたマーストリヒト条約であったため，それ以降は成長総局によって産業競争力を強化する政策が打ち出されるようになった。特に2000年に策定されたリスボン戦略やそれを引き継ぐ役割を担うEuropa2020戦略に基づき，新たな産業政策が進められている。このように，EUにおける産業政策は主に加盟国内で行われてきたため，ヨーロッパ企業は欧州委員会よりも加盟国との関わりを強く持ってきたといえる。

さらに，欧州委員会はEUレベルで成立した環境規制について加盟国に対して実施を促す権限は有しているが，これらを実施する権限や義務は加盟国にある[22]。このため，EUレベルの規制案を作成し提案できる組織とできた法を実施する組織が分離されていることになる。また，すでに第1章で述べた通り，EU法において規則（Regulation），指令（Directive），決定（Decision）ではそれぞれ，加盟国に対する「拘束」の強度および実施の方法が異なる。加盟国が実施の義務を負うのは，規則と指令である。

---

(21)　環境統合原則について簡潔にまとめられた論考として，たとえば和達（2007），中西（2009）がある。
(22)　EU環境政策を実施する上での加盟国の役割の重要性に関して，たとえば和達（2009：16）。

加盟国において直接適用される規則とは異なり，加盟国内で規制の内容が最も効果のある形で立法される必要がある指令において，欧州委員会は指令が成立した後にコミトロジー手続きを行う（Hix and Høyland, 2011：37-39）。

コミトロジー手続きとは，よりスムーズで効率的な実施措置を制定するために欧州委員会を支援する目的で小委員会が設置され，そこで諮問を行う一連の手続きを指す。コミトロジーはもともと，1962年に始まった共通農業政策（CAP）の実施において，市場調整という限定された分野でより効率的に政策を実施し加盟国の協力を確保する目的から，加盟国政府官僚によって構成される委員会による諮問制度として始められたが，その後様々な分野に拡大した。制度も徐々に整えられ，1986年の単一欧州議定書によって設立条約に基盤を持つ制度となり，1987年の理事会決定（87/373/EEC）によって法的に整理された。政策過程の不透明性や効率性の重視など様々に批判されながらもコミトロジー手続が拡大してきた理由は，コミトロジー手続きが欧州委員会と加盟国の情報交換や学習の場として機能しEUの効率的な政策実施を担保してきたためである（八谷，1999；Blom-Hansen, 2011：chap. 4）。

本書で主な分析対象とするリスボン条約以前の環境規制の実施に向けたコミトロジー手続では，通常，規制手続[23]がとられる。まず，欧州委員会の中の担当総局が議長兼事務局となり，実施案についてコミトロジー委員会に提案をする。コミトロジー委員会のメンバーは加盟国政府代表（専門家）から構成される。コミトロジー委員会は，欧州委員会の提案について審議し意見を表明する。コミトロジー委員会の採決には，特定多数決が採られ，賛成された場合には即時実施に移される。一方，一定期間以内に意見表明がないか，または反対された場合には，その案がEU理事会に送られる。理事会の決定にも特定多数決がとられており，原案と異なる決定を行う場合には実施措置案が欧州委員会によって再検討されることになる。規制手続きにおいて，近年議会も発言権を持つようにはなったが，基本的に欧州委員会と加盟国が中心になっ

(23)　コミトロジー手続についてはBlom-Hansen（2011）が詳しい。コミトロジー手続には，他に諮問手続および運営手続がある。またそれは，2009年12月に発効したリスボン条約を境に大きく変化した。制度変化については，Blom-Hansen（2011：chap. 5），植月（2011）およびSchütze（2012：241-243）を参照されたい。なお，本書では2006年までに成立した環境規制の事例を扱っているため，旧コミトロジー手続を中心に扱っている。

て成立した規制内容の実施に向けた詰めの調整が行われる。加盟国は，特定多数決によって欧州委員会が作成した実施案に反対することはできるものの，実施案の作成や議論を進める事務局を担うのは欧州委員会であり，実施案はすでに成立した指令に基づいて進められることになる。

このように，EU では1980年代半ば以降，単一欧州議定書の発効を契機として環境政策の立案主体が加盟国から欧州委員会に移行していった。それとともに，EU レベルにおける環境政策の根拠が強化されていったことから，環境総局が環境政策の立案において中心的な役割を担うようになった。また，環境総局が実施に対して有する権限は限定的であり，加盟国がその責任を担っている。実施にむけた調整が後回しになるため，トップダウン的に政策が立案されてきた。こうしたメカニズムによって，EU の環境規制手法はトップダウン的になる傾向にあり，政策の実効性や政策実施に対する関心が欠ける問題が生じている（Weale et al., 2003：117–118）と考えられる。つまり，1986年の単一欧州議定書が決定的分岐点となり，環境を保護する規制者が中心的な役割を担って形成したEU レベルの政策が政策遺産としてアクターの選好を拘束することから，厳しい環境規制政策が形成されることになった。

3　環境リスク規制における政策手段および規制者の役割の変容

前節までで，日本およびEU における環境政策の歴史的発展およびその制度配置について検討した。本節では，本書の分析枠組みに基づく議論とはやや距離を置き，1990年代以降に環境政策の中に環境リスクの概念が導入されて以降，政策手段はどのように変容したのか，また，その中で規制者の役割はどのように変化しているのかについて分析する。第1章で検討したように，両者で成立した規制内容は異なっているが，環境リスクの規制に対する国際的な規制目標や方向性については先進諸国間でも共有されている。このため，本書の主眼からはやや離れるものの，日本とEU において国際目標への対応についてどの程度共通点があるかを確認しておくことも，必要であろう。制度配置の異なる日本およびEU において，環境リスクの台頭という共通の政策課題について規制者がどのような政策意図をもって政策手段を選んでいるのだろうか。そこで以下では，日本とEUにおける対応の違いに注意を払いながら，分析枠組みを離れて1990年代前後の化学物質政策を俯瞰することにより政策手段や規制者の役割の変化に関する共通点を明らかにする(24)。

化学物質政策は，1990年代以降に環境リスクの概念が導入されたことによって大きく変化した(25)。1970年代以降進められてきた規制は，公害や事故をはじめとする「すでに発生した被害」を端緒として制定されたものであるため，局所的な被害の発生の防止には有効であった。しかし，1970年代以降アメリカを中心としてリスク研究が行われ，1980年代に発ガン性物質を中心に規制が進むと，1990年代以降に長期的で慢性的な毒性を有する環境リスクに対する規制が各国で次第に行われるようになった。

前述したように，1990年代以降に環境リスクに対する規制が進んだ背景のひとつとして，化学物質管理の強化に対する国際的合意の形成がある。1992年の国連開発環境会議（地球サミット）で採択された「アジェンダ21」では，優先的行動分野のひとつとして化学物質管理が取りあげられた。その第19章では，有害化学物質を環境上適切に管理することが定められ，これが国際的な取り組みの基礎となった。2002年のヨハネスブルクサミットでもこの内容が引き継がれた「ヨハネスブルグ実施計画」が策定され，2020年までに化学物質の生産および使用による健康や環境への悪影響を最小化することが目標とされた。こうした取り組みから，各国に対して国際目標に即した規制が求められるようになった。日本では，2000年に閣議決定された第二次環境基本計画における基本方針のひとつとして環境リスクが導入された。また，EUでも1993年発効のマーストリヒト条約の中で初めて「予防原則」が導入され，欧州委員会が2000年に予防原則に関するコミュニケーションペーパーを出すなど，環境リスクに対する具体的対応が進められてきた。

以下では1970年代から1980年代までと，1990年代以降から2000年代までに区分して，日本とEUの化学物質政策についてそれぞれ異時点間比較分析を行うことにより，政

(24)　日本における1990年代以降の行政の政策的意図も含めた環境リスク規制への規制手段の変容については，Christopher C. Hoodのコントロール論に依拠して早川（2012a）で論じている。

(25)　たとえば大塚は，日本の化学物質規制政策が1980年代までと1990年代後半以降とで法学的観点から質的に変化していると指摘している（大塚，2004：88-109）。

策手段の質的変化および規制者の役割の変化を分析する。

環境リスクに対する政策手段についての先行研究は，主に環境経済学や環境法学において行われてきた。政策手段については学問領域あるいは論者によって用語や分類方法に違いがみられるが，ここでは公的規制を，政府が被規制者に対して直接的に行為を拘束する「直接的手段」，政府が被規制者に対して経済的誘因を与えることによって間接的に行為を拘束する「間接的手段」，政府が被規制者や規制の影響を受ける市民に対して情報を与えることによって中長期的視点からその選好に働きかけを行う「情報的手段」という三類型で理解する[(26)]。以下，簡単にその内容およびメリット・デメリットをまとめる。

第一に，直接的手段は政府が主に法律に基づいて直接的に被規制者の活動に制約を加える。たとえば，特定行為の禁止・営業活動の制限，資格制度，検査検定制度，基準・承認制度，契約・行政指導等その他の規制に分類することができる[(27)]。

直接的手段のメリットは，規制がルール化されていることによって，即応性と効率性が高まる点である。特定に業種に対する規制でも，届出，許認可，検査，罰則など複数の直接規制を組み合わせることによって，さらに効率性が高められることが多い。一方のデメリットは，次の2点である。第一に，直接的規制手段を行うためには，被規制者が限界費用などの規制に関するあらゆる情報を入手する必要があり，規制を制定するコストがかかる点である。規制の実行力を高めるために被規制者に対して義務を多く課すと，逆に法令遵守のコストが高すぎるために規制が守られなくなり，規制の実効性が低下する場合もある。このため，適切なレベルで規制を行う必要がある。第二に，規制者側の知識不足によって，規制者が被規制者に虜われる，いわゆる「規制の虜（regulatory capture）」（Stiglar, 1971）も生じうる。法律によって基準を設定するためには，被規制者である経済主体に関する多くの専門的知識が必要となるためである。

(26)　規制の手段を分類する際，法学ではどのような形で権利義務関係が生じるかという点に着目して分類するのに対し，経済学では被規制者の行為を拘束する程度に着目して分類する傾向にある。本書では規制者と被規制者の協力関係にも着目することから，ここでは経済学的な考え方に基づいて議論を進める。
(27)　各規制手段の具体的内容について，井出（1997：50-79）を参照した。

第二に，間接的手段とは，規制に経済的なインセンティブを付与し，被規制者の選択を誘導することにより，市場メカニズムを用いて行政目的に近づける手段である。たとえば，課徴金制度，税制度，補助金制度，政府主導による新たな市場の創設，デポジット制度などがその代表例である。

間接的手段のメリットは，被規制者が規制を形成し実施するコストを削減することができる点である。前述の通り，直接的手法を実施するためには，被規制者が基準設定のための情報収集をする必要があるが，すべての被規制主体に関する情報を掌握するには莫大なコストがかかる。また，実施コストだけではなく，実施するための交渉コストや実施後の監視コストが高くなる。一方，間接的手段のデメリットは，即応性があまり高くないという点である。特に直接的手段と比較した場合に，即応性の点で劣る。

第三に，情報的手段は情報提供や情報共有，あるいは教育によって被規制者の選好を形成しようとする手段である。市場の失敗の問題である情報の非対称性を是正するための情報開示，不当表示の禁止，マークのような事業者による任意の取り組みなどがその例である。また，学校教育や市民講座などで，規制が行われている社会問題や制度的な背景について学ぶことや，規制政策に関する情報提供や市民参加も，広い意味での情報的規制の一例である。

情報的手段のメリットは，規制を実施する上での基盤となる信頼性の確保につながる点である。Glazer and Rothenberg が指摘するように，規制が成功するひとつの重要な要素は信頼である（Glazer and Rothenberg, 2001=2004：164-165）。情報的手法は，規制に対する信頼性を高め，政策に対する投資を誘導することにつながる。また，規制政策への市民参加が高まれば，政府の規制活動に対するアカウンタビリティも高まることが期待できる。一方，情報的手段のデメリットは，短期的な効果や費用に対する効率性が十分に期待できない点である。

このように，それぞれの規制手段にはメリットとデメリットがあり，それぞれの手法について甲乙評価することはできない。直接的手法は，即応性と効率性という点では最も優れた手段であるが，有効な規制基準によって効率性を担保するためには，直接的手法だけではなく，他の２つの規制手段と組み合わせる，いわゆるポリシー・

ミックスを行う必要がある[28]。

特に環境リスクに対応するための政策手段の変化に関する先行研究では大きく次の2点が指摘されている。第一に，従来から指摘されているように，ポリシー・ミックスすなわち複数の政策手段の組み合わせが重視されるという点である。たとえば，環境経済学では効果的かつ効率的な地球温暖化に対する政策を行うためのポリシー・ミックスについて理論的・実証的な検証が行われている（諸富編著，2009）。また，環境法学では直接的手段，特に命令・統制型（command and control）の規制手法がリスク規制で法治行政原理との関係性から直面する限界により，規制手法の関係性が改めて見直されるようになった[29]。ポリシー・ミックスの有用性は従来から指摘されてきたが，環境リスクのような科学的不確実性を伴う場合には特に多様化した政策手段の組み合わせ方の重要性が増す。

第二に，自主規制と関連づけられた情報的手段が重視される点である。たとえば高橋は，化学物質のリスクを縮減するための法的仕組みの特色として，適切な情報公開とリスクコミュニケーションの中で事業者の自主的取り組みが促進される点をあげている（高橋，2002：276-279）。また，植田は情報的手段を応用した政策手段として，「情報活用型環境政策手段」をあげ，事業者による自発的削減やアクター間の信頼醸成を促す環境情報の公開制度を重視する（植田，2010：341-342）。情報的手段は，一般的に実効性が低いと考えられてきたが，リスク規制では自主規制と関連づける形でその重要性が論じられている[30]。

このように，先行研究における環境リスクに対応するための政策手段の特徴は，ポリシー・ミックス，および自主的規制と関連づけられた情報的手段の重視にある。こうした変化は，環境政策の目的を効果的かつ効率的に達成するための政策手段の組み合わせに主に着目する環境経済学，そして権利義務関係の規定方法へ主に着目する環

(28)　たとえば，環境規制では排出基準などによる直接的手法，環境に配慮した施設建設などのための間接的手法，エコマークの奨励などによる情報的手法が組み合わされる。また，たばこ規制では有害表示の義務づけなどの直接的手法，たばこ税などによる間接的手法，未成年者に対する喫煙教育などによる情報的手法が組み合わされる。

(29)　たとえば高橋（1999：177；2002：271-272；2005：4）。

(30)　たとえば，大塚（2007a；2007b）。

境法学において分析されてきた。

しかし，先行研究は政策手段の内容や組み合わせ方に着目しているため，政策手段に対する規制者の政策的意図が十分に分析されていない。また，日本およびEUの化学物質政策についても，法政策の仕組みの変化が中心に分析されており，政策過程全体を含めた分析ではなかった[31]。規制者の政策的意図を分析するためには，環境リスクに対する政策手段を通時的に分析する必要がある。このため，本書では日欧の化学物質政策の政策過程全体を対象に政策手段を異時点間で比較することによって政策手段の質的変化を分析し，環境リスクに対する政策手段の具体的特徴を明らかにする。

また，環境リスクの特徴である長期的で慢性的な毒性について，環境を経由して暴露する幅広い化学物質を分析できるという理由から，国内外で広範な取引が行われる一般化学物質に対する規制に着目して分析を進めたい。具体的に日本については，1973年に制定された化学物質の審査及び製造等の規制に関する法律（以下，化審法）とその改正，および1999年に制定された特定化学物質の環境への排出量の把握等及び管理の改善の促進に関する法律（化学物質排出把握促進法。以下，化管法）に関連する規制である。EUについては，一般化学物質規制である3つの指令とひとつの規制（後述する，Directive 67/548/EEC, Directive 76/769 EEC, Regulation EEC No793/93, Directive 1999/45/EC）に関連する規制とする。なお，これらは2006年にREACH規則として統合され新しい規制となった。

以下では，日本およびEUにおける化学物質政策の政策手段について，期間を分けて分析した後，双方の政策手段および規制者の役割の変化について比較分析を行う。

（1）日本

①1970〜80年代まで

日本の化学物質政策は，本書第1節で検討したように1960年代から顕在化した公害病や健康被害に対する対応策として1970年代から整備されてきた。公害病やカネミ油症事件では，原因となる化学物質が環境中の水質汚染や生物濃縮を介して人に甚大な

(31) 日本の化学物質法政策を分析するものとして，たとえば大塚（1999；2004；2007a；2007b；2010b），中杉（1999），増沢（2001），柳（2005），石野（2007），辻（2016），星川（2016）。

被害を与えた。このため，有害化学物質の汚染のルートが検討され，製造・使用段階に対する規制および排出段階に対する規制が制定された。1973年に制定された化審法は，長期的で慢性的な毒性という環境リスクの特徴をもつ化学物質に対する製造・輸入段階の規制である。

化審法制定の直接的な契機を改めて確認すると，ポリ塩化ビフェニル（PCB）による環境汚染が1960年代半ばから発生したことであった(32)。PCBは不燃性や絶縁性等をもつため，電気機器や熱交換器などに幅広く使われた。しかし，脂肪に溶けやすいという性質があるため，環境汚染から人体に蓄積する可能性があった。1966年以降，世界各地で魚類や鳥類からPCBが検出され，環境汚染が明らかになった。日本では，1968年に発生したカネミ油症事件で食用油の製造過程で熱媒体として使用されたPCBが混入し，大きな社会問題となった。当時の日本では，急性毒性を有する化学物質や労働者の健康被害を守るための規制措置はとられてきたが，長期的かつ慢性的な環境汚染による健康被害は想定されていなかった。このため，PCB及びそれに類似する化学物質の汚染を防止するための法を制定する旨が1972年に衆議院本会議で決議された。

制定当初の化審法の特徴は，次の２つである。第一に，新規化学物質に対する事前審査制度である。本法では，新たに製造・輸入される化学物質について大臣への事前の届出が必要で，安全性が確認されたもののみ製造・輸入できるという手段がとられた。第二に，難分解性，蓄積性，長期毒性のすべての性質を有する「特定化学物質」には，製造・輸入の許可制と使用用途制限が課せられた点である。政府は特定化学物質に関する使用用途を定め，業者は使用にあたって届出が求められるという当時としては大変厳しい政策手段であり，いわゆるクローズドシステムが採用された。なお，本法公布時にすでに社会に流通していた既存化学物質については，事前審査の対象とはならず附帯決議において，今後国が安全点検を行うとされた。

その後，化審法は1980年代後半から国際的な規制の調和化と化学物質の生産量・消

(32)　化審法の仕組み，制定および改正の経緯に関する記述は，通商産業省基礎産業局化学品安全室（1973）および所管各省ホームページを参照した。また，制定および2009年までの改正経緯の内容は大塚（2010a：296-300）において簡潔にまとめられている。

費量の増加へ対応する必要性から見直されて，1986年の改正で事前介入が強化されると同時にその手続化が進んだ。具体的には経済協力開発機構（OECD）が加盟国に勧告した化学物質の安全性試験方法を統一するガイドライン（OECD 化学品テストガイドライン）や，製品の安全性を事前評価するための評価項目（OECD Pre-making set of Data：OECD-MPD）が導入された。また，化学物質の生産量や消費量が増えたことにより，「特定化学物質」の要件とされていた三つの性質のうち，難分解性と長期毒性は有しているが，蓄積性は低いとされるような化学物質が新たに認識されるようになった。このためこの改正の結果，特定化学物質が第一種特定化学物質に名称変更になり，新たに第二種特定化学物質および指定化学物質のカテゴリーが生じたことで，事後管理政策が導入された。

このように，1970年代～80年代までは，難分解性，蓄積性，長期毒性を有する化学物質の製造・使用に対する規制の直接的手段が整えられ，化学物質の国際的管理への対応や取引量の増加に対して手続きの厳格化が進められた。

②1990～2000年代まで

1990～2000年代までは，化学物質管理にむけて国際的な合意に対応する形で政策が進められた時期である。この時期の環境リスク管理において重要なのは，前項で検討した化審法改正に加え，化管法の制定である。

化審法は2003年と2009年に改正された。2003年の改正は，生態系への影響にも着目した制度の必要性，そしてリスクを適切に管理する視点を取り入れる制度の必要性から，国際的管理の観点や OECD による勧告が契機となって行われた。改正による主な変更点は，次の４点である。第一に，動植物への影響に着目した審査規制制度を導入する点，第二に，既存化学物質を第一種監視化学物質として法的に管理する制度を導入する点，第三に，環境中への放出の可能性が低いあるいは量が少ないものについては条件を緩和する点，第四に，製造・輸入業者が化学物質の有害性情報を入手した場合に国への報告を義務づける点であった。

一方，2009年の改正は，国際的な化学物質管理へのさらなる対応，既存化学物質を何らかの形で管理する必要性，有害性情報の管理の必要性，条約への新たな対応の必要性から行われたものであった。改正による変更点は大きく次の3点である。第一に，既存化学物質を含めて包括的な化学物質管理を進めるという点，第二に，化学物質の流通過程における管理制度を導入する点，第三に，国際的動向を踏まえた審査・規制体制の導入する点である。

なお，既存化学物質については1973年に国が安全性を点検することを附帯決議とされたものの，膨大な量のリスク評価はあまり進まなかったため，これを進めるために2005年に厚生労働省・経済産業省・環境省の三省合同の「官民連携既存化学物質安全性情報収集・発信プログラム」（通称：Japan チャレンジプログラム）[33]が開始された。Japan チャレンジプログラムは，国と産業界が連携して既存化学物質に関する情報を収集してそれを国民に発信するものである。これは，OECD を中心とした HPV 化学物質（OECD 加盟国のうち少なくとも1か国で年間1000トン以上生産されている化学物質）の安全性情報を収集する国際的な取り組みに日本も参加してきたことや，2003年の化審法改正時に審議会からの提言を受けたことで創設された。既存化学物質に関する情報は企業が有している場合も多いため，それらを積極的に収集し一元的に情報を管理することで，効率的にリスク評価を進めようとする取り組みである。

また，排出段階における環境リスクへの対応という点から導入されたのが，1999年に制定された化管法である[34]。化管法は，事業者による自主的な化学物質の管理の改善を促進し，環境保全上の支障を未然に防止することを目的とする。化管法には，環境汚染物質排出・移動登録制度（Pollutant Release and Transfer Register。以下，PRTR 制度）と化学物質等安全データシート制度（Material Safety Data Sheet。以下，MSDS 制度）がある。

PRTR 制度は，事業者が工場や事業所からの未規制の物質を含む対象化学物質の排出と移動量を把握し，それを政府に報告して政府が公表する制度である。対象とな

(33) Japan チャレンジプログラムの詳細および近年の動向については経済産業省ホームページ http://www.meti.go.jp/policy/chemical_management/kasinhou/challenge/index.html，環境省ホームページ http://www.env.go.jp/chemi/kagaku/jchallenge/，厚生労働省ホームページ http://www.nihs.go.jp/mhlw/chemical/kashin/challenge/challenge.html（すべて最終アクセス2017年9月28日）に詳しい。

(34) 化管法の内容や見直しについては，大塚（1999；2007a；2007b；2010a：425-440）を参照されたい。

る事業者は，政令で定められた物質（第一種指定化学物質）について工場や事業所からの排出と移動量を把握し，それを都道府県経由して事業所管大臣に毎年報告する義務を負う。報告を受けた事業所管大臣は，小規模事業所，家庭，農地，自動車などからの発生量も推計して合わせて集計し，広く国民に公表する。

一方，MSDS 制度は，政令で指定された化学物質を扱う事業者間で化学物質の取引を行う際に情報提供を義務づける制度である。規制対象となる化学物質および事業者は，PRTR 制度で対象となる範囲より広い。規制対象となる化学品を製造・輸入する事業者は，加工・流通事業者に対して化学物質の性状や取扱いに関する情報を文書又はデータで提供をする義務を負う。この義務づけにより，化学品の製造・輸入事業者から小売業者へ情報提供が行われる。

このように，1990年代から2000年代までの期間は，環境リスクへの管理を強めたことによって直接的手段によるリスク規制の厳格化がさらに進んだ。一方で，化審法の2003年改正にみられるようにその一部の管理が柔軟にされたり，Japan チャレンジプログラムや化管法にみられるような情報的手段が導入されたりした。

（2）EU

①1970～80年代まで

EU レベルにおける製造・使用段階の化学物質規制は比較的早くから行われ，EC での環境規制としてみても最も初期の環境規制といえる[35]。化学物質が内包する危険性が徐々に認識され，加盟各国が規制を検討し始めたため，加盟国間の貿易障壁の除去を目的とした規制が必要になり，1967年に危険物質の分類，包装および規制に関する理事会指令（Council Directive 67/548/EEC of 27 June 1967 on the approximation of laws, regulations and administrative provisions relating to the classification, packaging and labelling of dangerous substances：以下，危険物質指令）が制定された。危険物質指令は，有害物質の分類，表示基準の統一を図るとともに，事業者に対して基準に適合した分類や表示を義務づける内容である。

（35） EU における REACH 規則制定前の化学物質規制については，ポレット（2002a），増沢（2007：4）を参照した。

危険物質指令は，制定以降も40にのぼる修正指令が出されたが，基本的な枠組みが形成されたのは，1979年の第六次指令改正である。第六次指令改正では，指令の目的に人の健康だけではなく，環境保護が加えられた。また，新規化学物質について，審査データ（有害性に関する試験結果，生産量・用途等の暴露量の評価に関連するデータ）を添付した届出を事前に政府当局に提出することが事業者に対して義務づけられることになった。この指令は1981年に各国で国内法化されたことで，現在に通じるEUの化学物質管理システムとなった。なお，1981年9月以前にすでに欧州域内で流通していた物質は，「既存化学物質」としてEINECSと呼ばれるリストに載せられ，届出義務は免除されることになった。

また危険物質指令とは別に，特に取扱いに注意を要する危険な物質については，危険物質および調剤の上市と使用の制限に関する理事会指令（Council Directive 76/769/EEC of 27 July 1976 on the approximation of the laws, regulations and administrative provisions of the Member States relating to restrictions on the marketing and use of certain dangerous substances and preparations：以下，新規化学物質指令とする）が1976年に制定された。新規化学物質指令は，危険物質を含む化学製品の欧州市場での安全な流通と，人の健康および環境保護を目的として制定された。危険物質の利用をEU域内で統一的に制限する内容で，付属書に記載される特定の対象物質について，特定の使用が禁止される[36]。なお規制前に行われるリスク評価は，危険とされる毒性に絞った上で入手可能なデータに基づく限定的なものであり，制定後も30近くの修正指令が出された。

このように，加盟国間で異なっていた規制システムは，危険物質指令と新規化学物質指令によって統一されることとなった。1970～80年代までは，これらの規制がたびたび修正されることによって直接的規制手段が強化されることとなった。

(36)　この指令に基づいて取られる措置は2つの形態になる。ひとつは物質の使用と販売の完全禁止であり，もうひとつは，物質の使用の管理規定の形である。前者の完全禁止になるケースは珍しく，例外が認められることの方が多い。通常は後者の方法がとられ，販売と使用については申請に対し禁止される使用法や管理法を除いて許可される。

②1990～2000年代まで

1990～2000年代までは，日本同様に世界的な化学物質管理にむけた政策が進められた時期である。この時期の環境リスク管理において重要なのは，それまでの規制や指令の修正，既存化学物質のリスク管理規制の制定，化学製品の情報提供に関する指令，より包括的で統一的な化学物質管理を目指すREACH規則の制定である。

まず，危険物質指令については1992年に第七次修正指令が出され，さらに内容が強化されることになった。加盟国当局に提出された新規化学物質に関する情報について，リスク評価のための必要性を示せば，事業者に対して追加情報や確認試験を要求することができるようになった。この修正により，事業者が有している新規化学物質のリスク評価に関わる情報を，政府当局がさらに入手することが可能になった。

一方でEU域内の既存化学物質のリスク管理は，不十分なままであった(37)。危険物質指令第六次修正後も，既存化学物質については分類・表示義務が適用されるのみであったためである。しかし，1980年代末に国際的に既存化学物質の調査が必要であるという認識が利害関係者間で高まったことや，EU域内で規制を統一する必要性があったことから，1993年に既存化学物質のリスク評価と管理に関する理事会規則（Council Regulation （EEC） No 793/93 of 23 March 1993 on the evaluation and control of the risks of existing substances：以下，既存化学物質規則）が制定された。これにより，既存化学物質を一定以上の製造輸入する事業者は製造輸入量等に応じて一定の情報を提出することが義務づけられた。この中では，特に高生産量物質（年間事業者当たり1000トン以上）については新規化学物質と同様の情報の届出義務があるが，新たに試験を行うことまでは求められない。また，低生産量物質（10～1000トン）については，生産量，分類表示等簡単な情報の提出のみが課されるに留まった。

こうした状況を改善するべく，既存化学物質に関する効率的なリスク評価を行うために，既存物質規則によって提出されたデータに基づき，ECとしてリスク評価すべき「優先リスト」を作成し，加盟国に担当を割り当てて共通の評価指針にしたがってリスク評価を行うことになった。優先リストに登載された物質については，製造輸入

(37) EU域内の既存化学物質規制については，山田（2005）を参照した。

業者は試験データの提出が要求される。リスク評価の方法は基本的に新規化学物質の場合と同様であり，欧州委員会は別途評価の方法について規則を定め（Regulation 1488/94），評価の方法に関する詳細な技術指導書も発行した。

また，1999年には2つ以上の化学物質が組み合わされる調剤（調合品）のうち，少なくともひとつの危険性のある物質を含む化学製品について情報提供を行う，危険調剤の分類，包装および表示に関する理事会指令（Directive 1999/45/EC of the European Parliament and of the Council of 31 May 1999 concerning the approximation of the laws, regulations and administrative provisions of the Member States relating to the classification, packaging and labelling of dangerous preparations：以下，調剤指令）が制定された。こうした製品は，欧州市場における化学製品の90％以上を占めており，700万を超える製品が流通している。この指令により，製造業者に対して製品に関する消費者への情報提供が義務づけられた。

しかし，既存化学物質規則の制定にもかかわらず，危険物質指令が国内法化された1981年以前に市場に流通していた10万を超える既存物質については，リスク評価に関わるデータの蓄積が進まなかった。また，四つの指令と規則が共存し，それらが度々修正される状況であったため，EU 域内の化学物質管理は複雑化した。このため，これらの規制を統合し既存化学物質も含めた規制法の形成が図られ，2006年に REACH 規則が成立した。

REACH 規則はこれまでの規制をすべて統一したものであり，予防原則が採用されて環境リスクに対する規制が強化されたことを特徴にもつ。既存化学物質も含めたリスク評価を事業者に課すだけでなく，化学製品の流通に関しても情報提供を求めている。また，事業者間の化学物質データの共有もひとつの狙いとされて，欧州化学品庁（European Chemicals Agency：以下，ECHA）という新しい組織を設置して化学物質情報収集のために加盟国や事業者の間でさらに協力を求めることになった。

このように，EU における1990～2000年代の化学物質政策では，直接的手段がさらに強化されると同時に，既存化学物質も含めたリスク評価情報の収集が強化されたり，化学製品に関する情報の政府および事業者間における共有の強化が図られたりするなど，情報的手段が強化された。

（3）両期間の比較分析

1970～80年代までと1990～2000年代の日本およびEUにおける化学物質政策の政策手段を比較すると，両期間に共通する全体的な傾向として化学物質に対する審査・規制手続き，すなわち直接的手段が厳格化された点があげられる。国際的な化学物質管理や新たな化学物質に対応するため，事業者に義務を課すことによって規制範囲を拡大してきた。

この点が特に顕著に現れているのが，EUにおけるREACH規則である。既存化学物質も含めたリスク評価を事業者に求める内容であるため，事業者の義務が大幅に拡大された。ひとつの化学物質のリスク評価を行うためには，実験設備や情報に加えて高度な専門性が求められるため，事業者にとっての負担が大きい。事業者が情報提供を行って政府がリスク評価を行う日本に比べ，事業者にリスク評価を課すEUの方が規制範囲は拡大したといえる。

一方，両期間の相違点として特に直接的手段や情報的手段について1980年代後半までには見られなかった特徴が生じた。すなわち，リスク規制の直接的手段における手続きの厳格化が進む一方で，直接的手段によるコントロールが特に日本において柔軟化した点である。たとえば，日本の化審法の2003年改正では，少数新規化学物質や中間物等に関する規制緩和が行われた。この改正では環境中へ放出される可能性が低い物質について，状況の事前確認，検査，事後監視等を行うことを前提として，製造・輸入することが可能になった。さらに，高蓄積性がないと判定された化学物質は，一定量以下まで製造・輸入できるようになった。これにより，環境汚染の可能性が低い一定量以下の物質は事前確認のみで製造・輸入することが可能になった。

また，同じく2003年の化審法改正では，化学物質のリスク評価に関する情報収集として，第一種監視化学物質[38]に対する有害性調査の指示および化学物質の有害性情報報告義務が定められた。監視化学物質とは，化学物質のリスク評価が行われる際に，環境や健康への影響など何らかの要件についての影響が不明確である場合に暫定的な決定として分類される物質である。有害性調査の指示とは，政府が必要性を判断した

（38） 第一種監視化学物質は2009年の改正化審法では監視化学物質となった。

場合に事業者に対してこれらの物質の有害性情報の提出を求めるものである。一方，有害性情報報告義務とは，事業者が第一種特定化学物質以外の化学物質に関する新たな情報を入手した場合に有害性情報の提出を義務づけるものであり，義務に従わない場合は罰則が科される。これらにより，規制の実施段階における制度の見直しや規制方法の変更の可能性を組み込まれた。

このように，化審法のような直接的手段においても，柔軟なコントロールが導入されることで，限られた資源の中でリスク評価を弾力的に進める，あるいは規制の実施段階で化学物質の評価を見直すことが可能になった。これは，厳格なコントロールを基本とする従来の直接的手段とは異なる特徴といえる。

他方で，日本およびEUにおけるリスク規制の情報的手段においては共通して，政府がアクターをネットワーク化した上で情報的資源を用いることで被規制者の自己規制を促すコントロールが行われている。たとえば，日本における近年の既存化学物質に関する情報収集の強化および多様化として，2003年以降に始められたJapanチャレンジプログラムがある。Japanチャレンジプログラムの内容は前述したように，これまで国の責任の下で行われるとされてきた既存化学物質の情報収集について，「リスク評価・管理の観点からさらに効果的かつ効率的な制度とすべき」とされた。さらに「その際，化学産業等における自主的な取り組みの状況を踏まえ，その成果を最大限に活用する枠組も整備すべき」ことを基本方針とした[39]2003年化審法改正では，事業者が国に対して自らの負担で既存化学物質の情報提供および調査協力をするという方針転換が行われた。この議論を受け，既存化学物質の問題は「産業界と国の連携により両者の総力を挙げて取り組むべき」（厚生労働省・経済産業省・環境省，2005：2）課題となり，政府と事業者との協力だけでなく政府内部の連携も強化することにより効率的な情報収集を行う指針が示され[40]，本制度は導入された。Japanチャレンジプ

(39)　2002年12月5日厚生科学審議会化学物質審査規制制度の見直しに関する専門委員会（第3回），産業構造審議会化学物質管理企画小委員会（第10回）及び中央環境審議会化学物質審査規制制度小委員会（第3回）合同会合配付資料2-3ページ。

(40)　「化学物質管理に携わる関係各部局が連携を強化することによって，……安全性情報の収集にあたるとともに，得られた成果の共同利用を進め……情報の収集を効率化する」（厚生労働省・経済産業省・環境省，2005：2）。

ログラムでは，民間スポンサーによって集められたリスク評価情報は，スポンサー企業の情報も含めて積極的に公開される。これに似た制度は，EU でも見られる。REACH 規則制定に合わせて設置された欧州化学品庁（ECHA）も，優先的に集めるべき化学物質情報を整理し，事業者間の交通整理を行う役割を果たす。事業者間の化学物質データの共有もひとつの狙いとされているため，集めた情報は企業秘密に関わらない情報に限って共有化が行われる。こうした取り組みは，政府の情報量を補うために企業同士をネットワーク化し，政府がその中心に位置することによって被規制対象への協力を求めながら効率的にリスク評価を行おうとする取り組みである。

また，日本で排出段階における規制として導入された，化管法の PRTR 制度や MSDS 制度は，領域横断的な新しい情報的手段である点に特徴があり，行政，事業者，市民の間で化学物質の情報の共有を進めることにより自主規制を促す制度である。これらの制度導入を検討する審議会では，現状の環境リスク管理について改善するためには「さらに新しい手法の導入の検討が必要な状況にあ」り，そうした手法が「未然防止の観点から環境への負荷の低減を図る上で，効果的かつ効率的」と考えられていた（中央環境審議会，1998：3－4）。このため，行政によって地域ごとの行政環境情報の入手を可能にするだけではなく，データの共有を通じて「事業者及び国民による環境への負荷を低減するための努力を促進できるようにする」（同前：8）ことで，直接的手法を補完する役割を果たすことを目指した。一方の PRTR 制度によって，政府は地域ごとの行政環境情報を入手することが可能になる[41]。他方，MSDS 制度は事業者間での取引の際に，化学物質情報を共有することができる[42]。こうした役割は，EU における REACH 規則における化学品情報の共有においても，見出すことができる。REACH 規則では，化学物質が使用された製品情報を事業者間だけではなく，政府，販売者，消費者間にわかりやすく示すことが事業者に求められている。こうした加工および流通段階に対する規制は，アクター同士を情報のネットワークで結びなが

(41) もちろん情報公開を促進することも目的の一部であるが，日本の PRTR 制度はアメリカ合衆国やカナダのように情報公開の促進が主たる目的ではなく，オランダやイギリスのように行政が化学物質に関する行政環境の情報提供に重点を置くものであると解釈される（大塚，1999：115-116）。

(42) ただし届出をしていない事業者が多いとされるため（大塚，2007a：86），実効性を高める実施が望まれる。

ら自己規制を促し，直接的規制を補完する情報を政府に提供する。

このように，情報的手段を用いる際にそこに関わるアクターを情報共有方法で結びつけることにより効率的なリスク評価を進めたり，自主規制を促す取り組みが行われたりすることをそれぞれの事例に即して示した。こうした情報的手段を用いることにより，被規制者側が有している情報を規制者および他の被規制者が共有したり，規制者が被規制者に自己抑制的行動を促したりすることができるため，政府は資源を節約し効率的に規制を実施しようとしていることがわかる。

本節では，1990年代以降の日本およびEUにおける化学物質政策について，直接的手段の強化に加え，部分的な柔軟化の導入や情報的手段の新たな用い方といった政策手段の質的変化を明らかにした。

こうした政策手段の変更を伴う規制者の役割の変化について，次のようにまとめられる。それは，直接的手段を強化することによって規制者が事業者に対して義務を強化するだけではなく，新たな情報的手段を活用するためにさらに事業者と協力関係を築き，事業者の有する情報を有効活用するという変化である。環境リスク規制のような健康や環境に重大な被害が生じる恐れがある場合，即応性と有効性の観点からは直接的手段が基本的な手段となることには変化はない。一方で，特に環境リスクの情報は事業者が有していることが多く，そうした情報が日常的な行政活動や政策形成において有効性をもつものの，政府が直接的に事業者と同程度に専門性が高い情報を入手することは，資源の制約により困難である。このとき，政府の有する資源が限られている中で，事業者の有している情報をいかに把握し，社会の中でどの程度共有するかという問題が重要になる。つまり，新たな政策手段を有効に活用するために，規制者の役割そのものも変化する必要性が生じたといえる。

以上から，1990年代以降に特徴的な規制者の役割とは，被規制者の協力関係の構築し，効率的な規制システムを形成することであるといえる。

4　制度配置の形成と規制者

本章では，まず日本およびEUの環境政策の発展を検討しながら本書が着目する制度配置が歴史的にどのように形成されてきたかについて検討を行った。

日本では，環境庁が設立される前の段階から多様な省庁が公害行政の権限を持っていたため，環境庁が単独で環境政策立案の権限を持つことが難しい状況にあり，被規制者の発展や保護に強く関係する通商産業省をはじめとする公害行政の所管省庁が強い影響力を発揮して環境庁が設立された。このため，環境庁は総合調整機能を求められながらも，環境に関わる権限は各省に温存されただけでなく，調整を十分に行えるだけの権限が持てなかった。こうした環境庁の設立が決定的分岐点となり，その後の環境政策の政策立案についても通商産業省を中心とする他のアクターが強い影響力を発揮することになった。実質的な実施機能も有する通商産業省をはじめとする他の業所管省庁に主導権を奪われがちであり，ボトムアップ的に政策を形成する必要が生じている。

一方EUでは，もともと加盟国が有していた環境規制の権限が単一欧州議定書調印以降にEUレベルに統合されていき，その法的根拠は徐々に強化されることになった。このため，EU内の政策形成において欧州委員会，特に環境総局が中心的な規制者を担うようになった。この単一欧州議定書の成立は決定的分岐点となり，その後のEUにおける環境政策の政策立案が環境総局を中心に進められることになった。また，実施の責任を実質的に担うのは環境総局ではなく加盟国である。したがって，環境総局が中心的な政策形成を担いながらも実施向けた企業との調整は後回しになる傾向にあるため，トップダウン的に政策が形成されている。

またその上で，日本およびEUにおける化学物質政策の異時点間比較を行うことによって，環境リスク規制の観点から政策手段の変容を示すとともに，規制者の役割の変化についても検討した。制度配置の発展は異なっているものの，環境リスクの規制の政策手段については直接的手段の強化および情報的手段の活用という点で共通点が見出せる。また，規制者の役割として，事業者に対して権利義務を課すだけではなく，情報的手段を活用するために事業者と協力関係を築いた上で事業者の有する情報を共有し有効活用していく役割を新たに担うようになったことを示した。

第3章

化学物質の製造・使用に対する規制

第3章では，化学物質の製造・使用に対する規制について分析する。特に本章では，既存化学物質の規制が課題となった日本の化審法2009年改正とEUのREACH規則の成立過程を分析することで，企業の説明責任に違いが生じた理由を明らかにする。まず，製造・使用段階の化学物質規制を概観し，双方の規制の違いや分析上の課題を示す（第1節）。その上で，それぞれの規制改革が行われる前までの状況や課題を示し，日本の化審法2009年改正の過程と，EUのREACH規則の成立過程を検討する（第2節，第3節）。これらを踏まえ，第1章で示した分析枠組みをもとに，日本とEUの事例の比較分析を行い，事例から得られる知見を明らかにする（第4節）。

1　製造・使用段階の化学物質規制

製造・使用段階の化学物質規制とは，規制当局が化学物質を輸入，製造，使用する企業に対して，化学物質の登録やその物質の安全性情報などを求めたり，使用方法に関する情報提供を行ったりする届出制度である。第2章でも述べたように，直接的規制手段として世界の化学物質政策において1970年代から強められ，1990年代以降は環境リスクの問題に対応するために国際的な規制目標が共有されたことなどを背景として，各国の規制において事業者負担の範囲を拡大し，強化される傾向にある。

しかし，「既存化学物質」規制をめぐって成立した化学物質の製造・輸入段階の規制である日本の化審法の2009年改正内容とEUで2006年に成立したREACH規則では，企業の説明責任の程度が異なっている。「既存化学物質」とは，事業者によって新たに製造・輸入される際に安全性を示すリスク評価や化学物質情報の登録が求められる「新規化学物質」が法律で規制される以前から，市場に流通していた化学物質のことである。具体的には，日本では1973年以前から，EU では1981年以前から流通していた物質である。既存化学物質は1990年代以降 OECD を中心に先進諸国でデータ収集が始まったが，未点検のものが大半を占める。日本における約２万物質の既存化学物質に対する審査・点検は，1973年から2009年までに約1600物質程度しか進まない状況にあった（木野，2009：68）。同様に，EU でも約10万物質の既存化学物質が存在する状況にあった（European Commission, 1998：２）ため，これらをどのように規制するかは先進諸国共通の政策課題であった。

両規制の具体的な相違点は，表３－１「化審法2009年改正と REACH 規則の内容比較」で示したように，登録が求められる化学物質の範囲，リスク評価の主体，サプライチェーンにおける事業者の情報伝達義務である（大塚，2009：80-81）。

第一に，登録が求められる化学物質の範囲についてである。日本の化審法では，事前審査制度が課されているのは新規化学物質のみであり，既存化学物質は一定量以上製造・輸入される化学物質について製造・輸入量及び用途情報の提出を義務化しているにすぎない。既存化学物質については，国によるスクリーニング評価を経て，リスクが十分に低いとはいえないと評価される「優先化学物質」に指定されると，事業者から段階的な情報収集が行われる。これに対し EU の REACH 規則では，新規化学物質であるか既存化学物質であるかと問わず，原則的に一定量以上製造・輸入されるすべての化学物質を対象とする。つまり，事前審査制度を受ける対象となる登録が義務づけられる物質の範囲が日本に比べて EU の方が広い。

第二に，リスク評価についてである。日本の化審法では，事業者は政府に対して製造・輸入を行う一定量以上の化学物質について情報提出を行い，リスク評価は政府が行う。これに対し，EU の REACH 規則では登録前に事業者が製造・輸入を行う一定量以上の化学物質について，自らのサプライチェーンにおけるリスク評価を行う。つまり，化審法に比べて REACH 規則の方が企業の負担するコストが増える。

第三に，事業者によるサプライチェーンへの情報伝達義務についてである。日本の化審法では，特定化学物質及び監視化学物質という特に人や環境への悪影響が懸念される危険物質についてのみサプライチェーンへの安全情報伝達義務が課される。これ

表3－1　化審法2009年改正とREACH規則の内容比較

	化審法2009年改正	REACH規則
登録が求められる化学物質の範囲	新規化学物質のみ（累計約8500物質[1]）（既存化学物質は段階的に収集する優先評価型）	すべての物質（約3万物質）（既存化学物質も含める網羅型）
リスク評価主体	政府	事業者
サプライチェーンの情報伝達義務	限定的	広い

注1：経済産業省（2011）を用いて平成20年度までを算出。
出典：大塚（2009：80-81）を参考に筆者作成。

に対して，EUのREACH規則ではすべての危険と分類される物質について，サプライチェーンへの安全情報伝達義務が課される。また，REACH規則では川下から川上への用途情報の伝達の仕組みが存在する。つまり，化審法に比べてREACH規則の方が事業者に課される安全情報伝達義務の範囲が広い。

このように，3つの観点から比較しても日本に比べてEUにおける企業の説明責任の方が重いため，厳しい内容といえる。

日本とEUはこの当時共通して95％を超える中小企業[1]を抱えながら国際競争にさらされる輸出力ある化学産業を有していた。図3－1「化学製品に関する出荷額に占める輸出額（域外・国外）の割合」で示したように，同じく巨大化学産業を抱えるアメリカが加盟するNAFTAと比較した場合にも，1990年代半ばから両者では化学製品の輸出力を高めていることがわかる。さらに，両者は1990年代後半以降に環境リスクに対する予防的審査・規制が進められてきた上，改革直前の時期にこれらに直接的影響を与えうる事件や事故が生じていない。

こうした共通する環境下での既存化学物質のリスク評価の遅れという共通の政策課題に対応するための改革でありながら，なぜ日本に比べてEUで厳しい規制内容が成

（1）　日本とEUでは当時化学産業において中小企業の占める割合がそれぞれ96.9％と95.8％と共に非常に高かった（総務省統計局2006年（http://www.stat.go.jp より入手），Eurostat 2005年度（http://www.ec.europa.eu/eurostat より入手）のデータによる）。なお，日本における中小企業とは従業員300人以下，または資本金3億円以下（中小企業基本法2条1項）の企業であるのに対し，EUにおける中小企業とはSmall and Medium Enterprises（SMEs）と表現される従業員250人以下，かつ売上5000万€以下またはバランスシート4300万€以下（2003/361/EC）の企業を指す。

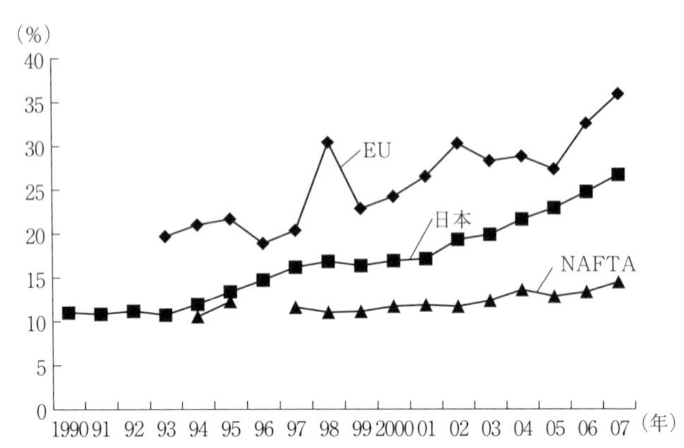

図3-1　化学製品に関する出荷額に占める輸出額（域外・国外）の割合

注：ここでの化学製品とは，国際標準産業分類（International Standard Industrial Classification）である ISIC Rev. 3 における化学製品（分類番号24）に該当するものをさす。また，貿易統計について，標準国際貿易商品分類（Standard International Trade Classification）である SITC Rev. 3 は Eurostat の対応表（http://ec.europa.eu/eurostat/ramon/relations/index.cfm?TargetUrl=LST_REL　最終アクセス2017年12月28日）に基づいて ISIC Rev. 3 に分類し直したデータを使用した。

出典：UNIDO および UN データベースより筆者作成。

立したのであろうか。本章では，製造・輸入段階の化学物質規制改革として日本の化審法2009年改正および EU で2006年に成立した REACH 規則の政策過程を事例として，第1章で示した分析枠組みを用いて規制内容に違いが生じた理由について分析する。

2　日本における化審法2009年改正の制定過程

（1）経緯と課題

日本の化学物質政策は，1960年代から顕在化した公害病や健康被害に対する対応策として1970年代から整備されてきたが，化審法制定の直接的な契機は，ポリ塩化ビフェニル（PCB）による環境汚染が1960年代半ばから発生したことである。PCB は不燃性，絶縁性等の特徴から，電気機器や熱交換器などに幅広く使われた。しかし，脂肪に溶けやすいという性質を持つため，環境汚染から人体に蓄積する可能性があった。

1966年以降，世界各地で魚類や鳥類からPCBが検出され，環境汚染が明らかになった。日本では，1968年に発生したカネミ油症事件において，食用油の製造過程で熱媒体として使用されたPCBが混入し，大きな社会問題となった。

当時の日本では，急性毒性を有する化学物質や労働者の健康被害を守るための規制措置はとられてきたが，こうした環境汚染による健康被害は想定されていなかったため，通産省による関係企業に対する行政指導による措置が実施された。また，1971年末頃に起きた新潟県沖タンカー乗り上げ折損事故を契機とする内閣官房通達である「化学剤の管理取締体制の整備について」(昭和46年12月24日付）において，PCBについても取り上げられたことから，通商産業省を中心として，農林省，厚生省，科学技術庁，環境庁によって「PCB問題各省連絡会議」が設けられて，PCB問題の解決策の検討が開始された。その後の企業や業界への行政指導によって製造自粛や回収体制が整えられたことから，汚染源は断たれることになった(2)。しかし，PCB問題の社会的影響は大きかったことから，PCB汚染に対する法的な対応が求められるようになった。

こうした経緯によって，PCB及びそれに類似する化学物質の汚染を防止するための法制定をする旨が1972年に衆議院本会議で決議され（「ポリ塩化ビフェニール汚染対策に関する決議」昭和47年６月16日），法案策定準備が行われることになった。制定準備にあたりイニシアチブをとることになったのは，PCB問題に関する企業や業界への対応や省庁間調整について，それまで中心的役割を果たしてきた通商産業省である(3)。国会決議や委員会での通商産業大臣の国会答弁を受けて，通商産業省ではPCBに類する工業原料に関するPCBと同種被害の発生を未然に防止するための法制化などを検討するために，通商産業大臣の諮問機関である軽工業生産技術審議会（会長：加藤弁三郎）に化学品安全部会（部会長：久保田重孝）を設置した。この部会では，当時の中曽根康弘通商産業大臣からの諮問「化学物質の安全確保対策いかん」（昭和47年７月

(2)　一連のPCBに対する行政措置についての詳しい経緯や内容については，通商産業省基礎産業局化学品安全室（1973：16-17）を参照されたい。

(3)　法制定の詳しい経緯や審議会答申の内容については，同前書（1973：31-45）を参照されたい。貴重な一次資料による分析として遠藤（2017）があり，政策担当者が果たした役割を詳細に知ることができる。

27日付）を受けて，検討を始めた。

化学品安全部会の下に化学品の安全問題の技術的問題を検討するための化学物質分科会（分科会長：上田喜一）が設けられ，多様な分野にわたる専門家，消費者代表，評論家などが参加して審議が進められた結果，同年12月21日に「化学物質の安全確保対策のあり方」が通産大臣に答申された。この答申を受けて，通商産業省内で立法化作業が行われ，「化学物質の審査及び製造等の規制に関する法律案」が翌昭和48年３月20日に閣議決定され，第71回特別国会に提案された。衆参両院の商工委員会および公害対策及び環境保全特別委員会における審議を経て，附帯決議つきで昭和48年９月18日に可決成立した。

制定当初の化審法は，新規化学物質に対する事前審査制度，特定化学物質（難分解性，蓄積性，長期毒性のすべての性質を有する物質）に対する製造・輸入の許可制と使用用途制限という特徴を有する世界で初めての「クローズドシステム」であり，企業負担の重い厳しい規制であったといえる。しかし，当時の化学業界は通商産業省に対して協力的であった。それは，通商産業省だけではなく化学業界も公害や健康被害の発生を経験して環境対策や安全対策の必要性を重視していたからであると考えられる[(4)]。たとえば，法案作成に先立ち，通商産業省の斉藤化学工業局長は日本化学工業協会，石油化学工業協会，化成品工業協会の首脳と懇談し，業界の協力を要請するとともに，業界側も化学品取締法案立案に協力することを約束しており，「化学品により（原文ママ）環境汚染，人体被害の防止は化学業界にとってきわめて重要なので……対策の確立，促進に全力を挙げる」とした[(5)]。また，審議や法案策定の過程では，安全性試験の費用負担の軽減策の検討[(6)]や，企業秘密に対する配慮[(7)]などが行われたため，通産省も業界の利益や規制の実効性に対して配慮したものと考えられる。

（4） 1973年（昭和48年）２月22日に出された産業構造審議会の答申「70年代の化学工業と化学工業施策のあり方」においても化学工業の望ましいあり方として「環境との調和を図りながら，量的拡大から質的向上へ」向かうべきであるとされている（「70年代化学工業の路線決る　質への転換を目指す」『化学工業日報』1973年２月23日）。

（5）「業界首脳と懇談　通産化学品対策で」『化学工業日報』1972年８月４日。

（6）「“創業者利益”話合う　軽工審化学品安全部会開く　取締法の制定で」『化学工業日報』1972年12月２日。

（7）「企業秘密に配慮を　化学物質取締法で要望　業界三団体」『化学工業日報』1973年２月８日。

その後も化審法は，通商産業省（経済産業省）が中心的な役割を果たすことにより1986年，2003年に大きな改正を経ている。「通産省は『化学品の管理はうちの専管事項』と言ってはばからなかった」と化審法の主導権における省庁間の力関係が述懐されるように(8)，通商産業省が主導権を握っており厚生省や環境庁が主導権を握ることはなかった。化審法は，1980年代後半から国際的な規制の調和化と化学物質の生産量・消費量の増加に対応する必要性から見直され，1986年の改正で事前介入が強化されると同時にその手続化が進んだ。さらに，1990年代からは化学物質の国際的なリスク管理の必要性から国際合意に対応する形で見直しが進められ，2003年に動植物など生態系への影響にも着目した審査規制制度が導入されるなどの点が改正された。第2章でも検討したように，それまではリスクをもたらしうる原因であるハザードに対する規制が主だったのに対し，1990年代以降は環境リスクに対する規制が進んだ(9)。なお，化審法は成立当時，厚生省と通商産業省の所管であったが，2001年から省庁再編を受けて厚生労働省，経済産業省，環境省の所管となった。

化審法2003年改正後の主な課題として，次の2つがあげられる。第一に，既存化学物質に対する対応の必要性である。既存化学物質への対応は，1973年化審法制定時に事前審査の対象とはならず附帯決議において，今後国が安全点検を行うものとされた。また，2003年改正時に既存化学物質を第一種監視化学物質として法的に管理する制度が導入された。さらに，2005年には三省合同の「官民連携既存化学物質安全性情報収集・発信プログラム」（通称：Japan チャレンジプログラム）が開始された。Japan チャレンジプログラムは，国と産業界が連携して既存化学物質に関する情報を収集してそれを国民に発信するものである(10)。しかし，第一種監視化学物質とした物質が少なかった上にリスク評価を終えた既存化学物質も2008年時点で累計約2000物質程度にとどまっていたため，何らかの形で管理を進める必要があった。

(8) 「人から生態系へ規制拡大」『朝日新聞』2010年10月14日。

(9) 化審法が1990年代以降に環境リスクに対応する柔軟な管理に変化した点は早川（2012a）を参照されたい。また，日本における化学物質の環境リスクの低減に向けた基本的な方針は，環境省によって2006年に第三次環境基本計画において定められた。ここでは，リスク評価を進めること，科学的データと予防的取り組み方法に考慮した上で人の健康と環境への被害を未然に防止すること，利害関係者間の理解を進めること，国際的観点に基づいた管理という4つが示されている（環境省，2006：73-74）。

第二に，国際的な化学物質の規制環境の変化に対応する必要性である。化審法もそれまでに1986年と2003年に大きく改正が行われてきたが，化学物質に対する規制が国際的に強化されたことにより，WSSD目標である2020年までに化学物質の使用による人および環境への悪影響を最小化するという目標に対応する必要性，またPOPs条約において許容される例外的使用に関する規定について対応する必要性が生じた。

これらの課題を背景としながら，2003年改正化審法附則第6条に定められた5年後の見直し規定がひとつの目安となり，引き続き経済産業省が中心となって2009年改正が進むこととなった[11]。

（2）改正までの過程

①改正議論が始まるまで（2007年まで）

2006年5月から12月まで全9回にわたり，次の改正に向けた準備として経済産業省における産業構造審議会の化学・バイオ部会では専門家，産業関係者，市民セクタ代表ら有識者による化学物質政策基本問題小委員会（委員長：中西準子独立行政法人産業技術総合研究所化学物質リスク管理研究センター長）が開かれた。ここでは直接的に化審法の改正に向けた具体的内容についての話し合いを目的とはせず，事業者による化学物質の自主的な管理の改善の促進と環境保護を目的とした化学物質排出把握管理促進法も含めて化学物質政策のあるべき全体像や基本的な考え方について議論が行われた。

化学物質政策基本問題小委員会で扱われたテーマは幅広いが，特に「安心安全とイノベーションを同時に担保する合理的な規制体系の追求」「戦略的な国際対応および国内市場環境の整備」「化学物質管理にあたる基盤整備の強化」「リスクコミュニケーション」という4つのテーマを議論のベースとして，化学物質政策のあるべき全体について検討が行われた（経済産業省，2006：4）。特に活発に議論が行われたのは，化

(10)　これは，OECD加盟国のうち少なくとも1か国で年間1000トン以上生産されている化学物質である「HPV化学物質」の安全性情報を収集するOECDを中心とした国際的な取り組みに日本も参加してきたことや，2003年の化審法改正時に審議会から提言を受けたことで創設された。既存化学物質に関する情報は企業が有している場合も多いため，それらを積極的に収集し一元的に情報を管理することで効率的にリスク評価を進める取り組みである。

(11)　環境省環境保健部化学物質審査室職員インタビュー　2011年7月6日。

学物質の安全性情報をいかに収集・把握し，伝達し，活用するかという点とともに，化学物質管理政策と廃棄物管理政策の関係，規制と自主管理のあり方，従来のハザードに重点を置いた管理をどのようにリスクに重点を置いた管理に発展させるかという点についてである。

これらと関連するリスク評価における役割分担のあり方については，主に第3回の委員会において議論された。この際，仮にREACH規則のような企業がリスク評価を行う制度になった場合に企業の体力が削がれることを懸念する産業界を代表する委員たちが意見した(12)。これは，リスク評価やそれに伴うデータ収集にあたって実験設備や，専門的人材を揃える必要がある企業にとって，負担が大きいためである(13)。化審法に基づく新規化学物質の試験費用は2000～3000万円かかるため，申請者である企業にとってはかなりの負担であり，化学物質情報にかかる費用負担や情報公開の範囲についても様々な問題がある(14)。一方，市民セクタ代表からは，リスク評価体制について事業者のリスク評価の実施義務づけと国の第三者機関による評価，予防原則の適用，高懸念リスクに着目したリスク評価の実施，複合暴露，複合影響を勘案した評価・管理体制の構築，市民参加の保障などを留意する必要があるとの意見が提出された(15)。

こうした議論を受けた報告書は，パブリック・コメントを経て「中間とりまとめ」として2006年12月にまとめられた。リスク評価について最終的には，リスク評価をめぐる国際的な動きを踏まえながらも，特定の国の制度を支持する表記は行わず，日本独自の合理的なリスク評価体制を構築するという方針が示された(16)（経済産業省，

(12)　産業構造審議会化学・バイオ部会化学物質政策基本問題小委員会第4回資料3　第3回議事録案　平成18年8月30日。

(13)　日本化学工業協会化学品管理部部長インタビュー2011年8月22日。

(14)「化学物質の安全性情報　共有化システム検討　開示範囲など論点整理　産構審・化学物質小委」『化学工業日報』2006年6月28日。

(15)　産業構造審議会化学・バイオ部会化学物質政策基本問題小委員会第8回資料6　委員からの提出資料（中地重晴（有害化学物質削減ネットワーク代表）「化学物質管理のあり方に関する意見」）平成18年12月11日。

(16)　主体についての結論は出なかったものの，中間取りまとめでは「（アメリカおよびEUのリスク評価方法について触れた後に）今後，……我が国なりの合理的なリスク評価体制を構築する必要がある」としている（経済産業省，2006：15）。

2006：15)。さらに，その方法の例として，リスク評価すべき物質を優先的に評価する手法があげられた（同前書)。こうした内容は，産業界の意見を反映したものであったといえる。

この委員会で議論された内容は，基本的に2009年の改正議論に引き継がれることになった[(17)]。なお，この委員会には環境省と厚生労働省の担当者もオブザーバーとして参加していた[(18)]。

②化審法見直し合同委員会における審議から法案作成（2008年～）

化審法2009年改正に向けた議論が本格的に始まったのは，2008年１月である。化審法を共同所管する厚生労働省，環境省，経済産業省（以下，三省とする）の審議会，すなわち，厚生科学審議会化学物質制度改正検討部会化学物質審査規制制度見直しに関する専門委員会，産業構造審議会化学・バイオ部会化学物質管理企画小委員会，中央環境審議会環境保健部会化学物質環境対策小委員会合同会合の３つの下に「化審法見直し合同委員会（以下，合同委員会)」（委員長：中西準子独立行政法人産業技術総合研究所化学物質リスク管理研究センター長）が翌年の通常国会での法案提出を目指して2008年１月31日に設置された[(19)]。メンバーには，大学や研究機関に所属する化学や法学の専門家，化学，自動車，電機電子産業などの業界団体代表，環境NPOや主婦連といった市民セクタ代表らの有識者が入った。そして，その作業部会として，「化審法見直し合同ワーキンググループ（以下，WG)」（委員長：佐藤洋東北大学大学院医学系研究科環境保健医学分野教授）が設置された。WGには合同委員会におけるそれぞれの審議会メンバーの代表者が参加した。2008年１月から10月までの間に合同委員会３回，合同WGは４回開催され，WGにおいて実質的な内容が話し合われた。

リスク評価のあり方や役割分担に関する議論が行われたのは，第２回WG（2008年３月27日）であった。ここでは，国がリスク評価を行った方が信頼性は確保されると

---

(17)　経済産業省産業製造局化学物質安全室職員インタビュー2011年８月12日。日本化学工業協会化学品管理部部長インタビュー2011年８月22日。

(18)　産業構造審議会化学・バイオ部会化学物質政策基本問題小委員会第１回資料２　平成18年５月25日。

(19)　「化学物質規制強化へ，政府が合同委を設置」『朝日新聞』2008年１月31日。

いう考え方が提示され，審議会委員市民セクタ代表もこの考えにおおむね賛成した[20]。この考え方に対して環境省は，日本の規制文化にあった規制であるとして賛成の立場であった[21]。また，事業者への情報提供の程度については，業界団体代表（日本化学工業協会，化成品工業協会，電気電子４団体）が実効性や費用対効果の問題，現在の自主的取り組み（PRTRなど）への言及，企業秘密への配慮の要請，サプライチェーン全体の情報管理は産業界ではできないことなどを主張した[22]。

リスク評価にかかるコストに関する議論は，合同委員会で三省によって作成された，規制影響分析あるいは規制影響評価（Regulatory Impact Analysis または Regulatory Impact Assessment。以下では RIA）が用いられた[23]。RIA の中では，REACH 規則のようなすべての化学物質を事業者自らがリスク評価する網羅型の規制方法と，一部の化学物質を国が優先的にリスク評価するスクリーニング型（優先評価型）の規制方法という２つの規制方法について，費用と便益が比較検討された。その結果，費用面において網羅型はスクリーニング型に比べて多くのコストが必要となる一方で，便益面（人健康への影響，動植物への影響，国民（消費者）の信頼感及び安心感，技術革新・競争力への影響）では大きな差は認められないと判断されたため，スクリーニング型の方が費用対効果面で妥当であると評価された[24]。具体的には，産業界に生じるコストとして，網羅型はスクリーニング型に比べて化学産業側に160億円多く，ユーザー産業（自動

(20)　有害化学物質削減ネットワーク理事長インタビュー　2011年５月９日。

(21)　環境省環境保健部化学物質審査室職員インタビュー　2011年７月６日。

(22)　第２回ワーキンググループ2008年３月27日議事録 http://www.meti.go.jp/committee/summary/0002440/gijiroku02.html（最終アクセス　2017年12月28日）。WARP（国立国会図書館インターネット資料保存事業）のサイトに収容。

(23)　RIA とは，規制の新設あるいは改廃による影響を事前に定量的・定性的に分析することである。RIA は1990年代半ばから先進諸国で採用が広がり，現在 OECD 加盟国のすべての政府が新たな規制案を作成・実行する前に何らかの形で RIA を実行している（OECD, 2009=2011：31）。日本では2007年３月に行政機関が行う政策の評価に関する法律（政策評価法）の政令改正が行われ，2007年10月１日以降に規制の新設・改廃が行われる場合には，事前にその影響を分析・評価して評価書を作成・公表することが義務づけられている（日本における規制の事前評価制度の概要については，たとえば木村（2009），原田（2011, 135-137））。また，EU でも2001年に欧州理事会で規制の影響分析（Impact Assessment。以下，RIA）を採用することが合意され，2002年以降に経済，社会保障，環境分野で新しい規則や政策が作成される際に欧州委員会が RIA を行うことが定められた（European Commission, 2002）。なお，規制影響分析が政治的合意形成に与えた影響については，早川（2014）。

(24)　第３回合同委員会（2008年10月23日）配布資料３。

車，電子電機等）側に80億円多く費用が必要になると試算された。また，行政に生じる実施コストとして，具体的な金額は示されなかったものの，網羅型はスクリーニング型に比べてリスク評価等の業務に係る負担が増大することによる人的・時間的なコストが増えることが予想され，日本ではそのような行政コストを負担することが困難であるとされた。

こうしたスクリーニング型に対するポジティブな評価は，効率的な規制方法を目指す経済産業省(25)，コスト負担の回避と競争力保持を目指す産業界(26)の選好と一致していた。また，スクリーニング型では国がリスク評価を行うため，信頼性の確保の観点を重視する市民セクタ(27)，国民の健康・安全や安心感を重視する環境省および厚生労働省(28)の選好とも一致していた。このときの大きな問題とされたコスト面で結果がスクリーニング型を支持していたため(29)，RIA は利害関係者の選好を後押しするものであり，その後の議論の中でも成立が危ぶまれるような利害関係者間の対立は生じなかった。

こうして作成された「化審法見直し合同委員会報告書（案）」は，RIA も添付する形でパブリック・コメント手続きに入り2008年10月末から約１か月の間，意見募集が行われた(30)。法律内容を左右するような重要な変更はない形で答申に対する修正が行われ(31)，2008年12月に最終報告書が作成された。その中では，「実効性や費用対効果の観点も考慮しつつ，収集するばく露関連情報およびハザード情報の範囲と種類を適切に設定することが重要となる。（中略）リスク評価は，国が責任をもって行い，そのための情報収集は，基本的には事業者が行うという体制が望ましい」として，実効

(25) 経済産業省産業製造局化学物質安全室職員インタビュー　2013年１月24日。
(26) 日本化学工業協会化学品管理部部長インタビュー　2011年８月22日。
(27) 有害化学物質削減ネットワーク理事長インタビュー　2011年５月９日。
(28) 環境省環境保健部化学物質審査室職員インタビュー　2011年７月６日。厚生労働省医薬食品局審査管理課職員インタビュー　2013年１月24日。
(29) 環境省環境保健部化学物質審査室職員インタビュー　2013年１月24日。
(30) 意見提出者数52（個人12，団体21，企業18，不明１），のべ意見数は254件であった（環境省ホームページ http://www.env.go.jp/press/press.php?serial=10590　最終アクセス2017年12月28日，WARP に収容）。
(31) 原田（2011：130）の基準だと「実質的修正あり」と判断できるが，この例の場合，法律内容を具体的に左右するようなものとはいえなかった。

性や費用対効果の観点も考慮した情報収集範囲の設定の重要性が指摘され，リスク評価は国，情報収集は企業が行う体制が望ましいとされた（厚生労働省・経済産業省・環境省，2008：8）。さらに既存化学物質のリスク評価について，「試験の実施等によってハザード情報を新たに取得する場合には相応の時間・費用が必要になること，国のリスク評価の実施体制等が限られていることも踏まえると，すべて化学物質について最初から一律にハザード情報を収集し詳細なリスク評価を行うことは迅速性・効率性の観点から合理的ではない」として，規制影響評価の通り迅速性・効率性の観点から網羅型のリスク評価方法を否定し，リスク評価の優先順位づけを行うとした（同前書：9）。経済産業省の試算では，手続きなどで企業に新たにかかる費用は，2020年までに少なくとも総額40億円とされたが，リスクが高いものについて「優先評価化学物質」に指定して公表し，リスク評価に入ることになった[32]。

こうした見直しの方向性については，利害関係者からもおおむね支持されるものであった。化学業界は改正の大きな枠組みについては賛同するとし，今回の見直し内容は費用対効果の観点からも，また運用面での実効性・柔軟性の観点からもREACH規則より優れていると評価している（豊田，2009：29）。また，市民セクタからは2020年のWSSD目標に間に合うようにリスク評価を2020年までに完了するという具体的な年次目標が明記されたことを評価した（中地，2008：12）。

見直し合同委員会による最終報告書をもとに作成された法案は自民党内で経済産業部会において議論が行われたが，改正内容が基本的に前回の改正の内容を引き継ぐものであったため，与党内の意見は特に対決的なものにはならなかった[33]。このため，自民党や自民党所属議員は改正法案に対して特別な要求を出すことはなかった。その後，化審法改正法案は2009年2月に閣議決定された。

③国会における議論（2009年4～5月）

化審法2009年改正法案は，その後国会において衆・参両院の経済産業委員会，経済産業委員会環境委員会連合審査会によって審議が進められた。野党からは特に合同審

(32)　「全化学物質の届出，義務化　法改正へ」『朝日新聞』2008年10月24日。
(33)　元衆議院環境委員会委員インタビュー　2011年8月9日。

議会においてREACH規則の内容と比べたときの改正法案の不十分性が指摘されたが，政府からは双方の目指すところは同じであり，国の実情に合わせた合理的な判断であることが主張された[34]。また，改正法案の内容は産業界への影響についても考慮した上での結論であり，輸出先としてもEUよりアジアが重要であることが強調された[35]。特に与野党から中小企業に配慮する必要性が指摘されたが，中小企業については既存化学物質の試験費用を国が負担することが示された[36]。法案は両院の審議を経た後，野党の指摘等を組み込んだ附帯決議つきで2009年5月に可決，成立した。

3　EUにおけるREACH規則の成立過程

（1）経緯と課題

EUでは，1960年代以降に化学物質規制法が制定された。第2章でも検討したように，EUの化学物質規制法は日本と同様に用途別に規制されており，一般化学物質規制は3つの指令とひとつの規制，すなわち，危険物質指令（Directive 67/548/EEC），既存化学物質規則（Regulation EEC No793/93），調剤指令（Directive 1999/45/EC），新規化学物質指令（Directive 76/769 EEC）によって構成されてきた。

危険物質指令は成立当初，危険物質の表示などを義務づけるのみで使用について制限する内容ではなかったため，1970年代半ばから，イギリス，フランス，デンマークは化学産業に対して使用する前に新たな物質ついて試験することを求める規制立法を行った。こうした加盟国の厳しい立法に直面したEUは，1979年の危険物質指令の第六次指令改正を行った。この改正によって，市場に出る前に化学物質の安全性を確認する仕組みが形成された[37]（Vogel, 2012：154）。

---

(34)　2009年4月8日衆議院経済産業委員会環境委員会連合審査会における細野哲弘政府参考人（経済産業省製造産業局長），古川禎久環境大臣政務官の発言。

(35)　同上，細野哲弘政府参考人の発言。

(36)　中小企業が輸出入の大部分を占める物質については，平成21年度の新規予算として3億8000万円を計上して事業者に代わって国が安全性試験等を実施することが示された（2009年4月8日衆議院経済産業委員会環境委員会連合審査会における二階俊博経済産業大臣の発言）。

(37)　ただし，ドイツやイギリスといった自国のシステムをすでに形成している一部の加盟国からは，批判もあった（Vogel, 2012：154）。

1979年の危険物質指令第六次改正によってEUの化学物質管理システムは一応の完成をみたものの，それぞれの規制は細分化されて別々に改正が行われてきたため，法体系の複雑化が進んだ。また，1986年の単一欧州議定書発効以前は，加盟国ごとの環境規制が主であったため，基本的には加盟国ごとに化学物質政策が進められていた。このため，加盟国とEUレベルの規制に多くの違いが生じるようになった。

1990年代に半ばから加盟国各国および利害関係者の一部から生じた主な問題点は次の二点である（European Commission, 2001：12-14；Nordbeck and Faust, 2003：80-87；Selin, 2007：74-76）。第一に，制度が複雑すぎるという点である。一般化学物質に対する指令（directive）は，EU加盟国各国が実施手法を独自に定めてよいことになっている。このため，加盟国間で化学物質政策の内容に違いが生じることになり，制度がより複雑化することになった。このことから，複数の細分化された規制を統一的な規制につくりかえる必要が生じた。

第二に，人の健康や環境を守る上で規制基準が不十分であるという点である。特に既存化学物質は十分に管理されていなかった。1981年に行われた危険物質指令の第六次改正によって新規化学物質と既存化学物質が分けられたが，それ以前に流通していた約10万の既存化学物質が規制されない状態にあった。第2章でも検討したように，その後1993年の既存化学物質規則によって既存化学物質に対する規制ができたものの，その管理レベルは新規化学物質よりも低かった。また，EUの環境政策では，マーストリヒト条約以降は基本的に予防原則に基づくべきであるという考え方が示されているものの，化学物質政策には適用されていなかった。このため，欧州委員会，加盟国の一部，環境NGOによって化学物質規制における予防のレベルが不十分である点が指摘された（Selin, 2007：76）。

これらの問題点は1990年代後半に利害関係者間で共有されるようになり，またPOPs条約などの国際条約への対応も制度対応の具体的な課題となったため，加盟国やEUレベルでの見直しが始まるきっかけとなった。

この時期に，加盟国の中で見直しの推進力を担っていたのは，ヨーロッパ域内で最も厳しい化学物質規制を有していたスウェーデンである。スウェーデンは1962年に危険物質を扱う製品の製造事業者に対する規制を開始し，1969年の環境保護法で環境に害があるすべての行為に対する立証責任の転換が行われた。また，1973年には環境にやさしい代替物質を用いることを求める物質原則が法に組み込まれた。さらに1985年の化学製品法ではすべての化学製品に関する環境と公衆衛生に対する影響評価を事業者に課し，1994年には世界で初めて水銀の拡散を禁止した。こうしたスウェーデンの化学物質政策は，人間の健康と環境保護に対する政治的な支持と，国内の化学産業の規模が比較的小さいという経済的な背景によって支えられてきた（Vogel, 2012：156-157）。スウェーデンは1995年にEUに加盟した後，1998年のはじめにEUレベルでの共通の化学物質管理とリスク評価の方針形成をめぐりイニシアチブをとり始めた。それらはオーストリア，デンマーク，フィンランド，オランダといった環境規制に積極的な加盟国の一部や，環境保護や消費者保護のNGOによって支持された（Pesendorfer, 2006：103-104）。

（2）成立までの過程

①欧州委員会による提案（1998～2001年）

1990年代末頃からは，規制に積極的なスウェーデン，イギリス，オーストリア，デンマーク，フィンランド，オランダといった国々から，EUレベルの化学物質政策の見直しの方向性について独自のアイディアが提出され，EU理事会においてインフォーマルな話し合いが進められた（ENDS, 1998a；1998c）。EU理事会におけるより広範で抜本的な解決を求める声を受けて，欧州委員会も自ら化学物質規制の見直しを開始し，1998年11月に化学物質政策の課題等を示した（European Commission, 1998；ENDS, 1998d）。この中では，既存の4つの指令および規則の内容について再検討を行い，それぞれの規制の課題を示した。また，加盟国間の規制が域内市場にとってバリアにならないような人間の健康と環境を保護する高いレベルの規制の必要性があるとした。特に重要な点として，ハザードの特定・リスク評価・リスク管理の区別およびその中での「立証責任」，既存化学物質への対応をあげた（European Commission, 1998：1，8）。その後，1999年5月に加盟国各国の環境大臣によるEUの化学物質政策の欠点を批判する共同声明が出され，同年6月のEU理事会において化学物質政策を見直す正式答申がまとめられた（Selin, 2007：77）。

EU 理事会の要請を受けた欧州委員会は，その後の２年間で化学物質の見直し案をまとめることになった。この見直し案の取りまとめは主に環境総局のイニシアチブによって進められた。この際に，環境総局委員でスウェーデン緑の党のマルゴット・ヴォルストロム（Margot Wallström）が特に積極的に関わった。ヴォルストロムは，環境総局内で化学物質規制の最優先課題のひとつにした。また，環境総局はスウェーデンの官僚や，新たな政策を支持する国の代表と協力して規制案を作成した（Pesendorfer, 2006：104；Selin, 2007：77)。ただし，規制案を策定する段階はあくまで欧州委員会が中心的な役割を果たしていたため，スウェーデンを中心とする加盟国や他のアクターが果たした規制案に対する影響力は限定的なものであった[38]。

2001年２月に欧州委員会はREACH 規則の原型となる「将来の化学物質政策のための戦略に関する白書」を示した（European Commission, 2001)。その内容は，新規化学物質と既存化学物質の区別を排して，予防原則に基づき市場に流通するすべての化学物質についてリスク評価を行うという「ノーデータ，ノーマーケット（no data, no market)」の原則を採用する，従来の規制方針を大きく転換させる内容であった。具体的には，生産量１トン以上のすべての化学物質についてリスク評価を含む様々な情報をデータベースに登録を企業に義務づけている。また，データの作成と評価，その物質の用途におけるリスク評価の責任を企業に移行するという立証責任の転換が示された。さらに，化学物質の製造や輸入を行う化学メーカーのような川上ユーザーだけではなく，最終製品を作る組立製品メーカーのような川下ユーザーに対しても安全性評価の責任を負って用途や暴露量について情報提供が義務づけられるなど，産業界が規制当局に提出すべき情報が幅広く，企業の説明責任を重くする内容であった。この提案は，登録（Regisration)，評価（Evaluation)，認可（Authorization)，化学物質（CHemicals）の頭文字をとり，REACH と呼ばれるようになった。

新たな化学物質規制に対して，環境総局と企業総局は現在の化学物質法体系を改善するために規制を変更するという立場は共有していたものの，個別の内容に対する立場は異なっていた。個別の内容について，環境総局は長期的な視点に立ってより高い

(38)　European Commission DG Enterprise and Industry Unit REACH, Staff インタビュー2013年３月19日。

環境保護レベルとなることを望み[39]，企業総局は企業にとって扱いやすい内容になることを望んでいた[40]。このことは，白書の序文で高レベルでの人の健康および環境の保護と域内市場の効率的な機能と化学産業の競争力の確保を同時に目指すことが示されている点にも表れている。

白書作成後，欧州委員会は2001年4月に，企業，NGO，加盟国代表，欧州委員会が参加する利害関係者の最初の会議を開いた[41]。そこでも白書に対する賛成や批判を含む様々な意見が示された。

白書に対して肯定的意見を示したのは，加盟国の環境閣僚，スウェーデンなどもともと改革に前向きで合った国々，議会における環境派，NGOである。環境閣僚によるEU理事会では，2001年6月に白書への支持を表明した。また，個別の国としてたとえば，イギリスは白書に対して大枠で賛成の立場を表明し，よりスムーズで効果的な制度になるような提案を欧州委員会に行っている[42]。欧州議会については，スウェーデン緑の党で欧州議会議員のインガー・ショーリング（Inger Schöling）がラポルトゥールを務めた環境・公衆衛生・消費者政策委員会において，2001年10月に政策を具体化させるための報告書が作成された（European Parliament, 2001）。その中では白書の内容を歓迎するとともに製造量年間1トン未満の化学物質についても登録を求めることや，すべての物質について代替原則を採用すべきであることなど，白書より厳しい規制が含まれていた。これらは欧州議会において討議され，同年11月に一部修正する形で採択された。またNGOについて，たとえば欧州環境事務局（European Environmental Bureau：EEB）は白書の内容に対して歓迎した上で，知る権利を強調し化学物質の消費者に対する情報公開を求めるとともに，危険物質についてはより安全な代替

---

(39) European Commission DG Environment, Chemical Biocides, Nanomaterials, staff インタビュー 2013年3月18日。

(40) Agra Europe（2000：9）；European Commission DG Enterprise and Industry Unit REACH 職員インタビュー 2013年3月19日。

(41) "Stakeholders' Conference of the Commission's White Paper on the Strategy for a Future Chemicals Policy" Programme, 2 April 2001（Borschette Centre, Brussels).（関係者からの提供資料）

(42) Chemicals & GM policy Division, Department for Environment Food and Rural Affars, *New EU Chemicals Strategy Position Statement by the UK government and the Devolved Administrations*, December 2002.（関係者からの提供資料）

物質に変更するように立法することを求めた[43]。

一方，化学業界は白書に対して反対の意見を示した。たとえば，欧州化学工業連盟（European Chemical Industry Council：Cefic）は，白書の政治的な目的については賛成するものの，欧州委員会が設定しているタイムスケジュールが拙速すぎること，社会的・経済的な影響を考慮していないこと，政策へのグローバルな参加が行われていないこと，高懸念物質の認可のシステムが効果的ではないことなどを批判した[44]。また，イタリア化学工業連盟（Federchimica）は，白書の内容について中小企業に対する配慮が足りない点などを批判した[45]。

②欧州委員会による再ドラフト（2001年〜2003年）

その後，2001〜2003年にかけて欧州委員会による再ドラフトが開始された。2001年の欧州委員会の白書への反応に対応する形で，欧州委員会と利害関係者間で環境保護，動物保護，コスト，競争力などについて多くの会合が開かれた。また，2003年5月から6月にかけてインターネット・コンサルテーションが開かれ，幅広い利害関係者からの意見集約が図られた。この際，加盟国，議会，環境および健康に関連するNGO，加盟国以外の政府や団体といった多様な利害関係者によって6400もの意見や質問が寄せられた[46]。

また，REACH規則の規制範囲の広さから加盟国以外の政府からも批判の声が寄せられた。たとえば，アメリカは環境や人間の健康保護に対する必要性に共感しながらも，システムそのものにコストがかかる点や複雑さ，グローバルな貿易に対する悪影

(43) EEB, "EEB first comments to the White Paper on the future EU Chemicals Policy", April 2001.（関係者からの提供資料）

(44) Paul van Eijsden（Cefic）, "EU Chemicals Policy Review Contribution from Chemical Industry", 2 April 2001 at "Stakeholders' Conference of the Commission's White Paper on the Strategy for a Future Chemicals Policy"（Borschette Centre, Brussels）.（関係者からの提供資料）

(45) Giorgio Squinzi（Federchimica）, "Position of SMEs", 2 April 2001 at "Stakeholders' Conference of the Commission's White Paper on the Strategy for a Future Chemicals Policy"（Borschette Centre, Brussels）.（関係者からの提供資料）

(46) コンサルテーションにおける意見について詳しくは欧州委員会HPのアーカイブ（http://ec.europa.eu/DocsRoom/documents/18381 内のPDFファイル内のリンク先　最終アクセス2017年12月28日）を参照されたい。

響について批判した[47]。また，日本政府はREACH規則の目的や問題解決に向けた姿勢は認めながらも，企業への負担が必要以上に重いことや，貿易障壁になるおそれがある点などを批判した[48]。特にEU域外企業にとっては手続き上，不利になる側面が含まれていたため，現地の団体も様々な働きかけを行った[49]。

これらを経て，2003年10月にREACH規則の最終提案が出来上がった（European Commission, 2003）。企業総局と化学工業系の企業や業界団体が時に協力しながら特に激しくロビイ活動を行ったことにより[50]，その実質的な規制内容は2001年の最初の提案より弱まった[51]。特にCeficは白書公表後の早い段階からヨーロッパ域内の11企業が協力するパイロットテストを企画・実施することによってリスク評価に要するコストを試算し，白書の内容の問題点を具体化した上で，REACH規則をより費用対効果のよい実施ができるようなシステムにするように働きかけた[52]。しかし，欧州委員会による修正提案は，WSSD目標などEUの持続可能な発展戦略の内容が強く意識されたものとなり，規制の基本的な方向性は維持された（Selin, 2007：80）。

一方，最終提案がまとまった2003年からREACH規則をより運用しやすいものにするためにREACH実施計画（REACH Implementation Projects。以下，RIPs）が開始された。RIPsははじめ，欧州委員会提案に基づいて今後の方向性が話し合われ，加盟国や産業界の間でいかに制度を具体的にしていくかという点が話し合われたため，実質的にはコミトロジー手続きと似た役割を果たした。RIPsは，テーマ別にRIP 1からRIP 7までで構成され，テーマごとに具体的な調整が行われた。RIPsの議論は，

---

(47) “Comments of the Unites States on the European Commission's Draft Chemicals Regulation”（同上）

(48) The Japanese Mission to the European Union, “Comment by the Government of Japan on the draft consultation document concerning The New Chemical legislation-the REACH system” July 10, 2003.（同前）

(49) AmCham REACH Committee　2013年3月21日インタビュー。

(50) Cefic, Director REACH/Chemical Policy インタビュー2013年3月18日；Selin（2007：80）。

(51) 具体的には，次の4点である。1）年間10トン以下の製造あるいは使用される化学物質に対するリスク評価を登録の際に事業者に求めない，2）ポリマーとすでに届け出がされている物質の登録免除の問題，3）既存化学物質に対して要求する代替化を減らす，4）製造者に対する幅広い企業秘密に対する保護を導入し一般向けの情報提供を減らす。

(52) Cefic, Director REACH/Chemical Policy インタビュー2013年3月18日。Ceficによるパイロットテストの結果報告書は以下。（Risk & Policy Analysts Limited, “Pilot trial of the Cefic Thought Starter” March 2002.）

欧州委員会の提案内容を前提とされたため，はじめから議論に参加していなかった川下企業など一部の企業には非常に不利で意見が通りにくい状況となった[53]。

③共同決定手続き期間（2003年～2006年）

欧州委員会によってEU理事会と欧州議会に対して最終提案が提出された2003年10月以降は，共同決定手続き期間に入った[54]。最終提案決定後に，環境総局，企業総局，欧州産業連盟（UNICE），欧州化学工業連盟（Cefic），欧州環境事務局（EEB），世界自然保護基金（WWF）の代表者レベルで話し合いが行われていた。しかし，白書が出される前後の時期以降，欧州委員会，加盟国政府，環境団体，労働組合など様々なアクターがそれぞれコストの試算やRIAを行い[55]，REACH規則の実施に必要なコストに対する評価は分かれる状況であったため，実質的調整が進まない状況に陥った。特にコストの議論は産業競争力の議論と結びつけられて進められた（ENDS, 2003）。欧州委員会によるRIAとCeficなど企業側のRIAが異なったことから，一部の加盟国や企業から現行の規制案の撤回や抜本的な大幅修正を求める声が強かった。一方，NGOからはRIAの手法が企業寄りである点，特にコストの論点に重点が置かれており便益に光が当たっていないと批判されていた[56]（EEB, 2003：6）。

こうしたRIAをめぐる対立に対し，欧州委員会（環境総局と企業総局）と産業界（UNICEとCefic）が了解覚書を交わし，産業界が出資する形で第三者機関への委託によるRIAが行われた（KPMG, 2005：5-6；ENDS, 2005b；徳増，2006：8）。このRIAは2004年3月から2005年4月までコンサルタント会社であるKPMGに委託されて，REACHがもつ企業および技術革新に対する潜在的な影響について分析されることに

(53)　AmCham REACH Committee　2013年3月21日インタビュー。

(54)　なお，2004年にEUでは加盟国が増えたが，REACH規則の骨子はすでにできていたことや新加盟国がまとまって行動をしなかったこと等によって，REACH規則の内容にほとんど影響を与えなかった（Selin, 2007：84）。

(55)　初期のコスト試算について，たとえばENDS（2002）。また，RIAの一部については欧州委員会のアーカイブにも掲載されている（http://ec.europa.eu.DocsRoom/documents/14249内のPDFファイル参照 最終アクセス2017年12月28日）。その数は40にものぼる（ENDS, 2005b）。

(56)　こうしたEEBやWWFといったNGOからの批判に対して，企業総局のEgbert Holthuisは，企業総局が行っているRIAは産業界にかかるコストのみに焦点を当てているのではなく，便益にも焦点を当てていると説明している（EEB, 2003：6）。

なった。RIA は欧州委員会が全体の調整を行いながら多くのアクターが RIA に関わる形で進められた。中小企業を含む産業界のみではなく，労働組合，環境・消費者NGO など開かれた利害関係者の参加するワーキング・グループが結成され，その上位グループが RIA 実施の監視を行った。RIA の実施には，化学産業だけでなく幅広い産業団体やアメリカや日本の産業団体も入ったコンソーシアムが関与し，自動車，フレキシブル包装，無機化学，電気といった４つの産業のサプライチェーン企業に対するトップダウンおよびボトムアップによるインタビューを行った。その結果，中小企業等は対応の難しさやコスト負担の大きさといった影響を受ける可能性があるものの，総じて REACH 規則による産業界への影響は対処可能であると評価された（KPMG, 2005：１-４, 23-36）。

このRIA によって，2005年春以降は利害関係者間で規制案に対する大枠の政治的合意が達成され，その後は利害関係者間で規制案をいかに実行可能なものにするかという調整が行われることになった[57]。企業側の見解の変化は，特に最も激しくロビイ活動を行った化学産業最大の業界団体である Cefic が REACH 規則に対する意見パンフレットにおいて，RIA の前後で批判的な見解からより肯定的な見解に内容を変化させたことにも表れている[58]。そして，REACH 規則は2000年に策定された EU 全体の経済・社会政策であるリスボン戦略にも合致する内容で，EU 域内の競争力を阻害するものではなくむしろ競争力を持つための前進とも理解されるようになった[59]。

共同決定手続き期間において，欧州議会内では９つの委員会で審議され，環境委員会が議論を主導し，産業委員会および域内市場委員会がそれに次ぐ役割を果たした。

(57)　European Commission DG Enterprise and Industry Unit REACH 職員インタビュー2013年３月19日，ENDS（2005b）；徳増（2006：８）。

(58)　Cefic による REACH 規則に関する意見パンフレットの論調は2004年５月の段階で批判的であったが（Cefic “REACH：Approach of the European Chemical Industry to an Effective New Chemicals Policy for Europe”），2005年５月の段階では相対的に肯定的になった（Cefic “Working better, Working for everyone：Recommendations to enable REACH to deliver in practice”）（Amcham REACH Committee 委員からの提供資料）。

(59)　REACH Workshop に関する欧州理事会議長国（当時）ルクセンブルクによるプレスリリース（“REACH Workshop：the Presidency concludes that REACH constitutes less of a brake than an asset for competitiveness in Europe.” 2005年５月12日，　http://www.eu2005.lu/en/actualites/communiques/2005/05/12reach-cdp/index.html　最終アクセス2017年12月28日）。

2005年のはじめからすべての委員会は公聴会を開始し，そこには欧州委員会，オランダ・アイルランド・ルクセンブルクの議長国，加盟国，産業界，コンサルタント，NGO，メディアの代表者を約1000人が出席した（ENDS, 2005a：56）。一方，同じ時期にEU 理事会では，アドホック・ワーキンググループの議論を経て主に環境理事会と競争力理事会で議論が行われ，競争力理事会が主導した(60)。競争力理事会では同じ時期にフランスの提案によって化学物質の登録や評価の計画といったREACH 規則の実施を担う，新たな組織（ECHA）の設立に向けた話し合いが開始された（ENDS：2005c）。

環境委員会でラポルトュールを務めたイタリア社会党の欧州議会議員であるグイド・サッコーニ（Guido Sacconi）は厳格な規制内容を含む修正提案を進めたが（ENDS, 2005a：57），中小企業対策には一定の配慮を示し(61)，中小企業に対する負担軽減策を成立させた。また，ヨーロッパ最大の化学業界を有しているドイツとの調整を慎重に行った(62)。これによって，議会内で党派を超えて合意を得ることに成功した(63)。

また，理事会でもこの期間に，競争力の確保と健康および環境の目的との間で一定の歩み寄りが図られた(64)。特に化学物質を登録する際にひとつの物質について複数の企業が登録すると無駄なコストが生じる点が批判されていたが，2004年７月にこうした登録コストを削減する手法としてイギリスおよびハンガリーによって共同提案された「一物質一登録制度（One Substance One Registration：OSOR）」によって，企業への負担が減らされることになったためである。OSOR は，イギリスが中心となって検討した案であり，試験データを有する企業が原則としてそれを共有する仕組みとして，中小企業の負担を軽減することもひとつの目的とされた（ENDS, 2004a；2004b；2004c；2004d）(65)。REACH 規則によって生じる中小企業の負担は加盟国にとって共通した課

(60)　2004年の段階で欧州委員会はリスボン戦略の観点からREACH 規則の議論を競争力理事会における議論として位置づけていた（European Commission, 2004：73）。
(61)　EurActive “Interview-Gurido Sacconi MEP on REACH” 2005年９月13日。
(62)　Member of the European Parliament, Green-EFA　2013年３月22日インタビュー。
(63)　EurActive “Cross-party agreement on REACH emerges in Parliament” 2005年11月10日.
(64)　International Herald Tribune “EU Readies New Bill on Chemicals” 2005年11月15日；ENDS（2005d）。
(65)　OSOR は，REACH 規則の実施コストを最低7700万ユーロ，おそらく63億1000万ユーロ削減できると試算した（ENDS, 2005a）。

題であり，主に環境 NGO が反対していた動物実験も最小限にできるため，企業に限らずほとんどの利害関係者に支持された。また，これとは別に１～10トンの物質に関して規制を緩和するターゲット・アプローチ，ヘルプデスクの設置やガイダンス文書の作成等について，中小企業が規制順守に向けた支援を実施について合意された。

欧州議会の各委員会において議論が進められた後，第一読会では2005年10月に環境委員会での採決が行われ，同年11月に本会議採決が行われた。その後，2005年11月各理事会で議論が行われ，同年12月に競争力理事会で政治合意が成立した。2006年以降は欧州議会および EU 理事会による第二読会において内容の具体的な合意形成が行われた。そして，2006年12月に REACH 規則は成立した（ENDS, 2007：47)。成立した規制内容は，企業に対する譲歩はあったものの，基本的には最初の提案が守られた（Selin, 2007：87)。REACH 規則は加盟国に直接適用される内容であるが，具体的な施行に向けた内容調整については前述した RIPs において，REACH 規則の内容を受けてその後も継続審議された。また，REACH 規則の実施を担う ECHA は，REACH 規則の施行に合わせて2007年６月１日にフィンランド・ヘルシンキに設立された。ECHA は独立した規制機関であり，REACH 規則の登録や手続きについての管理や調整を担い，加盟国および EU 機関に対して情報提供や科学的・技術的アドバイスを行う役割を担う。

4　化学物質の製造・使用に対する規制政策過程の比較分析

（1）日本と EU の比較

以上，２つの規制について，日本と EU の政策過程を検討してきた。以下では，第１章で示した枠組みに即して理解して観察されることを比較分析したい。なお，特に化審法2009年改正と REACH 規則成立の過程では，規制の実施やリスク評価に関するコストが企業負担の程度に大きく影響するため，RIA を通して利害関係者間で盛んに議論が行われた。このため，特にコストの論点にも焦点を当てて分析を行う。

まず，日本は経済産業省のイニシアチブによって化審法2009年改正の方向性を決める議論が進められた。この中では，企業や業界を含む利害関係者間でとの話し合いを行い，企業負担が軽くかつ合理性やコストを重視した実効性のある規制方針が固められた。具体的には，経済産業省が主導した化学物質政策基本問題小委員会において，化審法改正を見据えて「我が国なりの合理的なリスク評価体制を構築する」というリスク評価の制度に対する方針を示した点にそれが現れている。この方針は2009年改正の議論が合同委員会や WG で話し合われる際にも，引き継がれることになった。

こうした化審法改正における経済産業省の主導的な役割は，1973年に化審法が成立する以前から通商産業省がこうした化学品を扱う業界に対して行政指導を行うなどの権限を有しており，化審法制定にあたっても主導的な役割を果たしたことに加え，その後の改正にあたっても主導権を発揮してきたためであると考えられる。これにより，現在厚生労働省と環境省との共管体制がとられながらも，化審法2009年改正過程では初期の段階で経済産業省が主導権をとって，企業負担の押さえる方向性が形成されたといえる(66)。

また，コストの論点については，REACH 規則のような網羅型の規制との比較が焦点となった。先に確認したように，あらかじめ経済産業省の主導により利害関係者間で化審法2009年改正の基本的な方向性について，REACH 規則とは異なる独自の合理

(66)　ここで，やや長くなるが決定的分岐点において異なる経路がとられた場合について検討したい。本書では，歴史的制度論に基づいて一定範囲の規制を網羅的に分析する方法で少数事例の比較分析を行っているが，規制内容に影響を与えるとする日本と EU の制度配置のパターンをそれぞれひとつずつしか扱っていないため，いわゆる small-N 問題が生じる。このため，それぞれの事例において決定的分岐点で異なる選択がなされた場合について検討する必要がある。政治学の方法論では，同じ事例に対し実証したい仮説とは異なるが，一見妥当性があるような「架空」の論理で説明を試み，それではうまくいかないことを証明することで実証したい仮説の妥当性を証明しようとする「反実仮想」という手法が用いられる（加藤ほか（2014：67-70）。反実仮想が用いられた研究としてたとえば Carpenter（2001）や上川（2010）がある。）このため，第3章，4章，5章の各事例について，反実仮想を行いたい。以下，第3章の日本の事例についてである。もし仮に環境庁が設立された1971年の段階で，環境庁が政策立案に関しても，また実施に対しても環境規制の権限を十分に有していたならば，1971年末に起きた新潟県沖タンカー乗り上げ折損事故が生じた際に本格化した PCB 問題への対応の段階で各省庁をまとめる中心的な役割を果たしたものと考えられる。そしてその後，PCB 等の規制に関する法制化の動きが強まった際にも，化審法の制定において環境庁が主導的役割を果たしたと考えられる。そうなれば，環境庁は化審法を最初から所管し，その後の改正においても主導権を握っていただろう。この場合，環境庁は化学産業に対する発展を担う責任や権限を持ち合わせていないため，産業界の意見を通商産業省ほどは重視しなかったと考えられる。つまり，環境庁に政策立案及び実施に関する十分な規制権限が備わっていれば，化審法2009年改正においても産業界の意見はそれほど反映されなかったはずである。このため，改正内容はより厳しい内容になったと考えられる。

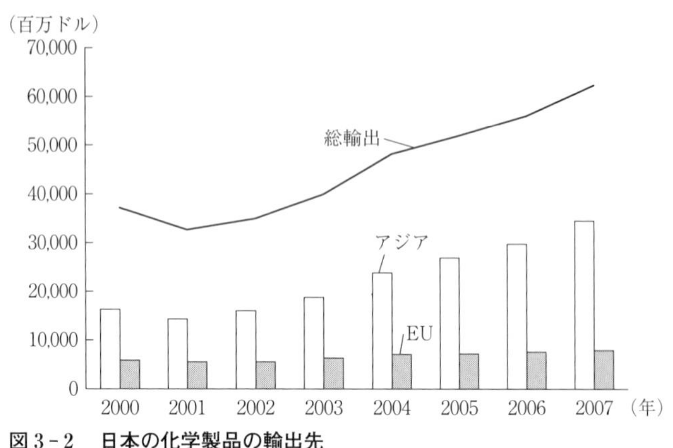

図3-2　日本の化学製品の輸出先

注：化学製品の定義については，本章注（3）を参照されたい。
出典：UN データベースから筆者作成。

的制度を目指すという方向性が形成されていた。その後の改正論議にあたり，利害関係者の間で検討された国がリスク評価を行う優先評価型（スクリーニング型）は，効率性，コスト，信頼性，健康，安心といった点であらゆるアクターの利害に一致する内容であった。こうしたアクターが有する選好とRIAによる優先評価型に対するポジティブな評価が合致したため，RIAが各アクターの認識を支持し選好を後押しする役割を果たした。このため，法案形成や国会議論の中でもアクター間の決定的な対立が生じることなく企業の負担を抑える規制手法がとられることになった。こうした規制手法は当時与党であった自民党にとってもこの改正法案は前回の改正を引き継ぐ内容であったため，自民党やその所属議員からは反対する意見は生じなかった。また，図3-2「日本の化学製品の輸出先」で示す通り，日本の化学製品は主にアジア向けであるため，輸出先との関係からも効率性・経済性の観点からして，日本の規制手法は理にかなったものであった。

さらに，法の実施に責任をもつ三省庁にとって，RIAにおいて行政コストが多くかかることが示された網羅型は，規制内容を着実に実施するという点において障害となる内容であった。このため，実施を担う経済産業省にとってスクリーニング型は三省にとって行政コストの観点から望ましい結論であった。このように日本では，法案作成の早期から被規制者が参加し実施までを見越した法案作成が行われたという点で，政策形成過程がボトムアップ的であったといえる。

一方，EU の場合は，1990年前後から加盟国の規制を統一するための新たな規制づくりの最初の段階で，欧州委員会とりわけ環境総局が主導権を握ってトップダウン的に改革の方向性が提示された。REACH 規則において，「ノーデータ，ノーマーケット（no data, no market）」という原則をとり，政策課題を具体的に設定している。こうして作成された白書は，企業負担の果たす責任が重い点で厳しい内容であり，その大枠の内容は基本的に最終決定まで維持されることになった。

環境総局と企業総局の双方が白書を担当したにもかかわらず，環境総局が主導的な役割を果たすことができたのは，REACH 規則の策定の議論が始まったのが単一欧州議定書の策定以降であり，新たな EU レベルの化学物質規制の必要性について多くの利害関係者の合意が形成されていたことが大きかったと考えられる。加盟国から EU レベルへと環境政策の権限が移行されたことで欧州委員会がイニシアチブをとることのできる制度的条件が整っていた。また，加盟国や企業を含めて化学品のスムーズな流通を行うために，新たな規制を形成する時期にあるという共通認識が形成されていた。特に REACH 規則に関しては対象とする領域の広さから加盟国や NGO など熱心に推進しようとする利害関係者も多かったため，環境総局が化学物質規制において主導権を発揮する条件が整っていたといえる(67)。

また，コストの論点について，EU では環境総局主導によって形成された白書の内

(67)　以下，EU の事例の決定的分岐点で異なる経路が選択された場合について検討したい。もし仮に，単一欧州議定書の段階で環境規制の制定が加盟国から EU レベルに移行せずに，加盟国が個別に化学物質規制を制定していたなら，1980年代後半以降に化学物質規制改革に関する加盟国の立場を超えた共通認識は形成されず，異なる規制内容が各国で並存する状況になっていたものと考えられる。このため，そもそも REACH 規則のような化学物質規制は成立しなかったであろう。また，単一欧州議定書の段階で欧州委員会に規制権限が移行した場合でも，環境総局に十分な政策立案権限が与えられていなかったならば，異なる規制内容になったものと考えられる。なぜなら，EU レベルの化学物質規制が策定されることになった場合には，企業総局がイニシアチブを発揮して企業負担がなるべく軽くなるようなやや緩やかな規制案が作成されたはずである。これをもとに共同決定手続きが進められた場合，環境を保護する立場を重視する国々から修正案が出されるとは考えられるものの，ドイツを代表とする大きな化学産業を有している，あるいはイタリアのような中小企業が多い国などの加盟国ごとの立場の違いや，議会で環境を保護するグループが多数派を形成していないことなどから考えると企業総局が主に作成した案に対して根本的な変更は難しかったと考えられる。つまり，欧州委員会，とりわけ環境総局に十分な規制権限が与えられていなかったならば，REACH 規則のような厳しい規制は成立しなかったであろう。

容をめぐってアクター間では大きく選好が異なっており，規制案が提案された後も規制案の成立が危ぶまれるほど特に産業界の負担に対する反発が大きかった。しかし，欧州委員会と産業界が合意の上で第三者機関に委託し，RIA の前提や方法についてアクター間で認識が共有された上で実施された RIA において，コストや競争力の問題も含めて規制が実行可能なものであると評価された。このため，RIA が主に産業界の認識を変化させ，規制に反対するのではなく，より規制を運用可能なものに働きかける方向へと選好へと変えた。これにより，REACH 規則の内容をめぐるアクター間の対立が和らぎ，成立に向けた実質的調整が行われることになった。その後の共同決定手続き期間でも，企業の技術革新や競争力が保たれるように中小企業に対する配慮が行われたことによって，リベラルと社民との間で企業に一定程度負担を求める政治的合意が形成された。このため，白書が形成された後の利害関係者の調整という点からは，日本より EU で RIA が政治的合意形成に有効に機能したといえる。

こうして成立した REACH 規則は加盟国に対して直接適用されたが，欧州委員会は実施に対する権限を持たないため，実質的な実施に向けた調整は RIPs で行われた。しかし，RIPs は REACH 規則の規制案が前提として議論が進められた。このため，議論に最初から参加していなかった川下企業は非常に不利な状況に置かれ，利害関係者間での調整は不十分であった。このように，EU では法案作成や実施に向けた調整を産業界がコミットした時期が遅かった点で，トップダウン的な政策形成であったといえる。

このように，本書の枠組みに即して考えると日本と EU では主導する規制者の違いや実施に対する権限の違いによって，政策形成の特徴も異なっていたことが明らかになった。つまり，日本では政策実施までの責任を担う経済産業省が主導的に政策形成を行い，企業との調整を行うボトムアップ的な立法が行われたため，緩やかな規制内容が成立した。一方，EU では環境総局が白書形成にあたって主導的な役割を果たし，その内容が最終的な規制内容にも引き継がれることになった。欧州委員会によって企業との調整はその過程で行われたものの，実施に向けた具体的ルール形成は最初に定められた方向性をもとに議論が進められるトップダウン的な決め方となったため，厳しい規制内容が成立することになった。これにより，既存化学物質に対する規制改革が共通の政策課題を有しながらも，成立した規制内容では日本に比べてEUで厳しい内容になったといえる。

（2）得られた知見

第3章では，日本の化審法2009年改正とEUのREACH規則の成立過程を分析することで，製造・使用段階の化学物質規制について検討を行った。

第1節では日本とEUの規制内容の違いや分析上の課題を示した。化審法2009年改正内容とREACH規則の内容を比較すると，リスク評価の対象範囲，リスク評価主体，情報提供範囲の3点で大きく異なっており，いずれもREACH規則の方が企業の説明責任が重いという点で厳しい内容であった。既存化学物質の規制改革という共通の政策課題に対応するための改革でありながら，こうした違いはなぜ生じるのかを分析することが本章の課題であることを示した。

次に，第2節，第3節では日本とEUの事例について検討を行った。まず，日本では，カネミ油症事件などPCBによる健康被害を契機として化審法が1973年に制定された際に，規制の実施に対しても権限を有した通商産業省が中心的な役割を果たし，その後の改正でも主導的役割を果たしたことを示した。この状況は2009年改正時にも引き継がれ，経済産業省が改正前の化学物質政策の利害関係者も交えた審議会において，リスク評価のあり方に関する方向性を定める役割を果たした。この議論は基本的に改正議論にも引き継がれたことから，緩やかな規制内容が成立した。

一方，EUでは加盟国ごとの化学物質政策と規制の複雑化が進み，EUレベルの統一的な規制を作る必要性が生じた。白書を形成する段階で環境総局がイニシアチブを発揮して厳しい内容を規制方針に掲げた。その後の議論において企業側の主張が組み入れられたものの，基本的に白書の内容が引き継がれることになったことから，厳しい規制内容が成立した。また，はじめに決められた規制内容に従って実施計画（RIPs）が定められたため，トップダウン的な政策形成となった。

最後に，第4節では第1章で示した分析枠組みをもとに，日本とEUの事例の比較分析を行った。その結果，日本では政策実施に対して権限を持つ経済産業省が，ボトムアップ的に政策形成を行い，EUでは政策実施に対して権限を持たない環境総局が，トップダウン的に政策形成を行ったことにより，日本の化審法2009年改正に比べて，EU の REACH 規則の方が厳しい規制内容が成立したことを示した。

第4章

電気電子製品に使用される化学物質に対する規制

第4章では，電気電子製品に使用される化学物質に対する規制について分析する。本章では，電気電子製品内に含まれる有害化学物質の削減が課題となった日本のJ-Moss 制定過程と EU の RoHS 指令の成立過程を分析することで，規制対象や規制方法に違いが生じた理由を明らかにする。まず，電気電子製品に使用される化学物質規制を概観し，日本と EU における規制の違いや分析上の課題を示す（第1節）。その上で，それぞれの規制成立前までの状況や課題を示し，日本の J-Moss 制定の過程と，EU の RoHS 指令の成立過程を検討する（第2節，第3節）。これらについて，第1章で示した分析枠組みを用いて，日本と EU の事例の比較分析を行いたい（第4節）。

1　電気電子製品に対する化学物質規制

電気電子製品に対する化学物質規制とは，電気電子機器に含まれる有害化学物質の使用に対する規制である。電機電子機器を製造する際に含まれる有害化学物質の存在は以前から認識されていたが，世界的にも製造量が増加しそれらが輸出入されることによって製品が広まる一方で，廃棄される際には前処理をされずに大量の廃電気電子機器の埋め立てや焼却が行われていることが1980年代から問題化してきた。

国際的にも E-Waste（電気電子機器廃棄物）問題に対する規制が認識されるようになり，特に2000年代から国を越えた取り組みが広まるようになった。その際に用いられたのが，1989年に締結され1992年に発効した「有害廃棄物の国境を越える移動及びその処分の規制に関するバーゼル条約」である。バーゼル条約は，もともと有害廃棄物の国境を越える移動によって生じる環境汚染などが1980年代に問題化して，OECD

及び国連環境計画（UNEP）が中心となって締結が行われた，有害廃棄物の国境を越える移動などを規制する枠組みや手続きを規定した条約である。（気候変動枠組条約）締結国会議（COP）の第7回会議（2001年11月）の決議では，電気電子廃棄物の削減及び環境上適正な処理推進のためのパートナーシップが最優先課題のひとつにあげられ，それによるプロジェクトが地域ごとに開始された。さらに第12回会議（2006年11月）にはE-Waste 問題の解決に向けてのナイロビ宣言が採択されたことで，一層国際的な取り組みが強化されようとしている。

こうした電気電子機器廃棄物に含まれる有害化学物質に対する規制は，日本やEUにおいても存在していなかった。日本では，使用済み製品に対する規制として，家電リサイクル法，資源有効利用促進法，廃棄物処理法によって処理が進められてきたためほとんど問題視されてこなかったが，国際的な議論の高まりや一部が回収されずに廃棄物として埋め立て処分されている状況に対応する必要が生じた。また，EU 各国では廃電気電子機器の約90％が前処理を行わずに埋め立てや焼却が行われている状況にあり，埋め立て場や焼却場の環境汚染問題が深刻化する状況にあった。また，国ごとに法整備の状況が異なっており統一した規制を作る必要性があった。

こうした状況下において，電気電子製品に含まれる有害化学物質に対する規制として2006年に成立した日本の資源有効利用促進法政省令改正（特に J-Moss）と EU で2003年に発効した電気電子機器における特定有害物質の使用制限指令（RoHS 指令[1]）は，その対象製品の範囲や規制方法について異なっている（表4-1「J-Moss と RoHS 指令の内容比較」）。具体的には，次の3点にまとめられる。

第一に，規制レベルである。日本の J-Moss においては，新たな法律を制定せずにJIS 規格を政省令に組み込み，資源有効利用促進法の政省令改正という形で対応が行われた。一方，EU の RoHS 指令では，EU 法の二次法として制定され，加盟国においても国内法化された。つまり，J-Moss では JIS 規格が省令に引用されることによって規制されている。このため，業界が主導的にその内容を決めることができる。また，違反に対しても基本的に「指導及び助言」が行われ，著しく不十分な場合に勧

（1） RoHS 指令はその後も改正されているが，ここでは2003年に発効した通称 RoHS 1を対象とする。

表4－1　J-Moss と RoHS 指令の内容比較

	資源有効利用促進法施行令改正（J-Moss，2006年）	RoHS 指令（2003年）
規制レベル	JIS 規格を政省令に組み込む形での改正（罰則は基本的に軽い）	EU 法（二次法）を国内法化（国内法によっては厳しい罰則）
対象製品	PC など7製品	医療機器及び制御機器を除く，電気電子機器
方　法	対象6物質が含まれる場合は，含有マークと情報提供の義務づけ	対象6物質の使用を原則制限

出典：筆者作成。

告，公表，命令，罰金（50万円以下）の措置がとられるが(2)，基本的に違反に対する罰則の内容は軽い。これに対し，RoHS 指令では EU レベルで決まった内容が国内法によって規制されて，違反した場合には加盟国ごとに定められた罰則が科されることになる。たとえば，違反製品の上市に対してドイツでは罰金最大5万ユーロ，フランスでは罰金1500ユーロが課せられており，加盟国によっては罰則が重くなっている。

第二に，対象製品の範囲である。J-Moss においては，パソコン，エアコン，テレビ，冷蔵庫，洗濯機，電子レンジ，衣類乾燥機という七品目が対象になったのに対して，RoHS 指令では，医療機器及び制御機器を除くほぼすべての電気電子機器が対象になった。つまり，J-Moss では一部の大型家庭用家電が対象となっただけであったのに対し，RoHS 指令では，大型家電用電気製品（冷蔵庫，洗濯機，食器洗い機，電子レンジなど），小型家電用電気製品（掃除機，アイロン，ドライヤー，時計など），情報技術・電気通信機器（パソコン，プリンター，コピー機，電話機など），消費者用機器（ラジオ，テレビ，ビデオカメラ，楽器など），照明機器（蛍光灯，ランプなど），電気・電子工具（電気ドリル，ミシンなど），玩具・レジャー・スポーツ機器（テレビゲーム，サイクリング用品など），自動販売機（飲料自動販売機，食品自動販売機，現金自動引出機など）というほ

（2）「勧告」以上の措置は，年間の製造，輸入販売台数が政令に定められている数以上の事業者に対してとられる。たとえば，PC 1万台，エアコン5万台，テレビ5万台，冷蔵庫5万台，洗濯機5万台，電子レンジ1万台，衣類乾燥機1千台である。つまり，罰則措置に関しては，零細事業者に対する裾切りが行われている。

とんどの電気電子機器が対象となっている。

第三に，規制の方法である。J-Mossでは対象とする6有害物質が含まれている場合に，含有マークと情報提供が義務づけられているのに対して，RoHS指令では対象とする6有害物質の使用を原則制限している。つまり，J-Mossでは対象物質を含有されていてもマークの表示と情報提供を行えば，製品を上市してもよいのに対して，RoHS指令では対象物質を含有している製品は原則として上市できない。なお，対象となる6物質（鉛及びその化合物，水銀及びその化合物，カドミウム及びその化合物，六価クロム化合物，PBB，PBDE）に関しては，J-MossとRoHS指令は共通している。

このように，J-MossとRoHS指令の内容を比較すると，規制レベル，対象製品の範囲，規制方法のいずれにおいても，日本に比べてEUで厳しい電子電機製品への化学物質規制が成立していることがわかる。

こうした電気電子製品に含有される有害化学物質の規制が共通の政策課題であった中で成立した化学物質規制について，日本よりEUで厳しい規制が成立したのはなぜなのであろうか。本章では，電子電機製品に対する化学物質規制改革について日本で2006年に制定されたJ-MossおよびEUで2003年に成立したRoHS指令の政策過程を事例として，第1章で示した分析枠組みを用いて両規制の政策過程を分析する。

2　日本におけるJ-Mossの制定過程

（1）経緯と課題

日本における廃棄物処理は，高度経済成長期に発生したごみ問題に対応するために，1970年のいわゆる公害国会で「廃棄物の処理及び清掃に関する法律（以下，廃棄物処理法)」が制定され，それに基づいて管理されてきた。廃棄物処理法はもともと1954年に定められた清掃法がもとになっており[3]，公衆衛生やごみ問題を管轄していた厚生省がその後の廃棄物処理行政を引き続き管轄していた。その後，廃棄物処理法は1976

（3）清掃法は，1900年に伝染病の蔓延を防ぐ目的で制定された汚物掃除法がもとになっている。

年に大きく改正が行われて規制が強化されたが，1980年代に入るとリサイクルの観点が全く組み込まれていない点が問題視されるようになった。廃棄物処理法は，廃棄物の処分の段階に傾斜し，発生抑制のシステムが欠如しており（阿部，1989a：31），また当時はリサイクルに関して定める法律が存在していなかったため，これに対応する法律の必要性が認識されるようになった(4)。

このため，通商産業省が中心となって1991年に制定されたのが「再生資源の利用の促進に関する法律（再生資源利用促進法，通称リサイクル法。以下，再生資源利用促進法）」である（通商産業省立地公害局，1993）。再生資源利用法は，資源の有効な利用の確保を図るとともに，初めて廃棄物の発生抑制とリサイクルの促進を目的とする点で新しい視点にたっており，廃棄物処理法と相補的な関係性をもつ内容といえる。しかし，第5章で詳しく検討するように，同時期に進められて産業界の反対にあった廃棄物処理法の1991年改正に対して，「業界の意向を背景にした」立法とされ(5)，その実効性については一部で疑問視されていた(6)。

1990年代後半になると，日本のリサイクル法制について次のような問題が認識されるようになった。第一に，廃棄物行政とリサイクル行政が分断されている点である（浅野ほか，1998）。前述したように廃棄物行政はごみ問題であるために厚生省が管轄し，リサイクル行政は産業が関わるために通商産業省が管轄してきた。廃棄物の発生抑制と処理を一連の流れで考えると両者が一体的に運用されることが望ましいが，それぞれが別々に運用されてきた。これについては，セクショナリズムの問題(7)やリサイクルに関する厚生省の権限の弱さといった問題(8)が指摘されていた。

第二に，再生資源利用促進法が基本的に行政指導を行う法律であり，規制として限

（4）　たとえば，リサイクルとの関係の中で廃棄物処理法をどのように変えていくべきかについて，後藤典弘（国立公害研究所環境情報部長）は廃棄物処理法とは別にリサイクルに関する新たな法律の必要性について述べている（寄本・高月・後藤，1989：24-25）。

（5）　「『直接指導』消えた　業界猛反発　廃棄物処理法改正，後退の厚生省案」『朝日新聞』1991年2月17日。

（6）　森島昭夫（上智大学教授）の発言（大塚ほか，1998：40）。

（7）　森島昭夫（上智大学教授）は，リサイクル行政と廃棄物行政の分離は役所の縄張り争いからきていると指摘する（同前書：40）。

（8）　寄本勝美（早稲田大学政経学部教授）は，リサイクルの権限が各省庁に分かれており，厚生省の権限がわずかであり，むしろ通産省や農水省の権限の存在を指摘する（寄本・高月・後藤，1989：25）。

界があるという点である[9]。再生資源利用促進法は勧告を中心とはしているものの，基本的に各業種について所管する官庁による行政指導の法律であり，リサイクルの中でも一部しか対象としていないという点が問題視された。リサイクルの目標は設定されているものの基準そのものは厳格ではなく，被規制者に対して強制力がないという点も，再生資源利用促進法に内在する限界であるとも指摘された[10]。

このため，1990年代末頃から日本のリサイクル法制の見直しが本格的に進められることになった[11]。まず，1997年11月に環境庁中央環境審議会が報告書「廃棄物に係る環境負荷低減対策の在り方について（第一次答申）」を作成した[12]。この中では，廃棄物の最終処分場に関する議論を出発点とするものの，廃棄物対策全般について検討が行われ，最終処分に関する基準の見直し，有害化学物質を含む使用済み製品に起因する環境負荷の削減方策，総合的・体系的な廃棄物・リサイクル対策の基本的方向について答申が行われた。また，結論として「廃棄物・リサイクルが一体となった望ましい物質循環を促進する総合法制の樹立」が課題とされた。

また，これを受けて翌1998年１月に中央環境審議会廃棄物部会にワーキンググループが設置されて審議が重ねられた。それにより作られた基本的なたたき台をもとに，夏から秋にかけて意見公募や団体ヒアリングといった意見募集結果を踏まえた上で1999年１月に取りまとめられた。そして，1999年３月に報告書「総合的体系的な廃棄物・リサイクル対策の基本的考え方」が環境庁水質保全局長に提出された[13]。この報告書は，廃棄物とリサイクルが一体となった物質循環システムを目指した内容であり，環境庁は廃棄物処理法とリサイクル法の上位に置く基本法の制定を想定していたが，当時他省庁の抵抗が強かったため，「2001年に厚生省から廃棄物処理の権限が環境省に移ってから検討」（水質保全局）と先送りすることになった[14]。

（９）リサイクル法に関する大塚直（早稲田大学教授）の説明（大塚ほか，1998：41）。

（10）森島氏の日本のリサイクル法に関する発言（大塚ほか，1998：40）。

（11）循環基本法成立までの経緯については，大塚（2000：２－３）で簡潔にまとめられている。

（12）「廃棄物に係る環境負荷低減対策の在り方について」（第１次答申）〈概要〉（環境省 HP http://www.env.go.jp/council/former/tousin/haiki1.html 最終アクセス2017年12月28日）。

（13）中央環境審議会廃棄物部会「総合的体系的な廃棄物・リサイクル対策の基本的考え方に関するとりまとめ」平成11年３月10日。環境省ホームページ http://www.env.go.jp/press/files/jp/1566.html（最終アクセス2017年12月28日）。

一方これと同じ時期に，通商産業省および厚生省でも再生資源利用促進法と廃棄物処理法の法改正を目指した審議会での議論が始められ，報告書が出された。通商産業省では，産業構造審議会地球環境部会，廃棄物リサイクル合同基本問題小委員会において1998年６月から一年近い議論を経て『循環経済ビジョン――循環型経済システムの構築に向けて』と題する報告書が出された（通商産業省環境立地局編，2000）。この中では，循環型経済システムを形成するために，従来のリサイクル対策の強化に加えて，省資源化や長寿命化による廃棄物の発生抑制対策（リデュース），製品や部品の再使用（リユース）などの本格的導入が提言された。一方，厚生省では，生活環境審議会廃棄物部会において，1998年10月から同じく一年近い議論を経て「当面講ずるべき廃棄物対策について（中間報告）」と題する報告書を提出した（北村，2000：49）。この中では，廃棄物減量化の推進，排出事業者責任の徹底とそのための規制強化，公的主体の関与による産業廃棄物処理施設の整備促進が課題とされた。

1999年10月に自自公政権が発足し，政策合意文書に2000年度を「循環型社会元年」に位置づけて，基本的枠組みとしての法律の制定も図ることが明記されたことから[15]，廃棄物・リサイクル関連の基本法を策定する政治的気運が高まった。三党は作業部会を発足させ，翌年の通常国会に提出するための準備を始めた。また，自民党も11月に基本法の策定に対して最も熱心であった公明党の法案作成を知って，政府に法案づくりを依頼し，環境庁が事務局となり法案作成に取り組むようになった[16]。

与党内では作成された法案が対立し，公明党・自由党案は実効性を重視する内容であったのに対し，環境庁が中心となって作成した政府案（自民党案）は理念を重視する内容であった。つまり，公明党・自由党案は基本法内で具体的な案を盛り込んだ内容が示す法案であったのに対し，自民党案では基本法内では考え方等について示すものの，具体的な内容については個別法で定めるという法案であった。これは，基本法

(14)　「なるか『循環型社会元年』」『朝日新聞』2000年１月４日。
(15)　「三党連立政権合意書・全文　自自公連立政権発足」『朝日新聞』1999年10月５日。
(16)　それまで「リサイクル法の改定で循環型社会の構築に取り組む」と書かれた文書を議員たちに配り，基本法に反対していた通産省も「省庁間で調整してまとめたい」（リサイクル推進課）として，結局環境庁が事務局になって政府案をまとめることになった。（「なるか『循環型社会元年』」『朝日新聞』2000年１月４日。）

の中に実効性のある内容を入れることを経済界が嫌っていたこと[17]や，各リサイクル法を有する省庁がもともと基本法の策定に前向きではなく個別法に立ち入られることを嫌っていたことによる。実際に，環境庁が作成した素案では，デポジット制やごみの有料化など具体案が盛り込まれたが，各省庁の反対によって削除された[18]。

与党内で議論が進められた結果，部分的に公明党・自民党案の内容が採用されたものの，基本的には理念型の自民党案が「循環型社会形成推進法案」として閣議決定された（2000年4月14日）。その後，国会において審議が進み，2000年5月26日に参議院本会議において原案通りで可決成立した。

この循環型社会形成推進法に伴って各種リサイクル法の改正が個別の省庁によって進められ，2000年の通常国会において改正や新たな制定が行われた。具体的には，通産省が中心となり，これまでの再生資源利用促進法を改め，資源の有効な利用の促進に関する法律（資源有効利用促進法，通称3R法。以下，資源有効利用促進法）が制定された。また，厚生省が中心となり廃棄物処理法が改正されるなど，建築資材，食品といった個別のリサイクル法についても各省庁により改正が進められた。

このように，日本では廃棄物行政とリサイクル行政は分離して発展しており，特に製品に関わるリサイクル法制に関しては通商産業省が主導的な役割を果たしてきた。2000年に制定された資源有効利用促進法では，従来のリサイクル対策が強化されるとともに，製品の省資源化・長寿命化などによる廃棄物の発生抑制（リデュース）対策や，回収した製品からの部品等の再利用（リユース）対策が新たに講じられた。しかし，従来の事業者の自主努力を促進するという行政指導中心の性質は変わっておらず，技術的・経済的にリサイクルできるもののみに対象を絞っているため，それほど厳しい性質をもっているとはいえない（大塚，2000：14）。また，リサイクル行政において環境庁が限られた権限しか有していないため，企業に対して負担をかけてリサイクルを義務づけたり，違反した場合に罰則を設けたりするような規制が策定されにくい状

(17) たとえば経団連は，1999年12月に厚生省の審議会に「使用済み製品の回収・処理・リサイクルにかかる費用の一切を製造者に直接負わせることには反対」との文書を提出した（「なるか『循環型社会元年』」『朝日新聞』2000年1月4日）。また，基本法に実効性を持たせることにも難色を示した（「自民 VS. 自由，公明　与党の循環型社会法案で対立」『朝日新聞』2000年2月24日）。
(18) 「自民 VS. 自由，公明　与党の循環型社会法案で対立」同前。

況にあったといえる。

（2）制定までの過程

①具体的検討が始められるまで（〜1990年代末）

日本の化学物質規制では，電気電子機器に含有される有害化学物質は各種法律の中で管理されていると認識されていたため，そもそも問題とされていなかった[19]。たとえば，電気電子機器の製造に使用される「難分解性の性情を有し，かつ，人の健康及び動植物の生息域若しくは生育を損なうおそれのある化学物質（PCB等）」については，化学物質審査規制法において規制され，それらは使用中に暴露するものではないと考えられてきた。また，「製品の使用中に人の健康に係る被害が生じるおそれがある物質（有機水銀等）」については，「有害物質を含有する家庭用品の規制に関する法律」の中で当該物質の使用が規制されている。さらに，使用済み製品の廃棄後については廃棄物処理法において廃棄物処理基準が設けられ，鉛，水銀，カドミウム，六価クロムなどの物質について的確に処理されていると認識されていた。

しかし，ヨーロッパにおいてWEEE指令やRoHS指令が制定され，同様の規制が中国やアメリカなどに広がる中，日本においても製品中に含有される化学物質規制の必要性が特に企業を中心とした利害関係者の間で認識されるようになった。特に大手家電や情報メーカーは，製品輸出の際にEU市場の規模は無視できないため，RoHS指令制定を見越して，1990年代末から鉛の大幅な削減への対応を進めており，2000年代初頭には全廃を目指す企業も現れていた[20]。また，日本の技術力全体を底上げするためにも規制を導入する必要があるのではないかと考える大手企業も現れるようになった[21]。

---

(19)　「第1回製品3Rシステム高度化WG　配布資料　資料7」平成17年1月25日。

(20)　この時期のNEC，日立製作所，ソニー，松下電器といった大手企業における鉛削減に対する対応について，たとえば以下で取り上げられている。「大手家電や情報メーカー，鉛使用を大幅削減：欧州環境規制に対応」『日本経済新聞』1999年10月7日，「松下，鉛はんだ全廃：AV機器，2002年度末までに」『日本経済新聞』2000年4月22日。

(21)　社団法人電子情報技術産業協会（JEITA）元環境部職員インタビュー2014年6月30日。

②制度検討の初期段階（2000年代初頭～前半）

このため，2000年代前半から経済産業省と業界団体が連携して具体的な制度づくりがはじめられた[22]。経済産業省がイニシアチブをとり，「即時の使用禁止措置ではなく有害物質を管理する仕組みが重要である」という基本的な視点にたって制度設計が行われた[23]。つまり，RoHS 指令のような製品の使用禁止ではなく，情報公開を進めていく手段がとられた。こうした手段がとられたのは，代替物質に切り替えるためには企業のコストがかかることや，リサイクルの効率が高まること，消費者に対する情報開示といった理由による[24]。特にコストの問題は日本の部品メーカーにとって大きな課題であった[25]。当時，世界の部品市場のシェアの半分は日本の企業によって占められていたが，日本の部品メーカーや材料メーカーのほとんどは中小企業である。すでに使用されている物質を禁止した場合，こうしたメーカーは代替物質に切り替えるための技術開発のコストを負担することは難しい状況にあった。

また，この際に経済産業省は，法律を新たに制定するのではなく既存の資源有効利用促進法の政令・省令を改正し，その中に日本工業規格（Japanese Industrial Standards：JIS。以下，JIS）を組み込むことによって規制する方針を定めた[26]。これは，法律の中で規制するよりも JIS で規定したものを政省令に組み込む方が，細かく内容を定めることができる上，法改正よりも早く制定することが可能となるためである[27]。またこの方法だと，その後状況が変化することがあっても内容を変える手続きが法改正よりも簡素化されているため，内容の機動性が確保されるという利点があった[28]。大企業の中には，海外からの粗悪品が入ってこなくなり自社にとって有利になるとの考えから法規制化することに賛成する企業もあったが，中小企業は新たな法律を制定することを嫌がる企業も多く，JIS 規格化は歓迎された[29]。

---

(22) JIS 作成の経緯については，吉田（2006：18-19）；日本規格協会発行「電気・電子機器の特定の化学物質の含有表示方法 JIS C 0950」における解説を参考にした。
(23) 吉田（2006：18）。
(24) 吉田（2006：18），JEITA 環境部職員インタビュー2014年5月19日。
(25) 社団法人 JEITA 元環境部職員インタビュー2014年6月30日。
(26) 社団法人 JEITA 元環境部職員インタビュー2014年6月30日。
(27) 同前。
(28) 社団法人 JEITA 環境委員会職員インタビュー2014年5月19日。

JIS 規格化については，2004年4月に電気・電子機器の業界団体[30]において製品含有化学物質規制ワーキンググループ（WG）が立ち上げられ，具体的な表示規格の作成の準備を行った。その後，社団法人電子情報技術産業協会（JEITA）が事務局となって，2004年10月に JIS 化に向けた JIS 規格作成分科会が発足され議論が進められた。この議論に基づき，2005年4月に企業有識者，業界団体代表（製造業，リサイクラー），学識者，経済産業省，環境省，消費者団体代表からなる JIS 原案作成委員会（委員長：椿広計筑波大学教授）が構成された。その作業部会として企業有識者，業界団体代表からなる JIS 原案作成分科会（分科会主査：吉田幸一ソニー株式会社 環境・CSR 戦略グループシニア環境渉外マネージャー）が構成され，さらに具体的な内容について検討が行われた。なお，作業部会には経済産業省産業技術産業局職員がオブザーバとして参加した。

③審議会における検討から制定まで（2005年～2006年3月）

JIS 化の動きが承認されたのは，経済産業省に2005年1月から設置された産業構造審議会環境部会廃棄物・リサイクル小委員会製品3R システム高度化ワーキンググループ（以下，3R 高度化 WG）においてである。3R 高度化 WG は，製品のライフサイクル全体のシステムにおいて，資源消費・廃棄物発生・環境負荷を最小化するために製品ごとの3R（リデュース，リユース，リサイクル）システムの高度化のための措置を検討することを目的として設置され，産業界，学識経験者，市民セクタ代表，マスコミの計19人で構成された（座長：永田勝也早稲田大学理工学部教授）。主な議題は，環境配慮情報の共有・活用のあり方，製品に関する環境情報ニーズへの対応のあり方，国際標準化等への対応のあり方という3つであったが，この中で電気電子製品に含有される有害化学物質の規制も議題のひとつとされた。なお，この WG には環境省廃棄物・リサイクル対策部リサイクル推進室長もオブザーバとして出席していた。

---

(29)　同前。

(30)　社団法人電子情報技術産業協会（JEITA），財団法人家電製品協会（AEHA），情報通信ネットワーク産業協会（CIAJ），社団法人ビジネス機械・情報システム産業協会（JBMIA），社団法人日本電機工業会（JEMA），社団法人日本冷凍空調工業会（JRAIA）の6団体。

WGでは，先行するEUにおけるRoHS指令の内容についても議論された。WG発足当初から経済産業省はEUにおけるRoHS指令について，適用除外制度の存在から環境中への排出抑制効果が高くない，科学的なリスク評価が必ずしも行われていない，代替物質の安全性の検証が不十分といった制度上の問題点を指摘していた(31)。これに対して，環境省担当者は明確な意見を表明しなかった(32)。またRoHS指令の内容について，市民セクタ代表からは「RoHS指令に問題があるからといって取り組まないよりは取り組んだ方がいい」(33)という肯定的意見が出された。その一方で，産業界からは「従来から電気・電子機器メーカーは製品に含有される特定化学物質には配慮してきた。欧州向けだけでなくすべての地域向けの製品でRoHS指令に対応する必要があるが，（日本における制度設計においては）製品に含有される特定化学物質を正しく開示する仕組みが必要，国際的な規制との整合性，有用な物質の一律な使用規制はすべきでない，追加的コストがかからない，という四点が重要である」(34)といった主旨の意見が出された。

こうした議論を受けて2005年４月に作成された「中間とりまとめ案」では，製品に含有される化学物質規制への対応に関する具体的な方向性として次のような内容が示された(35)。まず，EUにおけるRoHS指令のような使用制限措置をそのまま採用する必然性は低いが，資源の有効利用の質を高めるという観点から，日本では製品に含有される化学物質の情報について管理し，物質情報を開示・モニタリングする仕組みを目指すべきであるとされた。また，具体的な制度設計については，国際整合性の観点も踏まえながら対象となる物質を選定し，情報開示の方法として含有マークの表示や

(31) 「第１回製品３Rシステム高度化WG　配布資料　資料７」平成17年１月25日。

(32) 椋田哲史委員（社団法人日本衛材団体連合会環境・技術本部本部長）から「経済産業省のRoHS指令に対する意見と，環境省の意見は同じなのか」と問われた際に，藤井康弘環境省廃棄物・リサイクル対策部リサイクル推進室長は「環境省としては，現在どのような対応が必要か検討中である」として明確な意見を述べなかった（「第１回製品３Rシステム高度化WG　議事録」平成17年１月25日）。

(33) 高見幸子委員（国際NGOナチュラル・ステップ・インターナショナル日本支部代表）の発言（「第１回製品３Rシステム高度化WG　議事録」平成17年１月25日）。

(34) 大鶴英嗣委員（社団法人電子情報技術産業協会環境・安全総合委員会委員長）の発言（「第２回製品３Rシステム高度化WG　議事録」平成17年２月21日）。

(35) 「グリーン・プロダクト・チェーンの実現に向けて――産業構造審議会環境部会廃棄物・リサイクル小委員会 製品３Rシステム高度化WG中間とりまとめ（案）」：８-９ページ（「第４回製品３Rシステム高度化WG　資料６」平成17年４月12日）。

カタログやウェブサイトでの詳細情報の表示についてあげられた。このように，基本的には経済産業省や産業界の意見が反映された内容であったといえる。

その後，第6回 WG で JIS 原案作成委員会において検討中の J-Moss の内容が検討された。ここでは J-Moss 制度設計における基本的視点として，率先対応する企業の取り組みが評価されるものであること，EU と同じ禁止措置は現段階で必要ないこと，将来的な広がりを見据えた対応であること，という3点が示されると同時に，規制対象物質は国際的整合性を重視して RoHS 指令同様の6物質にすることや，含有マークについて示された(36)。またリサイクラーからは，特定の物質使用を禁止することによる代替物質への転換が，かえってこれまでにない課題やリスクを誘発する可能性がある点が指摘された(37)。これらに対して委員からは抜本的な修正を求める反対意見は出されなかった(38)。

最終的に JIS 化が了承されたのは，2005年8月に開催された第7回製品3R システム高度化 WG であった（吉田，2006：18）。製品に含有される情報開示を進めていくことと，表示の方法といった技術的事項に属するものについては機動的な対応を確保するという観点からも法律ではなく JIS 規格によって規定することが了承された。

一方，環境省でも2005年4月から「製品中の有害物質に起因する環境負荷の低減方策に関する検討会」（座長：新美育文明治大学法学部教授）を開き，廃電気電子機器による環境汚染の低減方策を検討する研究会を発足させた。学識経験者，企業有識者，自治体関係者によって構成され(39)，4回にわたって議論が行われたのち，報告書がまとめられた（環境省・(財) 日本環境衛生センター，2005)。この中で当面講じるべき方策としてあげられたのは，資源有効利用促進法を活用することによる有害物質関連情報の

(36)　吉田幸一（特定化学物質の含有表示の規格作成分科会主査，ソニー株式会社）「電気・電子機器の特定の化学物質の含有表示について」（「第6回製品システム高度化ワーキンググループ　資料3」平成17年7月7日）

(37)　島田和明（同和鉱業株式会社執行役員リサイクル事業部部長）「電気製品の DfE について：環境・リサイクル事業者の立場から」（「第6回製品システム高度化ワーキンググループ　資料4」平成17年7月7日）

(38)　「第6回製品システム高度化ワーキンググループ議事録」平成17年7月7日。

(39)　経済産業省商務情報政策局情報通信機器課職員もオブザーバとして参加した（環境省・(財) 日本環境衛生センター，2005：41)。

提供で，具体的にはRoHS指令の対象6物質（鉛やカドミウムなど）を一定割合以上含有する大型家電製品やパソコンについて，製造事業者及び輸入販売業者に対し，有害物質含有を示すマークの表示など情報開示を求めるという，製品システム高度化WGが出した結論と矛盾しない内容であった。

その後，JIS制定については前述したJIS原案作成分科会において個別企業及び各業界団体の意見がまとめられ，対象物質が含まれる製品に含有表示する方法の詳細が定まった。それ受けて，JIS原案作成委員会による審議を経た結果，2005年12月に経済産業省大臣からその内容が適当であると認められたことによって，「電気・電子機器の特定の化学物質の含有表示方法の規格」が制定された。

経済産業省は2006年3月に資源有効利用促進法の政省令を一部改正し，対象製品に関して対象6物質に関する含有物質の表示を事業者に義務づけることになった。このようにJ-Mossの内容は，経済産業省が規制の方針について主導的な役割を果たし，JIS規格の実質的な内容は業界内で決められた。中身は対象物質と製品含有基準値についてはRoHS指令と全く同じであるため，国際的な整合性については重視されたといえるものの，対象製品や規制方法については全く異なる制度となった。

3　EUにおけるRoHS指令の制定過程

（1）経緯と課題

電気電子機器に含まれる有害化学物質規制（RoHS指令）は，製品規制に関する政策課題がもともと存在したのではなく，電気電子機器廃棄物（E-Waste）の処理問題に対する規制から派生して生まれた規制である。このため，以下ではEUの廃棄物処理政策の経緯を検討する。

EUレベルの廃棄物規制は，1970年代半ばから進められてきた[40]。加盟国間で廃棄物処理法に隔たりがあったため，環境への影響や域内市場の発展のために廃棄物の再生や処理について包括的に統合する必要が生じた。こうした状況に対応するため，

（40）EUにおける1970年代から90年代前半までの廃棄物政策については，田中監修（1996）を参照した。

「廃棄物に関する指令（Council Directive 75/442/EEC of 15 July 1975 on waste。以下，廃棄物指令）」が1975年に制定された。廃棄物指令では，廃棄物の再生や処分によって人の健康や環境に悪影響を及ぼすことの内容に必要な措置を講じることを求めている。具体的には，廃棄物処理の計画，組織，許可，監視について責任を負う規制当局を設置し，廃棄物管理，処理施設，取扱い事業者などについて管理することを課す内容である。ここでの廃棄物処理とは，「単純に廃棄物を捨てることではなく，その保管・排出から収集・選別・輸送・処理さらに再生等の再利用も含む」とされ，リサイクルの内容も含んでいる。この指令は加盟国の廃棄物規制法の基礎となった。

また，特に有害性があったり危険性を有したりする廃棄物について，適切に処理しなければ健康上の支障，水質への悪影響，爆発などの危険性があることが次第に明らかになってきたことから，欧州委員会によって作成され1973年と1977年に出された第一次，および第二次環境行動計画において有害・危険廃棄物の規制の必要性が提起された。これにより，特に有害性や危険性が認められる廃棄物に関する規制方法が検討され，「有害・危険廃棄物に関する指令（Council Directive 78/319/EEC of 20 March 1978 on toxic and dangerous waste。以下，有害廃棄物指令）」が1978年に制定された。有害廃棄物指令は基本的に廃棄物指令を大筋で踏襲したものであるが，特に有害性や危険性が認められる廃棄物について厳格な規制が課されることになった。

しかしその後，電気電子製品を含む廃棄物の増加やリサイクルや再利用の促進の必要性が生じたため，1990年代初め頃から欧州委員会や加盟国内で家電などの廃棄物処理問題が利害関係者間で認識されるようになった。まず，欧州委員会は1989年にEU理事会と欧州議会に対するコミュニケーションペーパー「廃棄物管理に対する共同体戦略」を出した（European Commission, 1989）。この中では，廃棄物処理に関して効果的なリサイクルや再利用を進める必要性があることや，EUレベルの規制の調和化の必要性についてまとめられた内容である。これに対してEU理事会は，欧州委員会のコミュニケーションペーパーを支持し，1990年5月に廃棄物に関するEU理事会決議（90/C 122/02）を制定した。この決議では，欧州委員会に対して廃棄物指令などの改正や，廃棄物用焼却炉の基準の調和化，廃電気電子機器への対策など緊急に行うことを促す内容であった。

決議を受けて既存の廃棄物関連の指令も修正されることになった。廃棄物指令は，1991年に改正された（Directive 91/156/EEC）。この中では，廃棄物の定義の明確化，リサイクル・再利用の一層の促進と廃棄物の発生抑制，廃棄物の放棄や投棄に対する処分，廃棄物処分施設のネットワーク化の確立といった内容が改訂された。また，有害廃棄物指令も，1991年に「有害廃棄物に関する指令（Directive 91/689/EEC）」として改正された[41]。この中では，これまでの有害・危険廃棄物（toxic and dangerous waste）を有害廃棄物（hazardous waste）という包括的な用語に変更し，有害廃棄物の定義に加盟国各国での解釈の余地をなくすことや，廃棄物の発生抑制とリサイクルの必要性に新たな重点を置くといった内容が改訂された。

このようにEUレベルの廃棄物規制には1970年代からリサイクルの内容も含まれていたが，1990年頃を境として，EUレベルの廃棄物処理政策は新たな見直しの時期に入り，従来の廃棄物処理に加えてリサイクルに重点を置く新しい政策へと見直されることになった。こうした時期に電気電子製品に含まれる化学物質に対する規制も検討が行われるようになった。

（2）制定までの過程

①欧州委員会による提案（1990年代前半〜2000年6月）

欧州委員会内では，前述した1990年5月に出された廃棄物に関する理事会決議（90/C 122/02）を契機として環境総局（当時はDG XI）がイニシアチブを発揮して電気電子製品に関する廃棄物問題に対する規制案の作成が開始された[42]。

まず，欧州委員会は1991年に加盟国政府，製造業者，廃売店，環境団体，消費者などの利害関係者から構成される「優先的廃棄物排出減に関する作業部会（Priority Waste Stream Working Group）」を設立し，EUレベルの廃電気電子機器政策について検討を開始した（European Commission, 1995：11； Tupper, 1999：121-122; Biedenkopf, 2011：

(41) これに伴い，有害・危険廃棄物に関する指令（78/319/EEC）は廃止された。

(42) 戸澤（2003：81），European Commission DG Enterprise and Industry Unit Chemical Industry 職員インタビュー（2014年2月11日），欧州委員会環境総局（廃棄物管理・リサイクル部）職員インタビュー（2014年2月11日），ORGALIME, Adviser インタビュー2014年2月12日。

38)。作業部会は，電気電子機器の技術の進化に伴い，時代遅れとなるまでの製品寿命がますます短くなっていくことが予想され，今後もこれら製品の廃棄物の排出量が増え続けるという前提と，廃電気・電気機器にはリカバリーと再利用の余地がまだまだ残されているとの判断のもとで検討が重ねられた（JETRO, 2005：1）。

この作業部会では，特に1994年1月から1995年7月にかけて，利害関係者の間で廃棄物問題について5回の公式な会議が開かれ，欧州委員会に対する情報文書と勧告がまとめられた(43)。勧告の大まかな結論は，EU レベルにおける何らかの電気電子機器に対する規制が必要という内容であったが，作業部会の中でも見解は分かれており，消費者や環境 NGO，加盟国の意見より産業界の意見が反映されたものとなった(44)。

当時，EU レベルでは第四次環境基本計画（1987～1992年），第五次環境基本計画（1992～2000年）に沿って廃棄物管理政策が進められていた。第五次環境基本計画に沿って欧州委員会によってまとめられたコミュニケーションペーパー「廃棄物管理に関する共同体戦略のレヴュー」では，廃棄物政策の原則について次の点が示された（European Commission, 1996：6‐8）。EU レベルの廃棄物政策の目的は，予防原則に基づき，廃棄物内のハザード物質を削減すると同時に，人間の健康や環境に対するリスクを防ぐということである。また，再使用，リサイクル，エネルギーの再生利用を含む形で再生利用の概念を用いること，さらに拡大生産者責任（producer responsibility）に基づき，生産者は製品のライフサイクルのあらゆる段階において収集，再利用，リサイクル，廃棄の必要な行動をとる必要があることを示した。

一方，当時の加盟国では1990年代に電気電子製品に含まれる化学物質規制に関する立法がそれぞれ進められた（European Commission, 2000b）。これらは，RoHS 指令で対象となった6物質である鉛，水銀，カドミウム，六価クロム，PBB，PBDE に関する規制を含んでいる。鉛については，デンマークで鉛物質を含む製品の全面的な禁止を含む規制案が検討されており，スウェーデンで多くの製品に含まれる鉛の使用を段階的になくすイニシアチブが存在していた。またオーストリアでは，化学肥料に含ま

(43)　DG XI, "Proposal a Directive on Waste from Electrical and Electronic Products", Orientation Paper, 27 January 1997, p.3（DG Environment アーカイブ資料）。

(44)　同前。

れる鉛と下水汚泥の使用に関する制限が存在した。水銀については，オーストリアがランプに含まれる水銀について規制しており，オランダでは1998年に製品に含まれる水銀の全般的な段階的廃止を制定していた。カドミウムについては，1993年にオーストラリアで一部製品へのカドミウムの使用を禁止する法令が制定され，オランダでも似た法令が1999年に制定された。PBB は1993年にオーストリアで使用が禁止されており，PBDE はドイツにおいて化学業界が自主的に1989年使用中止の自主的公約をしているため，事実上使用が禁止されていた。また，スウェーデンでは PBB と PBDE の使用禁止について検討されていた。このように，加盟国内では電子電機製品に含まれる化学物質をすべてカバーする規制は存在していなかったが，一部の規制や規制を作る動きは一部の国にあった。

環境総局内では，1997年１月の段階で加盟国レベルに比べて EU レベルにおける規制制定の難しさが認識されながらも，そのメリットについては，域内市場の断片化を防ぐ，廃棄物データの調和化，回収システムの確立，（有害化学物質の規制による環境にやさしい）代替物質使用の推進，中長期的なリサイクル・再利用・回収目標の設定などがあげられた[45]。このような状況から環境総局内では，解決策として①行動しない，② EU レベルでの産業界の取り決めを行う，③各国と産業界で取り決めを行う，④指令を作るという四案が検討された。加盟国における規制が進む一方で①では域内市場の断片化を招いてしまうこと，②では包括的な規制を形成することが難しいこと，③では実効性が担保されにくいことが指摘されたが，④では合意形成に時間がかかるという問題点があった。しかし，加盟国に先駆けて欧州委員会が包括的な指令を作る意義が認識されたことで，指令案作成が進められることになった[46]。なお，1997年２月には EU 理事会も先のコミュニケーションペーパー（European Commission, 1996）の内容を支持し，廃棄物政策について欧州委員会を中心として進めるように求めた（Council of the European Union, 1997）。

---

(45)　DG XI, “Proposal a Directive on Waste from Electrical and Electronic Products”, Orientation Paper, 27 January 1997, pp. 4 - 5（DG Environment アーカイブ資料）。

(46)　DG XI,“Proposal a Directive on Waste from Electrical and Electronic Products”, Orientation Paper, 27 January 1997, pp. 5 - 6（DG Environment アーカイブ資料）。

環境総局は指令案作成に先立ち，複数のパイロットテストに基づいて新たな指令に関する費用便益分析を行った。1997年6月に作成された「廃電気電子機器の再生利用：経済的・環境的影響（“Recovery of WEEE：Economic & Environmental Impact”）」に製品に含まれる有害化学物質の規制について，鉛の代用物質使用の有用性について評価した(47)。また，同じ報告書の中では，毎年EU域内で廃棄される600万トンの廃電気電子機器のうち，16万2000トンが重金属であるとした上で，個別物質の特性についてもまとめられた(48)。この中では特に鉛，カドミウム，水銀，ハロゲン化難燃剤の毒性は高く，また廃電気電子機器にも多く含まれることが示された。

環境総局内でRoHS指令，WEEE指令の最初のドラフトであるワーキングペーパー（Working Paper on the Management of Waste from Electrical and Electronic Equipment）が作成されたのは，1997年10月である（Tupper, 1999：122-123）。環境総局は，当初電気電子機器に含有される化学物質規制と，廃電気電子機器のリサイクル規制をひとつの指令によって制定しようとしていた。このため，目的は廃電気電子機器による汚染を避け，廃電気電子機器を減らすために再利用，リサイクル，その他の形式の再生を行い，処理技術の環境性能を改善することとされた(49)。また，製品への含有を規制する有害化学物質の範囲もリサイクル対象とする製品の範囲も非常に広く網羅的な内容であり，産業界の法的義務は有害化学物質規制についてもリサイクルについても非常に重い制度設計になっており(50)，予防原則や拡大生産者責任が反映された内容といえる。

ワーキングペーパーが作成された後，1998年4月に第一次ドラフト，1998年7月に

(47)　DG XI, Note for the Attention to Mr Krämer, Head of Unit DGXI from Jos Delbeke, Head of Unit DG XI Directorate B-1 Economic analyses and environmental forward studies, “Waste Electrical and Electronic Equipment：An Economic Evaluation”, XI.B.1/KF/bc D（98）/136, Brussels. 4 March 1998, p. 3（DG Environment アーカイブ資料）。

(48)　DG XI, Note to Ms Frommer, Director, from Ludwing Krämer, Head of Unit DG XI Directorate E-3 Waste management, “Cost/Benefit Analysis for Waste Electrical and Electronic Equipment（WEEE）”, E 3/FE D（98）, Brussels. 18 December 1998.（DG Environment アーカイブ資料）。

(49)　DG XI, “Working Paper on the management of Waste from Electrical and Electronic Equipment”, 9 October 1997, p. 1（DG Environment アーカイブ資料）。

(50)　DG XI, “Working Paper on the management of Waste from Electrical and Electronic Equipment”, 9 October 1997, pp. 2-5, 8-9（DG Environment アーカイブ資料）。

第二次ドラフト，1999年7月に第三次ドラフト，2000年5月に第四次ドラフトを経て，2000年6月13日にRoHS指令案，WEEE指令案が採択されるまで，何度も内容修正が行われた。こうした修正は，利害関係者間でEUレベルの指令の必要性について認識されながらも，それぞれのアクターが有する利害が異なっていたために生じたものである[51]。1999年7月8日にドラフト提案に関する総局間協議（interservice consultation）が開始され，主たる調整相手であった企業総局は特に立法範囲，製品への物質の使用禁止，生産者責任の程度について反対していた。また，貿易総局と域内市場総局も製品への物質の使用禁止について反対していた。また，環境NGOはEUレベルの指令制定に向けた強い圧力が環境総局に向けられる一方で，産業界はドラフトの内容の様々な条件について反対していた。

利害関係者との検討を重ねるに伴い，徐々に製品への有害化学物質の範囲は限定されることになった。初めのワーキングペーパーでは，有害物質について網羅的に使用を禁止しようとしたのに対して[52]，第一次および第二次ドラフトでは，鉛，水銀，カドミウム，六価クロム，ハロゲン化難燃剤を禁止するとして，禁止物質の範囲を狭めた[53]。さらに，第三次ドラフトではハロゲン化難燃剤をPBB，PBDEs（ポリブロモジフェニルエーテル類）に限るとして，徐々に物質を限定したことで，実際に規制された6物質の形になった[54]。また，ドラフトが進むにつれて除外規定についても増えていった。このことは，環境総局が立案当初の意図とは異なる案も検討して対象とする範囲が絞られていったことを示している。たとえば第三次ドラフト作成後に環境総局の意図とは異なる企業総局が求める段階的除去について，当初規定されていなかった

(51) 以下のアクターの立場や主張については，次の資料を参照した。DG XI, Staff meeting documents "Draft Proposal for a Directive on Waste Electrical and Electronic Equipment（WEEE)", 21 December 1999, pp. 1-2（DG Environment アーカイブ資料）。

(52) DG XI, "Working Paper on the management of Waste from Electrical and Electronic Equipment", 9 October 1997, p. 9（Annex II）（DG Environment アーカイブ資料）。

(53) DG XI, First Draft "Proposal for a Directive on Waste from Electrical and Electronic Equipment" Article 4 paragraph 3, 21 April 1998；DG XI, Second Draft "Proposal for a Directive on Waste from Electrical and Electronic Equipment" Article 4 paragraph 3, 28 July 1998（ともに，DG Environment アーカイブ資料）。

(54) European Commission, "Draft proposal of 05. 07. 1999 for a European Parliament and Council Directive. 1.. on Waste Electrical and Electronic Equipment amending Directive 76/769/EEC" Article 4 paragraph 4, 5 July 1999（JMC environment Update, Vol. 1 No. 3, 1999. 9）。

PBBとPBDEsに関する除外規定を設けることや禁止開始の期間を遅らせることもオプションとして検討している[55]。

しかし最終的には，物質の使用制限を完全になくすことを主張していた企業総局に対して[56]，第三次ドラフトの段階で6物質の使用を制限するという環境総局の案が通されることになった。RoHS指令の最終提案に関する説明資料では，「(WEEE指令によって適切にリサイクルが行われたとしても) 有害化学物質は健康および環境へのリスクを引き起こす。このため，これらの物質を代用することが有害物質に関連する健康と環境へのリスクを顕著に削減するための最も有効な方法である」(European Commission, 2000b) とされた上で，鉛，カドミウム，水銀，六価クロム，PBB，PBDEを使用した製品の上市を2008年1月1日以降禁止する規制案を示した (European Commission, 2000c)。

また，指令案提案の最終段階では，製品中の特定物質の使用を規制する指令とリサイクルを規制する指令は，根拠法規を分ける観点から別々に提案されることになった。つまり，これまで一緒に扱われていたEC条約第95条 (EU機能条約114条，以下同様) に基づく製品中の特定物質に関するRoHS指令とEC条約175条 (EU機能条約192条，以下同様) に基づくリサイクルに関するWEEE指令とは分けて提出されることになった。なぜなら，根拠規定の相違は国内規定の内容に影響を与えるためである。域内市場の確立を目的とするEC条約95条が根拠とされると，加盟国内でそれ以上に厳しい法律を作ってはいけない。一方，環境保護を目的とするEC条約175条が根拠とされると，加盟国内でそれ以上に厳しい内容を定めることができる。根拠法規については，ドラフト作成の段階で様々な案が出されて議論が進められた。たとえば，第三次ドラフト内で環境総局は双方を95条と175条両方に基づくものとしようとしたが，この時期に企業総局は双方を95条に基づくものにしようとしていた[57]。しかし，最終的には

(55) DG XI, Staff meeting documents "Draft Proposal for a Directive on Waste Electrical and Electronic Equipment (WEEE)", 21 December 1999, p. 2 (DG Environment アーカイブ資料)。
(56) DG XI, Staff meeting documents "Waste Electrical and Electronic Equipment (WEEE) Options", 21 December 1999 (DG Environment アーカイブ資料)。
(57) DG XI, Staff meeting documents "Waste Electrical and Electronic Equipment (WEEE) Options", 21 December 1999, (DG Environment アーカイブ資料)。

特に WEEE 指令について現在の加盟国における規制の多様性に対応できるようにするために，RoHS 指令を95条，WEEE 指令を175条と根拠法規を分け，別々の指令にすることになった[58]。

②共同決定手続き期間（2000年６月～2013年１月）

2000年６月13日に RoHS 指令案が正式提案されると，EU 理事会と欧州議会による共同決定手続きに移行した。

提案作成段階に引き続き共同決定手続き期間中も，根拠法規，規制の開始時期，特定の物質など様々な除外規定などについて議論が行われ，企業にとって重い負担が課される内容については，欧州域外の産業界も巻き込んで激しいロビイ運動が行われた（藤井，2009)。まず根拠法規について，スウェーデンやオーストリアのように現行法で厳しい規制を有する加盟国では RoHS 指令も175条にすることを求めていた。しかし，根拠法規が175条になってより厳しい物質に対する使用規制を導入する国が生じると，企業は国ごとに対応を変える必要が生じるため，欧州機械電気電子金属加工連合会（ORGALIME）を中心として反対活動が行われた[59]。また，ヨーロッパの産業界の中で中心的にロビイ活動を行った ORGALIME[60]は，物質の一律使用禁止ではなく，段階的な使用中止を求める主張を行った[61]。さらに，鉛の例外的使用を認める措置の追加に関しては，ORGALIME や欧州家電工業会（CECED），欧州情報通信民生電子技術産業協会（EICTA）といったヨーロッパ域内の産業団体が主張したほか[62]，在欧日系ビジネス協議会（JBCE），アメリカ電子協会（AeA）といったヨーロッパ域外の産業団体もそれぞれ共同のポジションペーパーで例外要求に関する活動を行った（藤

---

(58) European Commission DG Enterprise and Industry, Unit Chemical Industry 職員インタビュー（2014年２月11日）

(59) ORGALIME は第一読会に際した公聴会や（JMC Environment Update, Vol. 2 No. 4, 2000： 4），ポジションペーパー（“ORGALIME/CECED/EACEM/EICTA joint statement on results of Environment Committee votes on WEEE and RoHS”, 18 April 2001.）でもそのように主張し，欧州議会がこれを採択しなかったことを支持した（EurActive, “Parliament clears way for tougher electroscrap legislation”, 17/05/2001.）。

(60) European Commission DG Enterprise and Industry, Unit Chemical Industry 職員インタビュー（2014年２月11日）

(61) ORGALIME, Aduiser インタビュー（2014年２月12日）。

井，2009：140-143)。

一方，規制強化を求める消費者団体や環境NGOによってもロビイ運動が行われた。特に環境NGOである欧州環境事務局（European Environmental Bureau：EEB）は欧州委員会の提案に対して意見冊子を作成し，環境保護強化のために両指令を統合して175条を根拠法規とするべきこと，カバーする範囲を広くすることなどを主張した（EEB, 2001)。また第二読会に際しては，規制開始時期を2006年にすることや，除外項目に対する再検討，コミトロジー手続きにおいて物質をさらに追加して指令に組み込むことなどを求めるなど(63)，期間全体にわたって中心的に活動を行った(64)。

2000年6月以降欧州議会では，環境・公衆衛生・消費者政策委員会と産業・対外通商・研究・エネルギー委員会において議論が行われたが，ドイツCDUのフローレンツ（K. H. Florenz）議員がラポルトュールを務める環境・公衆衛生・消費者政策委員会で主な議論が行われた。環境・公衆衛生・消費者政策委員会では10月19日には公聴会が開催され，産業界（メーカー，小売店，リサイクル業者等)，消費者団体，環境NGOの代表者が意見を述べた(65)。その後の継続審議によって委員会内での議論がまとめられた後，2001年5月の第一読会において対象物質の使用製品の上市禁止を2008年から2006年に早める，罰則規定の設置などの修正を加えた上でRoHS指令案が採択された(66)。

一方，環境理事会では2000年9月にワーキンググループが設置され，議長国のフランスを中心としてRoHS指令の法拠を175条にして両指令を一本化する案などが継続的に話し合われた(67)。その後審議が続けられ，2001年6月に対象物質の使用製品の上市禁止を2008年から2007年に早めるといった修正を含むRoHS指令案について環境理

(62)　ORGALIME, Aduiserインタビュー（2014年2月12日)。ORGALIME, CECED, EACEM（European Association of Consumer Electronics Manufacturers), EICTAによるポジションペーパー（“ORGALIME/CECED/EACEM/EICTA joint statement on results of Environment Committee votes on WEEE and RoHS”, 18 April 2001.)

(63)　EurActive, “NGOs call for stricter rules on electronic waste”, 04/02/2002.

(64)　Member of the European Parliament, Green-EFAインタビュー（2014年2月5日)。

(65)　JMC Environmental Update, Vol. 2 No. 4（2000. 11), p.4.

(66)　EurActive, “Parliament clears way for tougher electroscrap legislation”, 17/ 05/ 2001.；ENDS（2001a：48)

(67)　JMC Environment Update Vol. 2 No. 5（2001. 1), p.3.

事会内で合意に達し[68]，正式な共通の立場はその後の調整を経て同年12月に採択された。議論されていた指令の一本化は結局まとまらず，現行法制でより厳しい規制内容を有しているスウェーデンとデンマークについてはそのままの規制が認められることとなったため，その後は争点にならなくなった（戸澤，2003：86）。

2001年12月にEU理事会の共通の立場が欧州議会に送られた後に，2002年から本格的な議論が始まった第二読会では，欧州議会内で再び環境・公衆衛生・消費者政策委員会において議論が進められた。また，委員会内の議論が2002年3月にまとめられた後，同年4月にいくつかの修正点が加えられた上で，採択された。その後，EU理事会は議会の修正案を認めない結論を出したため，2002年9月から欧州議会代表とEU理事会代表による調停委員会が開かれることになった。両者は10月11日に合意に達し，11月8日に共同草案が承認された。これに基づく第三読会において，EU理事会では12月16日，欧州議会では12月18日に承認されたことにより，2003年2月13日の官報掲載をもって最終的に発効した。

RoHS指令は，除外項目の設定や対象物質を有する製品の上市を禁止にする時期について変更はあったものの，基本的には規制案の内容が引き継がれるものであった。具体的には，対象物質を鉛，カドミウム，水銀，六価クロム，PBB，PBDEにし，対象機器はWEEE指令の対象から医療機器（カテゴリー8）と監視制御機器（カテゴリー9）を除いたものが対象となった。また，欧州議会とEU理事会の要求の間をとって規制の開始時期を2006年7月1日からとした。

共同決定手続きまでに，RoHS指令の対象物質や除外項目について大枠は決められたが，閾値（有害物質混入の許容限度），正確な対象範囲，用語の定義などは決められていないため，欧州委員会内の技術適用委員会（Technical Adaptation Committee：TAC）でのコミトロジー手続きにおいて決まることになった。いずれも規制内容の中で重要な位置づけにあり，RoHS指令に基づいてTACの委員である欧州委員会と加盟国の専門家を中心に，企業など利害関係者にも意見を求めながら議論が進められた。この内容に基づいて，2004年8月13日までにRoHS指令の国内法化が進められること

(68) EurActive, “Ministers for Environment agree on electroscrap legislation” 08/06/2001.；ENDS (2001b：38).

になった。

4　電気電子製品に使用される化学物質に対する規制政策過程の比較分析

（1）日本とEUの比較

以上，電気電子機器に含まれる有害化学物質に対する規制について，日本とEUにおける政策過程を検討してきた。以下では，第1章で示した分析枠組みに即して観察されることを比較分析したい。

まず，日本のJ-Mossについては，業界団体のRoHS指令対応が先行する形で，経済産業省と業界団体が連携して具体的な制度作りが進んだ。そして，経済産業省のイニシアチブによって製品に含有される物質の使用を禁止するのではなく，情報公開を進める手段がとられることになった。また，新たな法律制定ではなく，既存の資源有効利用促進法の政省令を改正し，JIS規格を組み込むという規制方針がとられることになった。こうした方針は，有害化学物質削減の目標に沿うというよりも，部品メーカーや材料メーカーのほとんどを占める中小企業を含めた様々な企業が対応しやすいという点が優先されたといえる。JIS規格の実質的な内容は業界団体によって作成され，こうした規制方針や規制内容については，産業構造審議会環境部会廃棄物・リサイクル小委員会製品3Rシステム高度化ワーキンググループにおいて後から承認される形となった。また，議論の中ではRoHS指令への対応の必要性は認識されながらも，実質的にはRoHS指令の内容に否定的な評価を行った経済産業省と業界団体の意見が通り，日本独自の対応を行うことになった。

こうした電気電子製品に含有される化学物質規制において発揮された経済産業省の主導権は，リサイクル行政が廃棄物行政とは分離されて発展してきたために，リサイクル行政を業所管省庁が有しており，環境省の権限が限定的であることによる。環境省は循環型社会形成推進法の制定において中心的役割を担ったが，実質的な内容を含めることはできず理念的な内容に留まったのに対して，再生資源利用促進法が改正された資源有効利用促進法は経済産業省が中心的役割を果たして制定された内容であり，その中で実質的な内容が規定されている。また，循環型社会形成推進法の制定段階で与党であった自民党の意見が通っているため，再生資源利用推進法および資源有効利用促進法も自民党の立場を踏襲していたといえる。このため，資源有効利用促進法の政省令改正についても自民党やその所属議員の選好に反しない内容であったと考えられることから，特に反対が生じなかった。したがって，J-Moss の制定においても経済産業省が中心的な役割を担ったといえる(69)。

また，規制の実施についても経済産業省が業界団体や企業に対して行政指導を行う形がリサイクル政策において引き継がれている。資源有効利用促進法は，主に業界の自主的な取り組みを促進する行政指導を基本とする法律であり，規制そのものは厳格な内容とはいえない。J-Moss も業界団体と経済産業省が連携して形成された規制であり，資源有効利用促進法の政省令改正という形で形成された J-Moss においても，基本的にその形が引き継がれることになったといえる。実際に，中小企業を含むすべての企業が対応しやすいような規制方針がとられ，業界内で策定された基準が法律の中に組み込まれることになった。

次に，EU における RoHS 指令では，環境総局が電気電子製品に関する廃棄物問題に対して主導権を発揮して規制案が作成された。まず，環境総局が中心となり利害関係者の意見を集約した上で指令を作成するという規制方針が策定された。それに沿って，環境総局内では指令案のドラフト作成が行われ，利害関係者との話し合いを続けながらそのバージョンアップが図られた。指令案の策定過程では，産業界や企業総局から指令内容に対する反対意見も出されたものの，最終的な指令案の内容には環境総局の意向が強く反映された。その後の共同決定手続き期間においても，利害関係者か

---

(69) 以下，電気電子製品に使用される化学物質規制について，日本の決定的分岐点で異なる経路が選択された場合を検討したい。もし仮に，環境庁が設立段階から環境規制の権限を十分に有していたならば，1980年代にリサイクルが法制上の問題になった段階で通商産業省や厚生労働省との間で所管争いが生じる事もなく，環境庁が中心的となって対応を行い，リサイクルに関する法律を所管することになったであろう。また，1990年代末頃から検討された循環型社会形成推進法の策定においても，環境庁が中心的な役割を果たして各省庁の調整役を務め，内容においても理念に留まらず，実質的な枠組みについて規定し，日本のリサイクル法制の全体像を描くことができたものと考えられる。このように考えると，電気電子製品に関する有害化学物質規制についても，J-Moss の制定そのものが JIS 規格のような産業界が主体的に関わって定めるものではない形になっていた可能性が高い。つまり，環境庁に十分な規制権限が備わっていたならば，J-Moss はそれほど産業界の意向が組みこまれなかったものと考えられる。このため，規制内容もより厳しい内容になったものと考えられる。

ら様々な要求やロビイ活動が生じたため，除外項目の設定や対象物質を有する製品の上市を禁止する時期について変更はあったものの，基本的には規制案の内容が引き継がれるものであった。

こうしたRoHS指令制定における環境総局のイニシアチブは，1970年代半ばという比較的早い段階からEUレベルでの廃棄物とリサイクルが一体的に規制されたこと，および環境総局の権限が確立した1980年代後半以降に従来の廃棄物政策からリサイクルに重点を置く新たな政策へと見直される必要性が生じたことによる。RoHS指令が策定され始めた当時，EUレベルの規制を制定する上で廃棄物問題とリサイクル問題が一体的に解決される必要性が加盟国の間でも認識されていた。こうした時に，かねてからこの問題に取り組んでいた環境総局が報告書や問題提起によって，EUの廃棄物政策の理念を反映させる政策形成を主導的に行った(70)。

また，指令の策定にあたっては，理念が先行されて実施に向けた議論は後から調整されることになった。最初に予防原則や拡大生産者責任といったEUの廃棄物政策の理念に沿って指令ドラフトのワーキングペーパーが作成されたため，その内容は非常に厳しいものであり，その後の利害関係者との話し合いが重ねられることによって，提案内容が徐々に現実的な内容にシフトした。また，技術的な内容を含む除外規定についても共同決定手続き期間内に新たな変更が一部で加えられていた。さらに指令制定後もTACで詳細な内容が規定されているため，理念先行型の政策立案であったといえる。

このように本研究の分析枠組みに即して理解すると，日本とEUでは主導する規制

(70)　以下，電気電子製品に使用される化学物質規制について，EUの決定的分岐点で異なる経路が選択された場合を検討したい。もし仮に，単一欧州議定書以降に欧州委員会の規制権限が確立されなかったならば，加盟国における独自規制は統一されないまま進んでいたものと考えられる。つまり，RoHS指令が導入される前のような各国で異なる規制基準によって電気電子製品に使用される化学物質を規制する状況が続いていただろう。また仮に，統一した規制が形成されようとした場合でも，加盟国の思惑が交錯して，規制内容に対する政治的合意が形成されにくい状況が生じたと考えられる。また，欧州委員会の中でも環境総局に十分な政策立案権限が与えられていなかったならば，EUレベルの製品中有害化学物質規制が策定されることになった際に，企業総局が中心的な役割を果たしたと考えられる。この場合，新たな規制に対して予防原則や拡大生産者責任といった環境総局が重視した理念が大いに反映されることもなかったはずである。つまり，欧州委員会とりわけ環境総局に十分な規制権限が与えられていなかったならば，RoHS指令のような厳しい規制は成立しなかったであろう。このため，EUではより緩やかな規制が成立したはずである。

者の違いや実施に対する権限の違いによって規制内容が異なっていたといえる。つまり，日本においては経済産業省がイニシアチブを発揮して業界と連携して規制を作成したことにより，ボトムアップ的に政策が形成されすべての企業に対応しやすいような緩やかな規制が成立した。一方，EU においては環境総局がイニシアチブを発揮して理念を優先させた規制案を作成したことにより，トップダウン的に政策が形成され，厳しい規制が成立した。このことにより，同じ電気電子製品に含まれる有害化学物質の規制という政策課題に対して，規制対象や規制方法について異なる内容が成立するという帰結の違いがうまれた。

（2）得られた知見

本章では，電気電子製品に含まれる有害化学物質の削減が課題となった日本の J-Moss 制定過程と EU の RoHS 指令の成立過程を比較分析することで，規制対象や規制方法に違いが生じた理由を明らかにした。

まず，第1節では電気電子製品に使用される化学物質規制を概観し，日本と EU における規制の違いや分析上の課題を示した。両規制は規制対象となる物質の種類は共通しているものの，規制レベル，対象製品の範囲，規制の方法のいずれの観点から検討しても日本より EU の方が厳しい内容の規制が成立したことを示した。これまで製品に含有される化学物質規制が存在しない中で成立した規制にもかかわらず，こうした違いが生じた理由を明らかにすることが本章の課題であることを示した。

これを踏まえて第2節と第3節ではそれぞれの規制の成立過程について検討した。日本については，リサイクル政策が廃棄物政策と切り離されて発展し，製品リサイクルの法制定においては通商産業省が中心的な役割を果たし，行政指導を中心とした実施が行われてきた。このため，J-Moss 策定の際には経済産業省と業界団体が連携して政策立案を行い，比較的緩やかな規制が成立したことを示した。

一方，EU では早くから EU レベルの廃棄物問題がリサイクル問題とともに取り組まれており，環境総局の役割が制度的に確立した時期に従来の廃棄物処理だけではなくリサイクルが重視される政策へシフトする必要性が生じたことを示した。これにより，環境総局が電気電子機器の廃棄問題においても中心的な役割を果たすことになり，

EU の廃棄物政策の理念を先行させる規制立案を進めたため，厳しい規制が成立することになった。

最後に第4節では，両規制の成立過程を第1章で示した分析枠組みを用いて，比較分析を行った。この結果，日本では実施までの権限を有する経済産業省がイニシアチブを発揮してボトムアップ的に政策形成を行い，EU では実施までの権限を持たない環境総局がイニシアチブを発揮してトップダウン的に政策形成を行ったことにより，日本より EU で厳しい規制が成立したことを示した。

第5章

廃電気電子製品に含まれる化学物質に対する規制

第５章では，化学物質を含む電気電子製品の廃棄・排出に対する規制について分析する。本章では，化学物質を含む電気電子製品の廃棄・排出のリサイクルが課題となった日本の家電リサイクル法の制定過程とEUのWEEE指令の成立過程を分析することで，規制対象や規制方法に違いが生じた理由を明らかにする。まず，電気電子製品の破棄・排出に対する化学物質規制を概観し，日本とEUにおける規制の違いや分析上の課題を示す（第１節）。その上で，それぞれの規制成立前までの状況や課題を示し，日本の家電リサイクル法制定の過程と，EUのWEEE指令の成立過程を検討する（第２節，第３節）。これらについて，第１章で示した分析枠組みを用いて，日本とEUの事例の比較分析を行いたい（第４節）。

なお，本章の内容は，電気電子製品に使用される化学物質に対する規制を扱った第４章の内容と関連する部分が多いため，重複する内容については適宜省略し，特に電気電子製品の廃棄・排出に関わる内容に焦点を当てて検討する。

1　電気電子製品の廃棄排出に対する化学物質規制

第４章でも検討したように，電気電子製品の廃棄・排出問題は使用量や廃棄量の増加が顕著になった1980年代から国内の政策課題として浮上し，1990年代以降に国際社会の中でも様々な取り組みが進められるようになった。

化学物質を含む電気電子製品の廃棄排出に対する規制は，政策課題にのぼりながらも日本においてもEUにおいても1990年代後半まで規制が存在していなかった。日本では，年間60万トンという大量に廃棄される家電のほとんどがそのまま埋め立てられ

表5-1 家電リサイクル法とWEEE指令の内容比較

	家電リサイクル法（1998年）	WEEE指令（2003年）
対象製品	冷蔵庫など大型家電4品目	ほぼすべての電気・電子機器（約90品目）
回収達成義務	回収達成義務なし	回収達成義務あり
廃棄時のリサイクルコストの負担	廃棄者	企　業

出典：筆者作成。

ている状況や最終埋立地の容量の限界に関する問題が深刻化するようになった。また，前述の通りEU各国でも廃電気・電子機器の約90％が前処理を行わずに埋め立てや焼却が行われている状況にあり，埋め立て場や焼却場の環境汚染問題が深刻化する状況にあった。また，国ごとにリサイクルの進め方や法整備の状況が異なっていたため，統一した規制を作る必要性があった。

こうした状況において，化学物質を含む電気電子製品の廃棄排出に対する規制として，1998年に日本で成立した特定家庭用機器再商品化法（家電リサイクル法）と，2003年にEUで発効した廃電気電子機器に関する指令（WEEE指令）[1]では，その対象製品の範囲や規制方法について異なっている（表5-1「家電リサイクル法とWEEE指令の内容比較」）。具体的には，次の3点である。

第一に，規制対象となる製品の範囲である。家電リサイクル法では，テレビ，冷蔵庫，洗濯機，エアコンの4製品が規制対象になったのに対して，WEEE指令ではほぼすべての電気電子製品（約90品目）が規制対象になった。具体的に，WEEE指令で対象となる製品は，大型家電用電気製品（冷蔵庫，洗濯機，食器洗い機，電子レンジなど），小型家電用電気製品（掃除機，アイロン，ドライヤー，時計など），情報技術・電気通信機器（パソコン，プリンター，コピー機，電話機など），消費者用機器（ラジオ，テレビ，ビデオカメラ，楽器など），照明機器（蛍光灯，ランプなど），電気・電子工具（電気ドリル，ミシンなど），玩具・レジャー・スポーツ器機（テレビゲーム，サイクリング用品など），医療機器（透析機器，核医学機器，モニタ機器など），監視・制御機器（煙探知機，暖房調

（1） WEEE指令はその後も改正されているが，ここでは2003年に発効した通称WEEE 1を対象とする。

整機・自動調温装置など)，自動販売機（飲料自動販売機，食品自動販売機，現金自動引出機など）である。つまり，WEEE 指令の規制対象となる範囲は，家電リサイクル法に比べてはるかに広い。

第二に，廃棄物の回収達成義務の有無である。家電リサイクル法では，回収達成目標が特に設定されていないのに対し，WEEE 指令では，加盟国に対して2006年12月31日までに国民一人当たり年平均4キロの電気電子機器廃棄物の回収が義務づけられた(2)。つまり，家電リサイクル法では廃棄者による協力が求められた上で企業がリサイクルを行うことが定められているだけであるのに対して，WEEE 指令では加盟国がシステムの整備や法執行の監視を行うことによって，企業が目標を達成することを間接的に義務づけている。

第三に，リサイクルコストの負担者である。家電リサイクル法では，リサイクルコストを廃棄者（使用者である消費者）が負担するのに対して，WEEE 指令では各メーカーが自社製品の回収・リサイクルコストを負担する。WEEE 指令では，規制が開始される2005年8月13日以降に販売される製品については，各メーカーが自社製品について費用を負担し，2005年8月13日以前に販売されていた製品については各メーカーが市場シェアに応じてリサイクルコストを負担する制度が成立した。たとえ企業がリサイクルコストを負担するとしても，それは製品価格に反映されるため消費者が負担するように見えるが，製品価格に反映されるかどうかは企業が市場原理にしたがって判断することである（大塚，1998：81-85)。このため，リサイクル費用を消費者が負担する日本の制度より，生産者が負担する EU の制度の方が「拡大生産者責任(producer responsibility)」をより徹底した形といえる。つまり，家電リサイクル法では企業が直接リサイクル費用を負担しないのに対して，WEEE 指令では企業が直接リサイクル費用を負担する内容となっている。

このように，対象製品，企業の回収達成義務の有無，リサイクルコストの負担といういずれの観点からみても，日本の家電リサイクル法に比べて EU の WEEE 指令の

(2)　ただし，アイルランド，ギリシャ，2004年5月に EU に新規加盟した10か国（チェコ，エストニア，キプロス，ラトビア，リトアニア，ハンガリー，マルタ，ポーランド，スロベニア，スロバキア）については，猶予期間が設けられた。

方が厳しい規制内容が成立している。

化学物質が含まれる電気電子製品の廃棄およびリサイクルが共通の政策課題であった中で成立した化学物質規制について，日本よりEUで厳しい規制規制が成立したのはどのような制度的要因によるのであろうか。本章では，化学物質を含む電気電子製品の廃棄・排出に対する規制改革について日本で1998年に制定された家電リサイクル法およびEUで2003年に発効したWEEE指令の政策過程を事例として，第1章で示した分析枠組みを用いて両規制における政策過程を分析する。

2　日本における家電リサイクル法の制定過程

（1）経緯と課題

日本の廃棄物処理は高度経済成長期以降，1970年に制定された廃棄物処理法を中心として，廃棄物処理行政を担当する厚生省を中心として規制および管理が行われてきた。廃棄物処理法において，家庭から排出される家電に代表される廃電子電気機器は一般廃棄物として市町村により回収され，処理されることとなっていた。

しかし，廃電子電気器の量の増加による市町村の回収・処理能力に限界があることや，廃棄物処理法の中に発生抑制やリサイクルの視点が入っていないことから，1990年から厚生省および通商産業省の審議会によってそれぞれ対応の検討が開始された。

厚生省生活環境審議会では，同年12月に「今後の廃棄物対策の在り方について」と題する答申がまとめられた。この中ではリサイクルなどで発生量を減らし，処分費用も生産者である企業が負担するよう，大幅に方針転換することを求めた。家電等の大型化が進んだことによって，特に自治体が有する従来の施設では処理が困難な大型テレビ，冷蔵庫，タイヤ，自動車などのついては厚生大臣が特別に指定した上で，消費者からも手数料をとる一方，企業からも負担金を求めて，各地域に自治体が共同で「地方廃棄物処理センター」を設置して処理にあたることが必要だとした[3]。

一方，通商産業省産業構造審議会廃棄物処理・再生部会では，1990年12月に「今後

（3）「OAごみ処分は企業の負担で　生活環境審が答申，法改正へ」『朝日新聞』1990年12月11日。

の廃棄物処理・再資源化のあり方」と題する答申をまとめた。この中では，大型廃家電について販売ルートによる回収体制の整備や長期使用の啓発普及の必要性について指摘されたものの（通商産業省立地公害局，1991），具体的な制度設計については言及されなかった。

このように，大型廃家電の処理の方法については，２つの省の方針が異なり具体的な規制方法が定まらない状態にある中で，それぞれ厚生省は廃棄物処理法改正，通商産業省は再生資源利用促進法の制定を進めることになった。一方で環境庁は両者をまとめるリサイクル法の制定を唱えていたため，省庁間の調整が困難になることが予想されていた[(4)]。

厚生省は先の答申を受けて，1991年に廃棄物処理法を改正した。答申の内容や処分場不足・不法投棄などに悩む自治体の声を受けて厚生省は法案作成時，処分する側の権限を強化しようとしていた。大型家電製品や自動車などのごみを「適正処理困難物」に指定し，メーカーに引き取りを義務づける内容を盛り込もうとした。しかし，これに対して企業や業界団体は大きく反発した[(5)]。たとえば，経団連は「廃棄物対策の課題」と題する意見書の中で，適正処理困難物について，「自治体ごとに処理能力に大きな差があり，何が処理困難物かを定めることはきわめて難しい」とした[(6)]。また，自民党の族議員や生産・流通活動を所管とする通産省も反対したため，厚生省案の企業による引き取り義務は削除されることになった[(7)]。1991年に成立した改正廃棄物処理法では，厚生労働大臣が定める適正処理困難物について市町村長が事業者に対して処理が適正に行われることを補完するための必要な協力を求めることができるようになった（第６条の３）。なお，適正処理困難物の家電は1994年に大型テレビ，大型冷蔵庫，廃タイヤ，スプリング入りマットレスが指定された。

一方，通商産業省が中心となって1991年に制定された再生資源利用促進法では，資源の有効活用を図るとともに，廃棄物の発生抑制や環境保全についても取り組まれる

（4）「企業は反発，省庁間調整も難題　『ごみ処理』生活環境審答申〈解説〉」『朝日新聞』1990年12月11日。
（5）「ゴミ処理法案で三つどもえ　厚生・通産・環境，食い違う独自案」『朝日新聞』1991年２月14日。
（6）「企業は反発，省庁間調整も難題　『ごみ処理』生活環境審答申〈解説〉」『朝日新聞』1990年12月11日。
（7）「『直接指導』消えた　業界猛反発　廃棄物処理法改正，後退の厚生省案」『朝日新聞』1991年２月17日。「リサイクル２法案，不満のこした製造業規制　関係省庁から反対論」『朝日新聞』1991年３月５日。

ことになった。具体的には，政令で第一種指定製品としてエアコン，テレビ，電気冷蔵庫，電気洗濯機，自動車を指定した上で，製造，販売を行う事業者が使用後にリサイクル可能なように構造や材質を工夫しなければならない製品とした（通商産業省立地公害局，1993）。これは，企業に対して製品の設計段階から再生利用を考えた製品づくりを促す内容といえる。しかし，第4章でも述べた通り，本法は行政指導を基本としているため，取り組みそのものはあくまで企業の自主性に任されており，特に回収や処理に関する具体的な対策は規定されなかった。

なお前述の通り，環境庁は当初，厚生省と通商産業省の間に橋渡し役を果たして，リサイクルを一本化する法案作成を目指していた。しかし，両省が独自に法案作りを進めたため，環境庁案には具体的な規制部分が削られ，理念や努力目標しか残らなくなってしまった[8]。環境庁は生産を行う「川上」にも，流通や消費を経て廃棄を行う「川下」にも足場を持たないために，独自のリサイクル法案を断念せざるを得なかった。さらに，通商産業省が中心的に進めた再生資源利用促進法案でも，環境保全の視点に立った多少の修正は盛り込めたものの，大枠や内容に対しては直接変更を加えることはできなかった[9]。

こうして，電気電子機器の廃棄物は改正された廃棄物処理法と再生資源利用促進法によって，回収やリサイクルが取り組まれることになった。家電業界は廃棄物処理法改正と再生資源利用促進法の制定に合わせて，1995年に全国家電品適正処理協力協議会を設立し，市町村の取り組みを補完する体制を整えた。しかし，大型家電の処理主体はあくまでも市町村長であったため，適正処理困難物の指定だけでは十分な効果が現れなかった（佐久間，2001：93）。このことは，事業者の協力が必ずしも十分に行われていなかった（大塚，1998：76）ことの現れとみることができる。

また当時，廃電子電気器の大部分は市町村により不燃物として破砕され，鉄などの有価物が回収された後の残渣（シュレッダーダスト）となって最終処分場に埋め立てられていたため，その大部分が再利用されることなく処分されていた。具体的には，家庭から廃棄された主要家電製品4品目であるエアコン，テレビ，冷蔵庫，洗濯機は，

（8）「ゴミ処理法案で三つどもえ　厚生・通産・環境，食い違う独自案」『朝日新聞』1991年2月14日。
（9）「リサイクル2法案，不満のこした製造業規制　関係省庁から反対論」『朝日新聞』1991年3月5日。

約8割が小売業者によって，約2割が直接市町村によって回収，処理されていた。また，収集された廃家電のうち約半分が直接埋め立てられ，残りは一部金属分の回収が行われている場合があるものの，そのほとんどが廃棄されていた。厚生省の推計ではエアコンの31.8%，テレビの7.3%，冷蔵庫の24.5%，洗濯機の26.8%しかリサイクルされていない状況にあった（いずれも重量比，1994年の数値）（酒井，2001：120）。

特にシュレッダーダストに含まれる有害物質による汚染問題については，香川県の豊島事件などを背景として社会問題となった。このため厚生省が専門委員会を立ち上げ，環境庁とともに廃棄物処理法施行令を改正し，1994年に公布されることになった。これにより，シュレッダーダストの処分方法は，安定型処分場（防水シートなどの設備がない処分場）から管理型処分場（防水シートや排水設備のある処分場）への持ち込みが義務づけられた。さらに，1996年4月からは全面的に管理型処分へ移行する変更が行われた。このように，シュレッダーダストの埋め立て基準が強化されたため，最終処分場を逼迫させる大量のシュレッダーダストを削減することが大きな課題となった。

（2）制定までの過程

①審議会における検討（1996年9月～1997年末）

これまで検討してきたように，1990年代半ばまでに廃棄物処理法の改正や再生資源利用促進法の制定によって電気電子機器のリサイクルや廃棄が取り組まれてきたが，市町村による家電処理能力の限界および最終処分場におけるシュレッダーダストの増加が大きな問題になっていた。特にシュレッダーダストの約9割を占めたのが自動車と家電製品であったため[10]，対応する必要があった。また，リサイクルの個別法として1995年6月に「容器包装に係る分別収集及び再商品化の促進等に関する法律」（以下，容器包装リサイクル法）が制定され，廃棄物の再商品化を事業者の責任とした法律が制定された。このため，次の個別法という点で家電に対して注目が集まっていた背景（佐久間，2001：93）も存在した[11]。

こうした状況を受けて，通商産業省が主導的な役割を果たして産業構造審議会廃棄

(10)　厚生省は1995年に自動車と家電製品の廃棄量を減らす対策として，その製造，販売業者などに製品の回収・再利用を義務づける方針を固めたが，家電業界から強く反対された（鄭・仁田・横田，2005a：65）。

物処理・再資源化部会企画小委員会電気電子機器リサイクル分科会（座長：永田勝也早稲田大学理工学部教授）において家電リサイクルの法制化に向けた議論が1996年９月から始められた[(12)]。電気電子機器リサイクル分科会は，企業，業界団体，研究者，消費者，マスコミ，地方自治体の代表によって構成され，1997年６月に報告書がまとめられるまで１年弱かけて議論が行われた。なお，この審議会には厚生省と環境庁の職員がオブザーバとして参加していた[(13)]。

電気電子機器リサイクル分科会では，幅広い論点について検討が行われた。主な論点として初めに事務局側から提示されたのは，規制対象となる品目の範囲，電気電子機器の処理・リサイクルに関する現行制度の評価，関係者の役割分担や費用負担，リサイクルシステムを構築していく上での環境整備，効率的なリサイクルを進めるための規制緩和といった論点である[(14)]。各論点については，家電，事務機器，シュレッダー，電子電気機器，パチンコ機メーカー・商社，といった各業界の代表や，自治体からのヒアリングをもとに検討が進められた[(15)]。また，制度設計全体に関わる回収・リサイクルシステムのデザインについては，各業界が述べた意見をもとに，最終的な議論を事務局がまとめていった[(16)]。なお第５回目の分科会では，ドイツをはじめとした欧州各国の廃電気・廃電子機器のリサイクルについても報告が行われた[(17)]が，議論

(11)　直接的ではないものの，容器包装リサイクル法の動きともやや関連している点については，関係者インタビューでも指摘された（元審議会委員インタビュー，2014年７月20日；財団法人家電製品協会環境部部長メールインタビュー，2014年７月18日）。なお容器包装リサイクル法制定過程については寄本（1998；2009）が詳しい。

(12)　元審議会委員インタビュー（2014年７月20日）。財団法人家電製品協会環境部職員メールインタビュー（2014年７月18日）。

(13)　元審議会委員インタビュー（2014年７月20日）。

(14)　産業構造審議会廃棄物処理・再資源化部会企画小委員会電気電子機器リサイクル分科会　第１回　配布資料６「今後ご議論いただく論点（メモ）」（平成８年９月18日）。

(15)　産業構造審議会廃棄物処理・再資源化部会企画小委員会電気電子機器リサイクル分科会　第２回～第４回　議事要旨および配布資料一覧。

(16)　産業構造審議会廃棄物処理・再資源化部会企画小委員会電気電子機器リサイクル分科会　第７回（平成９年３月６日）では，日本鉄リサイクル工業会，全国都市清掃会議，日本電気大型店協会，全国電機商業組合連合会，電気製品協会／日本電子機械工業会，日本電子工業振興協会，日本事務機械工業会，パチンコ業界，青山俊介委員（社団法人日本廃棄物コンサルタント協会会長，株式会社エックス都市研究所代表取締役）による作成資料を元に審議が進められた（経済産業省保管の配布資料一覧の記録より。なお，個別資料については非公開）。

表5－2　検討対象となり得るリストにあげられた品目

	主に家庭から排出されるもの	家庭からも事業所からも排出されるもの	主に事業所から排出されるもの
電気・電子機器	テレビ，冷蔵庫，エアコン，ビデオテープレコーダ，ステレオ，洗濯機，電気こたつ，換気扇，ラジカセ，電子レンジ	パーソナルコンピュータ，プリンタ，ワードプロセッサ，電話機，ファクシミリ，白熱電球，蛍光ランプ	複写機，汎用コンピュータ，オフィスコンピュータ，ワークステーション，自動販売機，ぱちんこ台
電気・電子機器ではないもの	石油ファンヒータ，石油ストーブ，ガステーブル，ふとん，自動車，スキー板，衣装箱，たんす	机，テーブル，いす，応接セット	スチールラック，スチールロッカー

出典：産業構造審議会廃棄物処理・再資源化部会企画小委員会電気電子機器リサイクル分科会　第1回　配布資料5－2「廃電気・電子機器の現状について」p. 22，平成8年9月18日。

の中ではあまり参考とはされず，むしろ世界に先駆ける「ジャパン・モデル」を作る方向で個別の論点に関する検討が進められた[(18)]。以下では，品目の範囲，回収目標の設定，費用負担方法について中心的に検討を行いたい。

まず，品目の範囲について議論が始められる際には，広い範囲が検討対象となり得る品目としてあげられていた（表5－2「検討対象となりうるリストとしてあげられた品目」)。検討の中では，パソコンはリサイクル技術が確立しているものの，プラスチックの割合が高いため資源価値があまり高くなく，経済性が問題なのではないかといった意見や，パチンコ台は事業所から排出されるため，比較的リサイクルが進みやすいのではないかといった個別の意見は出された[(19)]。しかし，各業界によってリサイクルシステムに対するイメージが異なっていため，すべての電気電子製品を対象にすべき

(17)　産業構造審議会廃棄物処理・再資源化部会企画小委員会電気電子機器リサイクル分科会　第5回　議事要旨および配布資料一覧。

(18)　元審議会委員インタビュー（2014年7月20日）。なお，大塚は世界に先駆けて日本の家電リサイクルを早期に法制化することによって，家電リサイクルの費用負担方法についてのスタンダードを策定しようとする産業政策的意図をみることもできると指摘する（大塚，1998：76)。

(19)　産業構造審議会廃棄物処理・再資源化部会企画小委員会電気電子機器リサイクル分科会　第5回　配布資料4「使用済みの電気・電子機器のリサイクルに関するこれまでの議論の整理（メモ)」(平成9年1月13日)。

であるとの意見から，一部の製品に絞るべきであるという意見まで出され，なかなか範囲は定まらなかった。こうした中で，業界からは家電製品のうち数量，重量，排出量を勘案して種類を４～５品（テレビ，冷蔵庫，洗濯機，エアコン，パソコン）に絞るというという案が出された[20]。パソコンについては，メーカー側が抱えるコストパフォーマンスの問題が提起されたことなどから[21]，取りまとめの際に事務局が作成した[22]報告書スケルトン案の段階で外されることになった[23]。

このため，最終的には廃家電のうち重量比で約８割を占める主要家電４品目（テレビ，エアコン，冷蔵庫，洗濯機）が対象となった。その理由として，排出量の大半を占めていること，市町村と事業者との間での協力体制が構築されつつあること，製品アセスメントの実施が製造業者によって相当程度行われていること，関係業界によるリサイクルシステムに関する技術開発が進められていることがあげられた。また，これ以外の家電製品は対象４製品とは流通などの実態が異なる製品も多いことから，それぞれの製品特徴に応じて今後リサイクルの促進に向けた対策を講じる必要があることが指摘された（通商産業省産業構造審議会，1997)。

次に，回収目標義務の設定についてである。そもそも最初に事務局側が設定した論点の中に，回収目標義務の設定についてはあげられていなかった[24]。しかし，関係各業界から具体的なリサイクルや回収システムに関する提案の中で，リサイクルの役割を担うアクター間の公平性を確保するためにも，リサイクル基準や数値目標の設定を法令内で行う必要性について指摘されるようになった[25]。これについて委員からは，リサイクルに関する目標値を定めることは望ましいが，技術の進展やコスト等を考え

(20)　産業構造審議会廃棄物処理・再資源化部会企画小委員会電気電子機器リサイクル分科会　第10回　配布資料７-２「使用済みの電気・電子機器のリサイクルシステムについて（関係各業界等からの提案の状況)」(平成９年４月10日)。

(21)　産業構造審議会廃棄物処理・再資源化部会企画小委員会電気電子機器リサイクル分科会　第10回　議事要旨（平成９年４月10日)。

(22)　報告書は事務局によってスケルトン案が作成され，委員からの意見に沿って修正され，最終的に発表された（元審議会委員インタビュー，2014年７月20日)。

(23)　産業構造審議会廃棄物処理・再資源化部会企画小委員会電気電子機器リサイクル分科会　第11回　議事要旨（平成９年５月20日)。

(24)　産業構造審議会廃棄物処理・再資源化部会企画小委員会電気電子機器リサイクル分科会　第１回　配布資料６「今後ご議論いただく論点（メモ)」(平成８年９月18日)。

ながら現実的な目標値を設定するべきだといった意見が出された[26]。

このため，最終的にはリサイクルの実施の水準や目標を定める「リサイクル基準」や「リサイクル目標」を公的に策定し，その順守を求めることによってリサイクルの役割を担うものの間の公平性を確保する必要があるとして，義務にはしない方針が示された。また，基準や目標は技術革新や製品アセスメントの進展などに伴って適宜見直しを行うことや，企業ごとの取り組みが促進されるように情報公開が進められることが望ましいとされた（通商産業省産業構造審議会，1997）。

最後に，リサイクル費用の負担方法についてである。まず，リサイクル費用の負担者については，消費者にするということで大きな論点とはならなかった。審議会の議論の中でも業界団体からは，「費用は排出者に求めるべきである」との意見が出された[27]。また，（財団法人）家電製品協会をはじめ家電業界でも「消費者が負担をしているという自覚を持つことが重要」との観点から，消費者が費用を負担すべきと考えていた[28]。一部の学識経験者は拡大生産者責任に従って事業者が費用を負うべきであると主張していたが（熊本，1999：36），座長であった永田勝也もリサイクル費用を明らかにさせてその中でメーカーがコスト競争をする方が消費者にとってメリットがあるとの観点から，消費者が費用を負担すべきだと考えていた[29]。さらに，審議会の際に参照された，通商産業省が三菱総合研究所に委託して実施した消費者の調査の結果[30]においても，多くの消費者がリサイクル費用を負担してもリサイクルを進めるべきで

---

(25)　産業構造審議会廃棄物処理・再資源化部会企画小委員会電気電子機器リサイクル分科会　第10回　配布資料7－2「使用済みの電気・電子機器のリサイクルシステムについて（関係各業界等からの提案の状況）」，配布資料8「使用済みの電気・電子機器の回収・リサイクルシステムを巡るこれまでの主な議論（抜粋）〈改訂版〉」（平成9年4月10日）。

(26)　産業構造審議会廃棄物処理・再資源化部会企画小委員会電気電子機器リサイクル分科会　第10回　議事要旨（平成9年4月10日）。

(27)　たとえば，産業構造審議会廃棄物処理・再資源化部会企画小委員会電気電子機器リサイクル分科会第3回　配布資料4「産業構造審議会第2回電気，電子機器リサイクル分科会に対する意見書」斉藤博委員（全国電機商業組合連合会副会長）（平成8年11月11日）。

(28)　財団法人家電製品協会環境部部長メールインタビュー（2014年7月18日）。

(29)　「家電リサイクル法への期待：永田勝也・早稲田大学理工学部教授に聞く」『リサイクル文化』No. 58：16-23，1998年，p. 19。

(30)　産業構造審議会廃棄物処理・再資源化部会企画小委員会電気電子機器リサイクル分科会　第12回　配布資料4「産業構造審議会廃棄物処理再資源化部会企画小委員会電気・電子機器リサイクル分科会報告書参考資料（案）」pp. 12-13，18.（平成9年6月5日）。

あると考えていた[31]。このため，消費者がリサイクル費用を負担することに対して大きな反対は生じなかった。

一方，費用の負担方法について論点となり議論に多くの時間が割かれたのは，リサイクル費用の徴収時期についてであった[32]。リサイクル費用の徴収時期について，審議会では委員から出された次の5つの案についてメリットとデメリットが検討された[33]。すなわち，案1として廃棄時に徴収，案2として販売時に徴収し廃棄時に無償回収（販売価格に将来のリサイクル費用を上乗せ），案3として販売時に徴収し廃棄時に無償回収（販売価格に過去のリサイクル費用を上乗せ），案4として販売時に徴収し廃棄時に一部返金（デポジット制），案5として製品に対する新税導入である。特に，廃棄時に徴収するか（案1），販売時に価格に上乗せするか（案2または3）という点について，利害関係をもつ委員の間で次のように意見が分かれた[34]。まず，家電業界を代表する家電製品協会は，家電は10年以上使用される耐久消費財であり販売時に適正な転嫁額を算定することが難しいとの立場から，廃棄時の徴収を支持した[35]。また，消費者団体代表も価格が何のために使われるのかという点がわかりやすいという理由で，廃棄時の徴収を支持した。一方，家電小売業界からは，後払いだと販売店の間で引き取り価格についてサービス競争が激化することが懸念される上，回収の手間が多いとの立場から，販売時の徴収を支持した。また，廃棄時に徴収する場合は不法投棄が増えて市町村の負担が重くなることも懸念されていた。

結局，すでに使用者が有している製品に対しても適用可能であること，リサイクル費用が明確であること，排出抑制の効果が期待できること，という理由により，最終的には廃棄時に徴収する案1を支持する意見が相対的には多かったことから，この案

---

(31) なお，家電リサイクル法成立後に消費者団体である東京都地域婦人団体連盟によって行われた調査においても，家電リサイクルに際して消費者がリサイクル費用を負担する必要があるという結果が出た（「家電リサイクル『費用高すぎ』」『朝日新聞』1998年10月31日）。

(32) 元審議会委員インタビュー（2014年7月20日）；「家電リサイクル法への期待：永田勝也・早稲田大学理工学部教授に聞く」（『リサイクル文化』No. 58：16-23, 1998年.）p. 17。

(33) 産業構造審議会廃棄物処理・再資源化部会企画小委員会電気電子機器リサイクル分科会　第10回　配布資料6「さらに議論していただきたい主要な論点」（平成9年4月10日）；通商産業省産業構造審議会（1997）。

(34) 元審議会委員インタビュー（2014年7月20日）。

(35) 上記インタビューに加え，財団法人家電製品協会環境部長メールインタビュー（2014年7月18日）。

を基本に進めることが検討されるべきとの結論が出された[36]（通商産業省産業構造審議会，1997）。

このように，通商産業省内の審議会では，対象製品を家電４製品（テレビ，冷蔵庫，洗濯機，エアコン）にすること，回収達成義務は設けないこと，リサイクル費用は消費者が負担し廃棄時に徴収することが決められた。これらはすべて，審議会における産業界，特に家電メーカーの意見を基本的に汲んだ内容といえる。その後，通産省内ではこの内容をもとに，通商産業省内では法案の素案づくりが進められた。

一方，厚生省の生活環境審議会および環境庁の中央環境審議会でも検討が進められ，それぞれ，1997年12月と1998年１月に報告書がまとめられた。その内容は，メーカーがリサイクルに責任を持つという点と，消費者が費用を負担するという点で通商産業省の結論を支持する内容であった[37]。しかし，リサイクル費用の徴収時期については，排出時に消費者から徴収するとする通商産業省と，排出時に費用の一部を消費者から徴収するとする厚生省と，当分の間は排出時に消費者から徴収するが，将来的には製品価格に転嫁するとする環境庁の間で各省の立場に違いが存在したため，法案作成にあたり省庁間での調整が行われることになった[38]。

②法案作成～成立（1998年初め～1998年６月）

法案作成は主に通商産業省と厚生省で進められた。家電リサイクル法は消費者に負担を負わせる法律としてマスコミからも注目を集め，その過程では，特に費用の支払い方法について，多くの利害関係者からの関係省庁に対して要望書が提出された。全国市長会と全国町村会は連名で，家電リサイクル法における不法投棄対策など自治体が抱いている不安を取り除くように要望書を提出した[39]。また，日本弁護士連合会は，

---

(36)　「家電リサイクル法への期待：永田勝也・早稲田大学理工学部教授に聞く」（『リサイクル文化』No. 58, 1998年：16-23，特に pp. 17-18）。

(37)　なお，環境庁の報告書「使用済み家庭用電気製品等の新たなリサイクルの仕組みの構築について」では，製造者が引き取りリサイクル費用は価格に転嫁することが原則として望ましいとしたものの，制度発足時は既に販売されている製品のリサイクルや制度の円滑な運用を行うために，消費者に対してリサイクル費用の一部の支払いを求めることは妥当であると結論づけられた（大塚，1998：82）。

(38)　「家電リサイクル，議論尽くせ　『消費者が費用負担』で法案提出へ」『朝日新聞』1998年２月１日。ただし，環境庁案に対してはメーカー側から反対されている点が指摘されている。

廃家電の回収・リサイクル費用を消費者が排出時に負担することに対して，「費用の支払いを免れようとして不法投棄が増加する可能性がある。製品価格にリサイクル費用を織り込むことが望ましい」と法案の見直しを求める会長声明を発表した(40)。さらに主婦連合会も「消費者の負担費用の中身を明確にすべきだ」といった要望書を出した(41)。

また，法案作成過程に対しては，立法過程の情報が表に出てこないことや，消費者の意見が通りにくい審議会の構成，開かれた議論が行われていないことなどに対して，主に消費者団体や自治体関連団体から意見が出ていた(42)。こうした議論に対して自民党内からも「消費者に安易に負担を強いるような法案では，参院選が戦えない」といった懸念の声があがっていた(43)。

しかし，最終的に成立した法案は，通商産業省によって作成された素案を骨格とする内容になった(44)。この中には，家電メーカーと輸入業者に使用済み引き取りとリサイクルを義務づけた上で，販売店や市町村が引き取った場合は，製品をメーカーに引き渡す制度や，廃家電製品が消費者からメーカーに確実に届くようにするために管理伝票でチェックする制度が盛り込まれた。消費者が負担する金額に大きく影響を与えるリサイクル率は50％程度に設定され，これは消費者の抵抗のない金額にするためであったと考えられる。環境庁は最終段階で法案作成に加わったが，「本格的な施行から５年後に制度全般を再検討する」という趣旨について入れ込むことはできたものの，家電に含まれる鉛などの有害化学物質のリサイクル義務については入れることができなかった(45)。

---

(39)「家電リサイクルに関する不安解消を求め，首長や要望書」『朝日新聞』1998年３月４日。
(40)「家電リサイクル費，『製品価格に含めよ』　日弁連が法案修正要求」『朝日新聞』1998年３月19日。
(41)「理念なきリサイクル法案」『朝日新聞』1998年３月19日。
(42)「家電リサイクル，議論尽くせ　『消費者が費用負担』で法案提出へ」『朝日新聞』1998年２月１日；「家電リサイクル費用の消費者負担3500－１万円余り　法案提出へ」『朝日新聞』1998年２月28日；「審議先送りし議論深めよ　不安残る家電リサイクル法案」『朝日新聞』1998年４月２日；「議論乏しく不満の声　基本法制定求める動きも　家電リサイクル法成立」『朝日新聞』1998年６月３日。
(43)「家電リサイクル費用の消費者負担3500－１万円余り　法案提出へ」『朝日新聞』1998年２月28日。
(44)「家電リサイクルを見直せ（社説）」『朝日新聞』1998年３月15日。
(45)「家電リサイクル費用の消費者負担3500－１万円余　法案提出へ」『朝日新聞』1998年２月28日；「家電リサイクルを見直せ（社説）」『朝日新聞』1998年３月15日。

家電リサイクル法は，1998年3月13日国会へ提出され，衆参両院で審議された後，ほぼ原案のまま5月30日に成立した。その後，同年6月に公布され，2001年（平成13年）4月に施行されることとなった。家電リサイクル法は基本方針については環境庁が加わるが，通商産業省と厚生省の共管体制となり，施行に当たっては両省が共同して行うことになった（北波，1999a：78)。家電業界からは早急な具体的内容の決定が望まれていたことから[46]，法案成立後の1999年7月から厚生省で専門委員会が立ち上がり，研究者を中心とした学識経験者によって再商品化基準（部品や材料のリサイクルをしなければならないとする基準）などが話し合われた。その後，通商産業省および厚生省で議論が重ねられ，再商品化基準が重量比でエアコン60%，テレビ55%，冷蔵庫50%，洗濯機50%以上に定められた（横島，1999；北波，1999b)。これは，通商産業省が法案の中で見込んだリサイクル率とほぼ同じである。これをもとに，家電業界によってリサイクル料金が策定されると同時に，施行に向けた準備が進められることになった。

3　EUにおけるWEEE指令の制定過程

（1）経緯と課題

廃電気電子機器に関する指令（WEEE指令）は，電気電子機器廃棄物（E-Waste）の処理およびリサイクル問題から生まれた規制である。第4章で述べた通り，EUレベルの廃棄物規制はリサイクル問題とも結びつけられる形で1970年代半ばから進められてきたが，1990年代初め頃から見直しの時期に入り，従来の廃棄物処理に加えてさらにリサイクルに重点を置く新しい政策へと見直されることになった。このときEUレベルにおける統一的な廃電気・電子製品のリサイクル規制が見直されることになった。

（2）制定までの過程

①欧州委員会による提案（1990年代前半～2000年6月）

第4章で検討したように，WEEE指令とRoHS指令は環境総局のイニシアチブに

（46）　辻晴雄（財団法人家電製品協会理事長）の発言（辻・永田・広瀬，1998：26)。

よってもともとひとつの指令として提案されようとしていたため，提案までの過程は共通している。このため，以下ではWEEE指令の論点に絞って検討を行う。

1990年以降，欧州委員会内で「優先的廃棄物排出減に関する作業部会（Priority Waste Stream Working Group）」を中心として利害関係者間での話し合いが進められていたり，EUレベルの廃棄物政策に関するコミュニケーションペーパー（European Commission, 1996）がまとめられたりした。その中で規制の方向性が模索され始め，廃棄物政策に関する原則として，予防原則に基づくことや拡大生産者責任の重要性についても検討が行われた。

一方で，当時の加盟国では廃電子電気製品に含まれる化学物質規制に関する立法がそれぞれ進められた（European Commission, 2000b；酒井，2001：131-135; Biedenkopf, 2011：36-37）。加盟国内では，洗濯機，冷蔵庫，クーラーに代表される製品（いわゆる，白物家電），テレビ，VTR，オーディオ機器に代表される製品（いわゆる，茶物家電），パソコンに代表されるIT機器製品，ランプなど各製品の引き取りやリサイクルに関する規制が，すでに成立していたり，これから提出されたりしようとしていた。

具体的には，以下の加盟国の取り組みを指す。オーストリアでは1990年代半ば以降，ランプおよび白物家電の引き取りとリサイクルに関する立法が存在したが，すべての廃電気電子機器に関する政令案が1994年に公布された。ベルギーのフランドル地方では，1998年に茶物家電と白物家電をメーカーに無料で引き取る義務を負わせる規制が成立した。デンマークでは1999年に茶物家電，白物家電，IT・通信機器，モニター機器，医療・研究所用機器等の廃電気電子機器に対する規制が成立し，最終ユーザに対して地方税か回収料金を徴収していた。ドイツでは廃電気電子機器の引取りとリサイクルに関する政令の立法手続きが最終段階にあり，その中では地方自治体がそれらの回収の責任を持ち，生産者が処理，リサイクル，処分の責任を有していた。イタリアでは，1997年に廃棄物管理政令が成立し，白物家電，テレビ，特定のIT機器のような数種類の家庭用耐久財の引取りとリサイクルの義務が規定された。これは，産業界が廃棄ネットワークを作り，最終ユーザが指定された場所に持参する制度であった。オランダでは，1998年に白物家電および茶物家電の引取りと処理のルールを確立する規制が発効した。この中で消費者はこれらの製品を無料でサプライヤーか地方当局に返却できた。2000年にスウェーデンでは，消費者が廃棄物を小売店化自治体の回収地点に返却する政令案を採択した。この中でリサイクルコストは，自治体化メーカーのどちらかが負担する制度であった。このように，一部の国ではすでに廃電気電子機器を回収しリサイクルする仕組みが部分的に成立していた。

第4章でも検討したように，こうした加盟国内の動向や欧州委員会内の議論を踏まえて，環境総局では1997年1月の段階で指令を作る方針が決定された。指令案作成に先駆けて行われたパイロットテストに基づく費用便益分析である「廃電子電気機器の再生利用：経済的・環境的影響（"Recovery of WEEE：Economic & Environmental Impact"）」では，WEEE指令について次のように評価した[47]。まず，EU内では年間6億トンの電気電子機器の廃棄物が排出されており，一般廃棄物と比べて2.8倍の伸び率であるため，喫緊の環境課題であるとした上で，廃棄物の中には392万トンの金属，170万トンのプラスチック，140万トンのガラス，銅などの原料が含まれているため，有用な資源であると位置づけた。このため，輸送やリサイクル過程そのものが環境負荷を軽減するのに有益であるばかりでなく，約1万5200人の雇用がWEEEリサイクルそのものによって創出されるとした。さらに，周辺的なコストについてはさらなる調査が必要としながらも，リサイクル目標[48]や一人当たり年間4キロの廃電気電子機器の回収達成目標はコストに見合っていると評価している。

これを受けて，環境総局内では指令提案に向けたドラフト作成が本格的に進められ，1997年10月に最初のワーキングペーパー（Working Paper on the Management of Waste from Electrical and Electronic Equipment），1998年4月に第一次ドラフト，1998年7月に第二次ドラフト，1999年7月に第三次ドラフト，2000年5月に第四次ドラフトを経て，2000年6月13日にRoHS指令案，WEEE指令案が採択された。第4章で検討したよ

(47)　DG XI, Note for the Attention to Mr Krämer, Head of Unit DGXI, from Jos Delbeke, Head of Unit DG XI Directorate B-1 Economic analyses and environmental forward studies, "Waste Electrical and Electronic Equipment：An Economic Evaluation", XI. B. 1/ KF/ bc D（98）/ 136, Brussels. 4 March 1998（DG Environment アーカイブ資料）；DG XI, Note to Ms Frommer, Director, from Ludwing Krämer, Head of Unit DG XI Directorate E-3 Waste management, "Cost/ Benefit Analysis for Waste Electrical and Electronic Equipment（WEEE）", E3/FE D（98）, Brussels. 18 December 1998.（DG Environment アーカイブ資料）。

(48)　リサイクル目標について資料内からは具体的な数値目標を見つけることはできなかった。

うに，企業総局，産業界，NGOといった利害関係者のロビイングや調整の過程でその内容は変更されたが，以下ではWEEE指令に関する内容の変化について検討を行う。特に着目するのは，ドラフト作成段階で論点となった，リサイクル対象とする製品の範囲および企業の法的な責任義務の範囲についてである。

まず，リサイクル対象とする製品の範囲については，徐々に狭まったものの基本的にはワーキングペーパーで提案された網羅的な内容が残ることになった。1997年のワーキングペーパーの段階では，リサイクル対象とする製品範囲は非常に広く包括的な内容であった。また，新たに上市される電気電子製品だけではなく，すでに市場に出回っている製品（historical product）もその対象とした[49]。続く，第一次ドラフトおよび第二次ドラフトでは，一部の製品について除外されたり（たとえば，ケーブルなど），カテゴリーについて変更が行われたりしたものの，規制対象に関する包括的な内容は残った[50]。第三次ドラフトでも基本的にこの傾向は続いたが，産業界や企業総局は規制対象となる範囲の縮小を求めていたため，IT機器や医療機器についての範囲縮小やすでに市場に出回っている製品（historical product）については猶予期間を設定することなどが検討され始めた[51]。この結果，最終提案ではすでに市場に流通している製品については5年の猶予期間を設けることや，医療機器システム，監視・制御機器，自動販売機は分別回収のみすればよいことになった（European Commission, 2000d）。

一方，企業の法的な責任義務の範囲についても，一部で除外規定や猶予期間などが設けられたものの，基本的にはワーキングペーパーの内容を引き継ぎ，あらゆる段階における拡大生産者責任が徹底される内容となった。ワーキングペーパーの段階で，拡大生産者責任の原則は徹底されており，企業の責任も強く求められていた[52]。製造

---

(49) DG XI, “Working Paper on the management of Waste from Electrical and Electronic Equipment”, 9 October 1997, p. 8（DG Environment アーカイブ資料）；Tupper（1999：122-123）；ENDS（1997）。

(50) DG XI, First Draft “Proposal for a Directive on Waste from Electrical and Electronic Equipment” Article 3, Annex I A, I B, 21 April 1998；DG XI, Second Draft “Proposal for a Directive on Waste from Electrical and Electronic Equipment” Article 3, Annex I A, I B, 28 July 1998（ともに，DG Environment アーカイブ資料）；Tupper（1999：123-126）；ENDS（1998b）。

(51) DG XI, Staff meeting documents “Draft Proposal for a Directive on Waste Electrical and Electronic Equipment（WEEE）”, 21 December 1999, p. 1-2（DG Environment アーカイブ資料）。

業者だけではなく小売店なども含めた企業はリサイクルの仕組みを作る義務があり，リサイクルや再利用を推進する責任があるとされた。また，重量比でのリサイクル率についても設定され，特に大型白物家電85%，IT 機器85%など，非常に厳しい基準が示された。

続く第一次ドラフトでは，拡大生産者責任を完全に負う範囲について商用に限るとしたのに対し(53)，第二次ドラフトではそれが家庭用についても拡大するなどさらに企業が担う責任範囲が拡大しただけでなく，その義務が具体的に示されたことから，産業界を驚かせた(54)。まず，生産者はすべての最終ユーザと販売店が製品を回収できるようなシステムを作ることを義務づけられた。また，一人当たり4キログラムの廃電気電子機器の回収を加盟国に課し，その開始時期を2006年1月にするとした。さらに第一次ドラフトで幅を持たせていたリサイクル率については重量比で，大型白物家電，ランプ90%，自動販売機を除くその他のカテゴリー70%が基準になり，これらが2004年1月までに達成されなければならないとした。こうした第二次ドラフトの内容を産業界は非現実的な内容と捉えられ，欧州機械電気電子金属加工連合会（ORGALIME）を中心として，日米の産業団体（アメリカ電子協会：AeA，在欧日系ビジネス協議会：JBCE）とともに激しいロビイ活動が行われた(55)。

第三次ドラフトでは，リサイクル率で重量比70%とするカテゴリーの対象が限定されたが，白物製品や茶物製品に対しては相変わらず高水準が要求された(56)。第三次ドラフトに対しては，企業総局が生産者責任の範囲の縮小を求めていた(57)。このため，環境総局内でも回収，リサイクル，再利用，情報提供など各段階で拡大生産者責任の

(52)　DG XI, "Working Paper on the management of Waste from Electrical and Electronic Equipment", 9 October 1997, p. 2-7（DG Environment アーカイブ資料）；Tupper（1999：122-123）；ENDS（1997）。

(53)　DG XI, First Draft "Proposal for a Directive on Waste from Electrical and Electronic Equipment" Article 5, 21 April 1998（DG Environment アーカイブ資料）；Tupper（1999：123-124）。

(54)　DG XI, Second Draft "Proposal for a Directive on Waste from Electrical and Electronic Equipment" Article 4-7, 28 July 1998（DG Environment アーカイブ資料）；Tupper（1999：124-126）；ENDS（1999）。

(55)　JMC environment Update, Vol. 1 No. 3, 1999. 9：p.2.

(56)　European Commission, "Draft proposal of 05. 07. 1999 for a European Parliament and Council Directive. 1. on Waste Electrical and Electronic Equipment amending Directive 76/769/EEC" Article 7, 5 July 1999（JMC environment Update, Vol. 1 No. 3, 1999. 9）。

(57)　DG XI, Staff meeting documents "Draft Proposal for a Directive on Waste Electrical and Electronic Equipment（WEEE）", 21 December 1999, p. 1（DG Environment アーカイブ資料）。

徹底を求めている状況から，オプションとして情報提供の範囲を限定することが検討され始めた[58]。この結果，最終的な提案では一部変更が加えられ，ユーザのための情報提供義務が削除されたほか，リサイクル率についても再生率とリサイクル率が新たに設定され，それぞれ大型家電は80％および75％，小型家電などは60％および60％，情報通信機器は75％および65％として，2006年１月までに達成するべきとされたため，基準や引き下げられた（European Commission, 2000d）。

このように，リサイクル対象とする製品の範囲および企業の法的な責任義務の範囲の観点からみると，環境総局内で最初に検討された厳格な規制案が部分的な修正が行われつつも，基本的に最終提案まで引き継がれていることがわかる。製品の範囲は包括性や，リサイクル率などを見ても拡大生産者責任が徹底された内容となっている。

②共同決定手続き期間（2000年６月～2013年１月）

2000年６月13日に WEEE 指令案が正式提案されると，EU 理事会と欧州議会による共同決定手続きに移行した。提案以降は RoHS 指令とは別々に審議されたものの，同時並行で手続きが進んだため，議論された時期や関わったアクターには共通点が多い。このため，以下でも WEEE 指令の内容に焦点を絞って検討を進める。

提案段階に引き続き，共同決定手続き期間中も産業界や NGO によるロビイ活動が行われた。EU 域内の産業団体として中心的な役割を果たした ORGALIME[59]は，部品メーカーや小売業者なども含めて財政的負担を分断させずに製造者に経済的な負担を集中させるべきであること，着実に実施ができる制度にすること，および企業の責任を明確にすることを求めていた[60]。特にリサイクルシステム全般をめぐる費用負担については，企業負担が過剰に増えることに対して産業界は反対していた[61]。また，たとえばインクカートリッジなどの消耗品の取扱いについては，欧州情報通信民生電

---

(58) DG XI, Staff meeting documents “Draft Proposal for a Directive on Waste Electrical and Electronic Equipment (WEEE)”, 21 December 1999, p. 2（DG Environment アーカイブ資料）。

(59) 職員インタビュー（2014年２月11日）

(60) ORGALIME，Adviser インタビュー（2014年２月12日）。

(61) たとえば，欧州議会の第一読会終了後，EACEM や ORGALIME は家庭用廃棄物の収集システムに企業負担が増えることについて強く反対意見を表明している（EurActive, “Parliament clears way for tougher electroscrap legislation”, 17/05/2001.）。

子技術産業協会（EICTA），AeA，JBCE といった日米欧の電気電子業界が協調して除外するように働きかけた（藤井，2009：137-140）。

一方，NGO で中心的な役割を果たした欧州環境事務局（European Environmental Bureau：EEB）[62]は，生産者責任の徹底を進めること，消耗品なども含めて規制対象の範囲を広くすることを支持し，回収目標については欧州委員会提案で年 4 kgとしているものを2005年12月31日から年 6 kg とするべきであること，再利用の目標も設定すべきことなどを主張した（EEB，2001）[63]。また，第二読会に際しては回収目標やリサイクル率に関してさらに生産者責任の徹底を求めたり，中小企業に対して設けられた5年の猶予期間を廃止するように求めたりするなど，規制内容の強化を訴えた[64]。

このように，基本的に産業界と NGO の主張は食い違っていたが，個別の製造業者における責任の明確化という論点では，共同ポジションペーパーの提示も行われた[65]。この共同ポジションペーパーは，第二読会に際して企業（たとえば，エレクトロラックス Electrolux，ヒューレット・パッカード Hewlett Packard，ノキア Nokia），業界団体（たとえば，AeA），消費者団体（ヨーロッパ消費者組織 European Consumer Organization：BEUC），環境 NGO（EEB，ベローナ Bellona）によって欧州議会に提出されたものである。この中では，環境にやさしいデザインを発展させるインセンティブが個別製造業者になくなること，粗悪品が輸入されることによってリサイクルコストが増えること，規制当局が企業に対して管理しにくくなることという理由によって，個別製造業者の責任を明確にするよう求めた。こうした取り組みは，一部の大手企業の中でもともと環境にやさしいデザインを考える取り組みが行われており，努力する企業が報われる仕組みを作ることが重要であると考えられていたことと[66]，企業の責任を明確化したいと主張していた市民セクタの考えが一致したことによって生じたもので，RoHS 指令にはない特徴といえる。

（62）　Member of the European Parliament, Green-EFA（2014年2月5日）。

（63）　JMC Environmental Update, Vol. 2 No. 4（2000. 11）, p.5.

（64）　EurActive, "NGOs call for stricter rules on electronic waste", 04/02/2002.

（65）　EurActive, "Industry, NGOs and consumers join forces on electronic waste", 15/02/2002；Member of the European Parliament, Green-EFA（2014年2月5日）。

（66）　Electrolux, Project Manager インタビュー（2013年3月18日），IntelSenior Manager, Global Public Policy インタビュー（2013年3月22日）。

2000年6月以降欧州議会では，RoHS 指令同様，環境・公衆衛生・消費者政策委員会と産業・対外通商・研究・エネルギー委員会において議論が行われ，ドイツ CDU のフローレンツ（K. H. Florenz）議員がラポルトゥールを務める環境・公衆衛生・消費者政策委員会で主な議論が行われた。環境・公衆衛生・消費者政策委員会における10月の公聴会を経て審議が続けられた。そして2001年5月の第一読会において，国民一人当たり年間6 kgの回収目標にすること（欧州委員会提案では4 kg），すでに市場に出回っている製品（historical waste）をすべての生産者が費用負担を行って回収できるようにすること，回収システムを作る義務を指令発効後30か月以内とすること（欧州委員会提案では5年）などの修正を加えた上で WEEE 指令案が採択された[67]。これらは欧州委員会案を厳格化することを意図した内容といえる。なお，リサイクル率については，各カテゴリーにつき10％程度の引き上げを主張する議会内の環境系グループとリサイクル率そのものをフレキシブルにしようとする議会内の産業系グループによって議会に修正案が提出されたが，それぞれ反対多数で否決されたため，欧州委員会提案のままとなった（戸澤，2003：84）。

一方，環境理事会では2000年9月にワーキンググループが設置され，議長国のフランスを中心として審議が進められた。その後2001年6月に，一人当たりの回収目標を4 kgとすること，回収システムの構築には個別企業または共同で企業が負担すること[68]，中小企業に対する費用負担義務を5年間免除することなどの修正を含む WEEE 指令案について環境理事会内で合意に達した[69]。正式な共通の立場はその後の調整を経て同年12月に採択された。

その後は，RoHS 指令案と同様のプロセスをたどる。2002年から始まった第二読会では，同年4月に採択された議会の修正案を理事会が認めない結論を出したため，2002年9月から欧州議会代表と EU 理事会代表による調停委員会が開かれた。RoHS

(67) EurActive, "Parliament clears way for tougher electroscrap legislation", 17/ 05/ 2001.；ENDS (2001a：48).

(68) リサイクルシステムの運用について責任をもつ各国の自治体からは，企業や NGO が主張する個別企業ではなく，共同で費用負担をすることが支持されていたためである（戸澤，2003：86）。

(69) EurActive, "Ministers for Environment agree on electroscrap legislation" 08/ 06/ 2001.；ENDS (2001b：38).

指令よりWEEE指令の方が理事会と議会の対立点が多かったものの，両者は合意に達し11月８日に共同草案が承認された。これに基づく第三読会において，欧州議会では12月18日，EU理事会では12月19日に承認されたことにより，2003年２月13日の官報掲載をもって最終的に発効した。

WEEE指令は，規制の開始時期などについて若干変更があったものの，大幅な修正は議会内でも理事会内でも成立せず，基本的には規制案の内容が引き継がれた。具体的には，大型家電製品，小型家電製品，情報技術・電気通信機器，消費者用機器，照明機器，電気・電子工具，玩具，医療関連機器，監視・制御機器，自動販売機といった製品品目に対して，生産者（各メーカー）に自社製品の回収・リサイクル費用を負担する（指令発効時に既に販売されている製品も市場シェアに応じてメーカーが負担する）。また，加盟国は国民一人当たり年間４kgの回収目標を2006年12月末までに達成し，処理システムの構築の費用負担および運営方法については各メーカーが個別で行うか共同で行うかで選択できるとした。

なお，共同決定手続き後はRoHS指令と同様に，欧州委員会内の技術適用委員会（Technical Adaptation Committee：TAC）でのコミトロジー手続きにおいてWEEE指令に関する詳細が決められることになった。成立したWEEE指令に基づいてTAC委員である欧州委員会および加盟国の専門家を中心に，企業などの利害関係者にも意見を求めながら，各カテゴリーに入る製品やRoHS指令との境界などに関する内容が議論された。この内容に基づいて，2004年８月13日までにWEEE指令の国内法化が進められることになった。

4　廃電気電子製品に含まれる化学物質に関する規制政策過程の比較分析

（1）日本とEUの比較分析

以上，化学物質を含む電気電子製品の廃棄・排出のリサイクルに対する規制について，日本とEUにおける政策過程を検討してきた。以下では，第１章で示した分析枠組みに即して観察されることを比較分析したい。

まず，日本の家電リサイクル法については，通商産業省が主導的な役割を果たして家電リサイクルの法制化に関する議論が産業構造審議会廃棄物処理・再資源化部会企画小委員会電気電子機器リサイクル分科会において進められた。基本的に産業界の現状や意見を踏まえたうえで，個別の論点や全体の制度設計に関する議論が進められたため，最終的に成立した案も特に家電メーカーが扱いやすい内容となった。具体的には，規制対象となる品目も4製品に限定され，回収目標の設定も行われず，消費者が廃棄時に費用負担を行う方法が審議会報告書の結論になった。この内容は，法案形成段階に引き継がれた。特に費用負担方法については，厚生省や環境庁といった他省庁や，自治体，市民セクタから費用負担を一部とする方式や製品価格に組み込む方式などが主張されたが，最終的には通商産業省案を基本とする法案が通ることとなった。このため，生産者責任が曖昧な規制が成立した。

こうした家電リサイクルに対する規制において通商産業省がイニシアチブを発揮したのは，第4章でも検討したように，厚生省が管轄する廃棄物行政の中にリサイクル行政が組み込まれずに発展し，環境庁が廃棄物行政とリサイクル行政を統合する権限を持たなかったためである。厚生省は1991年の廃棄物処理法改正時に家電などを含むリサイクルシステムを形成しようとしたが，通商産業省をはじめとする他省庁や産業界の反対によってこれを達成することができなかった。一方，通商産業省は同年，産業界の意見を汲んでリサイクル目標などを定める再生資源利用促進法を制定した。再生資源利用促進法の制定については，第4章でも検討したように自民党の選好とも合うものであった。このため，家電リサイクル法でも通商産業省がイニシアチブをとり，各業界と連携しながら法案を作成することになったといえる。法案に対して与党であった自民党からは消費者負担に対する懸念の声はあったものの，通商産業省案において消費者の抵抗を抑える形でリサイクル率が抑えられたことから大きな反対は生じなかった[70]。

また規制の実施に向けた制度設計についても，厚生省も基準設定に関わったものの，基本的には通商産業省が法案作成の段階から中心的に関わった。家電リサイクル法ではこれまでなかった新たな制度として廃家電の小売店の引取りや製造業者への受け渡しといった仕組みが作られたため，法案が制定された段階では，リサイクル率，金額など制度の運用に関する詳細な内容は決められてはいなかった。しかし，事前に業界団体からの意見聴取などを行っており，ある程度の目安は法案作成段階で通商産業省によって示されていたため，産業界からも最終的な法案に対する大きな反対は起きなかった。

一方，EU における WEEE 指令では，RoHS 指令と同様に環境総局が主導権を発揮して規制案が作成された。RoHS 指令で見てきたように，環境総局を中心に規制方針が策定され，それに沿って指令案ドラフトの作成とそのバージョンアップが図られた。この結果，包括的な製品を対象とする拡大生産者責任が徹底された指令案が策定された(71)。その後の共同決定手続き期間においても，部分的な変更はあったものの，基本的には規制案の内容が引き継がれた。こうした内容は，環境総局が EU レベルの包括的な指令の形成と，廃棄物やリサイクル政策における拡大生産者責任を徹底するという理念に沿って政策立案が行われたことを示している。さらに指令制定後も技術適用委員会でカテゴリーに関する詳細な内容が規定されているため，RoHS 指令同様に理念先行型の政策立案であったといえる。

このように本書の分析枠組みに即して理解すると，日本と EU では主導する規制者の違いや政策実施に対する権限の違いによって企業に対する説明責任の程度が異なっていたといえる。つまり，日本においては通商産業省がイニシアチブを発揮して業界の意向を汲む形で規制案を作成したことにより，ボトムアップ的に政策が形成され緩やかな規制が成立した。一方，EU においては環境総局がイニシアチブを発揮して包括的かつ拡大生産者責任が徹底される規制案を作成したことにより，トップダウン的

(70)　以下，廃電気電子製品に含まれる化学物質規制について，日本の決定的分岐点で異なる経路が選択された場合を検討したい。もし仮に，環境庁が設立時から十分な規制権限を有していたなら，1980年代にリサイクル法制の問題について議論が本格化した際に廃棄物行政とリサイクル行政は環境庁によって統合され，家電を含むリサイクルシステムは統一的に管理されたものと考えられる。この場合，家電リサイクル法が制定される際にも，環境庁がイニシアチブをとって法案作成が行われたはずである。家電リサイクル法案作成の論点となった費用負担に関する環境庁の主張にみられたように，環境庁が業界だけではなくより消費者を重視する規制という方針を重視して規制法案は作成され，それが軸となった内容が成立していたであろう。つまり，環境庁に十分な規制権限が備わっていたならば，家電リサイクル法はより厳しい規制内容になっていたものと考えられる。

(71)　以下，廃電気電子製品に含まれる化学物質規制について，EU の決定的分岐点で異なる経路が選択された場合を検討したい。第4章でも同様の検討したように，もし仮に，単一欧州議定書以降に加盟国あるいは環境総局以外の総局がイニシアチブをとることになっていた場合，こうした規制は成立しなかったであろう。

に政策が形成され，厳しい規制が成立した。このことにより，同じ廃電気電子製品に関するリサイクル規制という政策課題に対して，規制対象や規制方法について異なる内容が成立するという帰結の違いがうまれた。

（2）得られた知見

本章では，化学物質を含む電気電子製品の廃棄・排出のリサイクルが課題となった日本の家電リサイクル法の制定過程と EU の WEEE 指令の成立過程を分析することで，規制対象や規制方法に違いが生じた理由を明らかにした。

まず，第1節では電気電子製品の破棄・排出に対する化学物質規制を概観し，日本と EU における規制の違いや分析上の課題を示した。両規制は，同じ廃電気電子機器のリサイクルについて規制する法でありながら，対象製品の範囲，回収達成義務，リサイクルコストの負担といういずれの観点から検討しても，日本に比べて EU で企業負担が重い規制が成立した。これまで電気電子製品の廃棄・排出に関する化学物質規制が存在しない中で成立した規制にもかかわらず，こうした違いが生じた理由を明らかにすることが本章の課題であることを示した。

これを踏まえて，第2節および第3節ではそれぞれの規制の制定過程を検討した。日本については，リサイクル政策の実施における通商産業省と産業界の連携が存在したことによって，家電リサイクル法の制定においても通商産業省のイニシアチブによって議論が進められた。この中では産業界の意向を汲んだ規制内容が示され，これに沿って法案作成が行われたため，比較的緩やかな規制が成立したことを示した。

一方，EU では第4章でも示した通り，1970年代から EU レベルの廃棄物問題がリサイクル問題とともに取り組まれていたため，従来の廃棄物処理だけではなくリサイクルが重視される政策へシフトする必要性が生じた時期に環境総局がその問題に積極的に取り組んだ。このため，拡大生産者責任という理念が徹底されて包括的な製品を対象とする規制内容が立案され，その内容が基本的に守られたために，厳しい規制内容が成立することになった。

最後に第4節では，両規制の成立過程を第1章で示した分析枠組みを用いて，比較分析を行った。この結果，日本では実施までの権限を有する通商産業省が最初から最後まで法案に関わり，産業界の意向を汲んでボトムアップ的に政策形成を行ったことから，比較的緩やかな規制が成立した。これに対し，EU では環境総局が包括的かつ拡大生産者責任を徹底する規制案を作成し，トップダウン的に政策調整を行ったことから，厳しい規制内容が成立した。

終　章

環境リスクと規制政治

本書では，環境リスクに対する規制政策という観点から，予防をめぐる規制の内容がどのような制度的条件によって決まるのかという点を明らかにすることを目的にした。具体的には，国際的な規制目標やリスクアナリシスの枠組みは共有されながらも，企業活動に起因する環境リスク規制について1990年代以降に日本に比べてヨーロッパで厳しい化学物質規制が成立したのはなぜか，という問いについて，第１章で示した分析枠組みをもとに，日本およびEUにおける３つの化学物質規制改革の政策過程についてそれぞれ事例分析を行った。以下では，本稿で分析した３つの事例の規制パターンについて，分析枠組みに沿って再度環境リスク規制における制度配置について検討を行い結論を明らかにした上で（第１節），残された課題について示す（第２節）。

1　制度配置が環境リスク規制に与える影響

本書では，日本とEUにおいて法制度や環境政策の発展に伴って形成された異なる制度配置に着目し，その規制者が有する権限によって異なる規制内容が形成されるとする分析枠組みおよび仮説を設定した。その内容を以下で改めて確認したい。

日本では1971年の環境庁設立が決定的分岐点となり，環境庁が十分な規制権限をもたない制度が選択されたため，公害行政から継続して担当する通商産業省を中心とする所管省庁が環境政策の立案に強く関与することになった。このことにより，被規制者の意向が強く反映された政策が政策遺産となり，これらが所管省庁や利害関係者といったアクターの選好を拘束することから，経路依存的に緩やかな規制内容が選択されることになった。一方EUでは，1986年の単一欧州議定書調印が決定的分岐点とな

表終-1　事例分析における化学物質規制のパターン

	製造・使用段階の規制	排出段階の規制
プロセス規制	①化審法／ REACH 規則（第 3 章）	②家電リ法／ WEEE 指令（第 5 章）
製品規制	③ J-MOSS ／ RoHS 指令（第 4 章）	—

出典：Vogel（1997：556-564），増沢（2001：1）を参考に筆者作成。

り，環境政策形成権限が加盟国から EU レベルに徐々に移行する制度が選択された。また，EU レベルの環境政策が環境総局によって形成される一方で，その政策実施を加盟国が担うことになった。このことにより，規制者の理念が強く反映された政策が政策遺産となり，欧州委員会内の各総局や利害関係者といったアクターの選好を拘束することから，厳しい規制内容が選択されることになった。

そして，化学物質規制の規制パターンを網羅するように日本と EU で成立した代表的かつ規制対象が広い規制を分析事例に選び，仮説の妥当性について実証分析を進めてきた（表終-1「事例分析における化学物質規制のパターン」）。以下では，本書で用いた分析枠組みによって 3 つのパターンについて同じメカニズムを説明できるのかどうかについて改めて検討を行う。

第 3 章では，製造・使用段階の化学物質規制である，日本における化審法2009年改正過程と EU における REACH 規則の制定過程について，比較分析を行った。日本では，化審法が1973年に制定された際に，政策実施に対して権限を持つ通商産業省が主導的な役割を果たし，それが継続したことによって2009年改正の際にも中心的な役割を果たした。規制方針となるリスク評価のあり方は，産業界との議論に基づいた内容であり，その内容は法案および規制内容に反映されたため，ボトムアップ的な政策形成になった。一方，EU では EU レベルの統一的な化学物質規制を作る際に，環境総局がイニシアチブを発揮して，予防原則の理念を重視した規制案を制定した。その後，企業総局の主張が組み込まれたものの，最終的な規制内容に最初の規制案が引き継がれたことや，初めの規制案に沿って実施に向けた調整も進められたため，トップダウン的な政策形成になった。この結果，日本に比べて EU ではリスク評価の対象範囲，リスク評価主体，情報提供範囲などの点において厳しい規制が成立した。

つづく第 4 章では，電気電子製品に含まれる有害化学物質規制である，日本の

J-Moss 制定過程と EU の RoHS 指令の成立過程について，比較分析を行った。日本では廃棄物処理行政とリサイクル行政が分離して発展し，電気電子製品のリサイクル法に対しては通商産業省が中心的な役割を果たし，行政指導が中核的な実施体制となった。このため，J-Moss が制定される際には経済産業省と業界団体が連携してボトムアップ的な政策形成が行われた。一方，EU では早くから廃棄物とリサイクルが同時に規制されており，環境総局の役割が確立される時期に，リサイクルをより重視する政策の必要性が認識されていたため，環境総局が電気電子機器に含まれる有害化学物質の規制においてもイニシアチブを発揮した。このため，EU の廃棄物政策の理念に沿った規制案が先行したことによってトップダウン的な政策形成が行われた。この結果，日本に比べて EU では規制レベル，対象製品の範囲，規制の方法などの点において，厳しい規制が成立した。

最後に第 5 章では，廃電気電子製品に対する化学物質規制である，日本の家電リサイクル法の制定過程と EU の WEEE 指令の成立過程について，比較分析を行った。日本では，リサイクル政策の実施において通商産業省と産業界の連携が存在したことから，家電リサイクル法の制定においても通商産業省がイニシアチブを発揮した。規制の方向性を定める議論で産業界の意向が汲まれ，それが法案に採用されたことからボトムアップ的な政策形成が行われた。一方 EU では，WEEE 指令がもともと RoHS 指令と一体化していたため，RoHS 指令と同様の理由によって環境総局がイニシアチブを発揮して規制案の策定を行った。この際に，拡大生産者責任の理念が徹底され包括的な規制案が作成され，トップダウン的な政策形成が行われた。この結果，日本に比べて EU では対象製品の範囲，回収達成義務，リサイクルコストの負担などの点において，厳しい規制が成立した。

以上より，3 つの規制パターンのいずれに対しても本書で示した仮説は支持され，分析枠組みが適用可能であることが示された。すなわち，日本では企業を保護する権限を有するアクターが政策立案に深くコミットし，かつ実施への権限も有しているために，企業との調整が政策立案の早期に行われる。それに対し，EU では環境保護を重視するアクターが政策立案に深くコミットし，そのアクターは実施に対しては間接的な権限しか持たないため，企業との実質的調整が後から決められる結果，規制案に環境保護の理念が反映されやすくなる。これによって，日本よりEUで環境リスク規制，特に有害化学物質規制について厳しい規制内容が成立した。

また，結論と関連して歴史的制度論の観点からも以下のような点を示すことができる。第2章で示したように日本では1971年の環境庁設立，EUでは1986年の単一欧州議定書調印が決定的分岐点となり，環境政策をめぐる立法制度および意思決定をめぐるルールが形成された。制度の大枠が形成されたことで，化学物質規制に関して，日本では通商産業省が，そしてEUでは欧州委員会，特に環境総局がその規制者となり，政策選択において中心的な役割を果たすことになり，政策遺産やアクターの選好を拘束したために1990年代以降の環境リスク規制の内容および政策選択に影響を与えた。このことは，日本およびEUにおいて，時期は異なるもののどのような規制者が中心となって規制案を立案するかがその後の政策選択および政策内容に影響を与えていることを示している(1)。

さらに，個別の事例に関しては次のような指摘ができる。化学物質の規制パターンにおいて，製品規制はプロセス規制と比べて政策波及の効果が大きくなることが予想されていた。しかし，第4章において分析した日本のJ-MossとEUのRoHS指令では，対象とする6物質は共通しているものの，前述の通り規制レベル，対象製品の範囲，規制の方法などの点において，両規制内容は異なっており，日本よりEUで企業負担の重い規制が成立した。先行したEUのRoHS指令に対し，日本のJ-Mossは後から定められたことから，日本の制定過程を再度検討したい。日本ではRoHS指令への対応を行う必要のあった企業が主導する形で経済産業省と産業界の間でJ-Mossが策定された。その規制方針は経済産業省によって設定されたが，経済産業省は国際的な調和の必要性を重視しつつも，RoHS指令の内容を批判的に捉えていた。また，検討の過程では産業界からも新たなコストを課されることを批判する意見が出ていた。これは，RoHS指令にすでに対応していた大企業だけではなく，部品を扱う企業の大半が中小企業であることや，すべての企業がEU市場に輸出しているわけではないといった個別の企業に対する配慮が政策的意図として表れていたことを示している。つ

(1) また各章末の注で検討したように，仮に決定的分岐点の段階でこれら以外の主体が規制権限を有していた場合には異なる結果が生じることが予想される。

まり，厳格な製品規制が先行して制定されていても，経済産業省のような規制者によって被規制者である個別企業の有する利害の多様性が配慮される場合には，必ずしも同じ内容の製品規制が導入されるわけではないことを，この事例が示しているものと考えられる[2]。

以上を踏まえ，本書の目的に立ち返りながら，この結論の含意を示したい。改めて確認すると，本書が目指したのは，有害化学物質のリスク管理にかかる政策過程の特徴を描き出すこと，制度配置が政策課題の設定から政策形成に至るまでのメカニズムにどのように影響を及ぼしたかを示すこと，そして日本とEUの政策過程が比較可能であることを示すことであった。これにより，リスク規制研究，政治学・行政学研究，比較政治学研究に貢献することができたであろうか。三つの目的について順に検討したい。

第一に，リスク管理の政策過程を明らかにすることによって，政治制度が政策帰結に与える影響を示すことについてである。本書の検討では，有害化学物質規制の政策過程において，政策課題を設定しその内容を具体的に検討するという点でも，政策形成過程のスケジュール全体を管理するという点でも，行政組織などの規制主体がリスク管理の内容や過程のあり方を規定する中心的役割を担っていることが示された。つまり，規制主体がどのような権限を有するかによって，政策課題の設定のされ方や，規制による影響の分析方法，利害関係者との調整のあり方，さらには規制内容そのものが規定されることが指摘できる。この規制主体の有する権限を配分しているのが，政治制度，なかでも本書の言葉でいう制度配置であった。つまり，政治制度によって規制主体の権限が規定され，これによりリスク管理の過程さらには規制内容に影響を与えていることを明らかにした。

具体的には，日本では環境庁に十分な規制権限をもたせない制度が形成され，公害行政への対応時以来一貫して権限を有していた通商産業省が規制者を担うことになった。一方，EUでは1980年代以降，加盟国から環境総局に環境規制に係る権限が移行され，このことにより環境総局が規制者となった。それぞれの規制者は，化学物質が

（2）　この論点について詳細は早川（2018）を参照されたい。

社会に与える影響についての検討を含む規制内容の立案に深くかかわり，利害関係者との調整にも深く関わった。そして，規制者が作成した規制案が最終的な規制内容にほぼそのままの形で引き継がれた。このことは第３章から第５章までの事例で示した。

このように，政治制度によってリスク管理を担う規制者の権限が規定されることで，規制内容に違いが生まれることが本書において示された。このことは，リスクアナリシスの枠組みを実際の政策に適用する際の，政治制度が果たす役割の重要性を示している。すなわち，先進諸国でリスクアナリシスという枠組みが共有されていてもそれがどのような政治制度のもとで適用されるかが重要であり，政治制度こそがリスク規制の内容に大きく影響を与えているといえるのである。

第二に，制度配置が政策課題の設定から政策形成の流れにいたるまでのメカニズムに与える影響についてである。本書では，制度配置が政策帰結に与える影響についてのモデルを示した。すなわち，法制度や意思決定のルールといった制度配置により，規制者の被規制者に対する権限と責任，および規制者の政策実施に対する権限と責任が規定される。これにより，政策形成過程の特徴やその課題設定において重視される観点に違いが生じることで，異なる政策帰結を生むというものである。リスク規制の政策形成において本書で特に重要であると位置づけた政策課題の設定においては，こうした政策形成時の規制者と被規制者との関係や重視して考慮すべき観点の違いが影響を与えていることが確認できた。すなわち，過去の政策形成やルールによって規定された政策立案を担う中心的規制者がどの行政組織であるのか，そしてその組織が企業など被規制者に対して産業の発展や育成など規制以外の権限や責任も担うのか，それとも規制する権限や責任のみを担うのかによって，政策課題の設定のあり方が変化する。さらに，規制者が政策実施に対して権限や責任を有している場合には，被規制者の意向に配慮するという意味で，ボトムアップ的に政策が形成されると同時に，事前調整が重視されるとともに，政策形成時には規制内容の実効性や実現性，過去のルールとの整合性，短期的目標が重視されやすくなる。一方で，規制者たる行政組織が政策実施に対する権限や責任を部分的にしか有していない場合には，企業など被規制者の意向への配慮も限定的なものに過ぎないという意味で，トップダウン的に政策が形成されると同時に，事後調整が重視される。また，政策形成時には過去のルールにあまり拘束されずに政策課題が設定され，理念や長期的目標が重視されやすくなる。このように，制度配置によって規定される規制者の権限が，政策課題の設定や政策形成の特徴を形づくり，それが規制内容に違いをもたらすのである。

本研究で扱った日本とEUはそれぞれ，異なる制度配置の発展を経験した。日本では経済産業省，EUでは環境総局が政策課題の設定および政策形成における中心的な規制主体となった。日本において，経済産業省は被規制者である企業を規制以外の発展や育成といった権限と責任だけでなく，政策実施に対する権限と責任も有していた。このため，化学物質規制の政策立案の過程では，企業の意向を配慮するという意味でボトムアップ的で事前調整型の政策形成がおこなわれてきた。また，政策課題が設定される段階で実効性や実現性，過去とのルールとの整合性や短期的目標が重視され，その後の政策形成段階でも利害関係者との調整が行われてきた。その結果として，第３章から第５章で扱ったいずれの事例でも，緩やかな規制内容が成立したことが確認された。これに対しEUにおいては，環境総局が被規制者である企業を規制する権限と役割のみを有する一方，政策実施の権限は加盟国が主体的に行使していた。このため，化学物質規制の政策立案の過程では，欧州委員会を中心にトップダウン的な政策形成が行われた。また，規制案の内容が固まってから実施に向けた調整が行われるため，事後調整型の政策形成が行われてきた。さらに，政策課題が設定される段階では，予防原則や拡大生産者責任といった理念や長期的目標を重視した政策形成が目指された。その結果として，いずれの事例においても厳しい内容の規制が成立した。

要するに，制度配置が規制者の被規制者に対する権限や責任並びに政策実施に対する権限や責任の有無を規定したことで，政策課題の設定のあり方や政策形成の特徴が方向付けられ，これにより規制内容そのものにも影響が及んだのである。このことは，政治学や行政学の研究においてこれまで明示的に分析されなかった点であり，政治制度を出発点とするメカニズムに着目することによって，政策領域ごとの政策課題の設定のなされ方や政策形成過程の特徴の違いを説明できることを本書は示すことができたと考える。

第三に，日本とEUという異なる分析レベルにおける政策形成過程を比較することから新しい知見を引き出す点についてである。本研究では政策領域と時期を限定することによって，日本と EU という異なるレベルの政体における政策過程を比較分析し，日本に比べて EU で厳しい環境リスク規制が成立した制度的要因を明らかにした。もちろん，加盟国の政治や選好，欧州議会内の政治や議論，EU レベルで活動する様々な利害関係者の選好は無視できないものの，化学物質規制にかかるそれぞれの事例では欧州委員会が規制案の策定段階において重要な役割を果たしたことが確認された。

また EU 加盟国の政治を分析する際に，これまでの研究ではたとえば Lodge (2003) のように，強制的圧力（coercive pressure）として EU の制度を加盟国の政策を変更する外生的要因として捉えることが多かったが，本研究では EU における制度変化を内生的要因として捉え，EU レベルにおける政策選択過程を分析した。すなわち，分析対象とした環境規制では，1980年代以降の制度配置の変化によって欧州委員会とくに環境総局に大きく権限が移行されたことで，規制者としての環境総局の権限に大きな変化が生じたことを明らかにした。また，これにより，政策課題や政策形成のあり方に変化が生じたことで，EU の化学物質規制は厳しくなったことを示した。このように本書では，EU による規制政策の連続性と変化を内生的に観察することができたといえる。

以上のように，本書は，リスク管理の特徴を示すこと，政治制度が影響を及ぼす政策過程メカニズムを明らかにすること，そして異なるレベルの政体における政策過程を比較することという本研究の三点の目的について，第３章から第５章でおこなった事例分析を通じて，達成されたものと考える。

2　リスク規制の政治行政分析の発展に向けて

本書では，環境リスク規制の内容に影響を与える，制度配置により規定される規制主体の権限に着目して，日本と EU の化学物質政策を分析し，そのメカニズムを明らかにした。これにより，本書の分析枠組みは有害化学物質規制の影響に与える制度的要因を説明するメカニズムとして有用であることを示した。有害化学物質規制の中でも長期毒性と残留性という点を重視して，特に予防的対応が求められる化学物質規制に分析対象を限定したものの，環境に関わる化学物質規制については考えられ得るパターンを網羅して設定したため，本書で用いた枠組みは他の環境リスク規制にも，適用可能であると考えられる。

もちろん，EU は1990年代以降に急激に環境や人の健康や安全に対する規制が厳格化されたという点で極端な事例であるため，この仮説を今後検証するためには EU 加盟国や EU 以外の地域の国々を加えて分析を行う必要があることはいうまでもないが，こうした制度配置ならびに規制者に着目した分析は，他の事例にも応用の可能性が十分にあるものと考えられる。

たとえば大気汚染について，自動車排気ガス規制を検討する場合，交通政策とも関係するため規制者は変わり得ると考えられるが，制度配置の歴史的形成とその規制者の有する権限が規制内容に影響を与えるであろうことは予測できる。実際に，自動車の排気ガスに含まれる有害化学物質の規制（日本の NOxPM 法（1992年成立）と EU の Euro X（1993年に EuroI 制定後数年ごとに見直し））について比較すると，この枠組みで説明できる可能性がある。すなわち自動車排気ガスに含まれる有害化学物質規制では，日本では国土交通省および環境省が主体となって政策形成が進んでいるのに対して，EU では経済政策を担当する成長総局が主体となって政策形成が進んだ。本書の枠組みから考えると，日本では被規制者の利益が限定的に配慮されながらも事前調整型で規制が作られ，EU では被規制者の利益が配慮されながらも事後調整型で規制が作られたことが予想できる。一方，規制の厳しさを見ると，双方とも厳格化が進んだものの，一時的に日本の方が厳しい規制が成立していた時期もある。このことは，規制者の被規制者に対する権限及び責任の違いが規制内容に影響を与えた可能性を示唆する。同じ環境リスク規制でも規制主体が異なる事例を分析することは今後の課題である。

また，第１章でも述べたように，環境リスク規制以外の規制についても，農薬規制，食品添加物規制，玩具規制など食の安全や消費者保護といった規制も基本的には同じ構造を有していると考えられる。規制者が有している権限や，リスクをめぐる規制アジェンダの設定，さらには規制内容に与える影響を分析することにより，化学物質と関連するほかの予防をめぐる規制についても一定の示唆が得られるであろう。今後は，こうした領域の規制についてもさらに分析を加えることも必要である。今後は分析対象を広げることで，政策過程の特徴や規制内容に影響を与えるメカニズムを明らかにしたい。

また，制度配置が政策課題設定に対して与える影響について，本研究では有害化学物質規制という事例の特徴から，リスクに対する社会的関心が低い段階での政策形成を分析してきた。しかし実際には，リスクに関わる特定の事件や事故が起きることによって，当該リスクやその規制への関心が高まり，政策が形成されることもある。このため，今後は規制対象に対する社会的関心が高まった場合の政策課題の設定および政策形成のあり方も踏まえて分析枠組みを精緻化する必要がある。

さらに，本書では規制者を政府の主な政策立案主体と捉えているが，食品安全委員会や原子力規制委員会のような行政組織が関与する場合などについても分析枠組み内の位置づけも含め検討する必要がある。また，第2章で論じた予防をめぐる規制において規制者と被規制者の関係の，変化についてはさらに詳細にわたり分析する必要がある。特にEUについては多層的な構造となっているため，その関係はより複雑化しているものと考えられる。規制者と被規制者の協力の様態について，より綿密な分析をすることができれば，より分析枠組みの精緻化が進められるものと考えられる。

なお，本書では従属変数として規制内容を設定したため，規制の実効性や有効性に関する評価についても別途分析する必要がある。Pressman and Wildavsky（1979）が示したように，政策立案の段階で実施について十分な考慮が行われない場合，政策実施は上手く進まない，つまり規制の実効性や有効性が低下する恐れがある。実際にEUでは規制制定後，REACH規則，RoHS指令，WEEE指令の間での化学物質規制内容の重複に関する問題や，RoHS指令やWEEE指令について加盟国によって実施の程度が異なるといった問題が生じている。一方，日本ではこうした問題は生じていないため，政策立案の段階で実施までを考慮に入れた方が結果として，現実的な制度設計が可能になっているという点も考えられる。このため，規制の実効性や有効性に関しては，さらに別の視角から分析する必要があるといえる。特にEUの指令については加盟国ごとに実施の状況が異なっている可能性が高いが，EUの28加盟国について国ごとに実施の状況を調べることは膨大な作業量を伴うため，別のプロジェクトによって研究を進める必要がある。今後取り組むべき課題として記したい。

これと関連して，EUのように規制における政策立案と実施について権限及び責任が分離しているケースについて検討したい。日本では，基本的に所管省庁が政策立案と実施の双方について権限と責任を有しているが，近年の日本では政策立案と実施における権限が分離した体制がとられることも珍しくない。たとえば，2000年代以降に進められてきた官邸主導型の政策形成は，首相官邸が中心となって政策立案を行い，その実施は各府省や関係する行政組織によって担われる。また，NPM（New Public Management）改革の一環として行われた独立行政法人の設立も，政策立案と実施を分ける体制といえる。たとえば，2003年に制定された国立大学法人法に基づいて，2004年から国立大学は国立大学法人となった。これにより，国立大学は文部科学省から切り離され各大学によって自主的・自律的な運営が行われることが目指された。こうした政策形成と実施が分離される場合，政策形成を行う組織が主導的な役割を果たせば，トップダウン的な政策形成となり，新しい政策アイディアの実現や長期的目標を重視する政策形成が実現される可能性も高い。しかし一方で，それだけで優れた政策が実現されるわけではなく，政策形成は事後的な調整が中心になることから，政策の実効性や有効性が損なわれる恐れもある。本研究の分析から明らかになったように，政策形成と実施を異なる主体が担うことによって，政策の設計や調整の方法そのものに異なる特徴が備わる可能性があるためである。日本における政策形成と実施との関係について研究することも，今後の課題としたい。

このように，今後の研究で解決すべき点は，分析枠組みの精緻化を図りながら，規制の対象を拡大し，政策領域を横断的に分析することによって，規制政治及び規制行政について理論的・実証的に明らかにすることである。

巻末資料

本資料では，第2章2節の内容と関連して，EUの政策形成に関連する制度について説明する。本書で扱った政策過程はリスボン条約前の内容に基づいているため，そのあとの変化についてもフォローすることを心がけた。詳しい政治史は追わずにあくまで本書の内容に関連する部分の追加的説明であることに留意されたい。なお，この資料はEUの政治制度に関連する近年刊行された基本書に基づいて作成している。

庄司克宏（2013）『新EU法　基礎篇』岩波書店。

庄司克宏（2014）『新EU法　政策篇』岩波書店。

中西優美子（2012）『EU法』新世社。

中村民雄（2016）『EUとは何か（第2版）』信山社。

羽場久美子編著（2013）『EU（欧州連合）を知るための63章』明石書店。

福田耕治編著（2016）『EU・欧州統合研究――Brexit以後の欧州ガバナンス』成文堂。

森井裕一編著（2012）『ヨーロッパの政治経済・入門』有斐閣。

鷲江義勝編著（2009）『リスボン条約による欧州統合の新展開――EUの新基本条約』ミネルヴァ書房。

Cini, M. and N. P. Borragan（2016）*European Union Politics*（*6th ed.*）, Oxford University Press.

Herdegen, M.（2012=2013）*Europarecht*, C. H. Beck（『EU法』中村匡志訳，ミネルヴァ書房）.

Hix, S. and B. Høyland（2011）*The Political System of the European Union*（*3rd ed.*）, Palgrave Macmillan.

Kenealy, D., J. Peterson and R. Corbett（eds.）（2015）*The European Union：How Does It Work?*（*4th ed.*）, Oxford University Press.

Lelieveldt, H. and S.Princen（2015）*The Politics of the European Union*（*2nd ed.*）, Cambridge University Press.

McCormick, J.（2015）*European Union Politics*（2nd *ed.*）, Palgrave.

Nugent, N.（2017）*The Government and Politics of the European Union*（8th *ed.*）Palgrave.

Wallace, H., M. A. Pollack and A. R. Young（eds.）（2015）, *Policy-Making in the European Union*（6th *ed.*）, Oxford University Press.

（1）EU の発展と現在の機構

欧州統合は第二次世界大戦後から本格的に進められ，加盟国が拡大されながら現在に至っている。1951年に締結され1952年に発効したパリ条約で設立された欧州石炭鉄鋼共同体（European Coal and Steel Community：ECSC），1957年に締結され1958年に発効したローマ条約で設立された欧州経済共同体（European Economic Community：EEC），ユーラトム（European Atomic Energy Community：Euratom，欧州原子力共同体）の三機関は，1967年7月に三機関を EC（European Communities：欧州共同体）として編成する併合条約が発効した。このときに成立した主要な立法，司法に関わる機関は現在の EU に引き継がれていくことになった。EC は，各条約の締結に伴って加盟国および政策領域が拡大されてきた（図1「EU 発展と機構の変化」）。

現在は，2009年に発効したリスボン条約のもとで政策形成が行われている。リスボン条約以前はマーストリヒト条約に基づいて，EU の三本の柱，すなわち域内市場の統合を主とする EC の統合の柱（環境政策もこれに含まれる）と，共通外交・安全保障政策の柱と，司法・警察などの内務協力の柱の上に EU が存在するという形であった。リスボン条約によってこうした柱構造がなくなり，これらの政策領域は EU という組織の中に組み込まれることになった。

EU における現在の主要な政治機構として次の五つをあげる（図2「EU の仕組み」，表1「EU の主要機関」）。他にも欧州中央銀行，会計検査院，経済社会委員会，地域評議会などの EU レベルの組織があるが，ここでは省略している。

①欧州理事会（European Council）

欧州理事会は，EU 加盟国の大統領または首相，欧州理事会（常任）議長，欧州委員会委員長によって構成される。EU の大局的な政治指針や優先課題について，全会一致型で決定する。欧州理事会は1970年代半ばから EC 諸国の首脳会合が定期的に始まり，1980年第半ばに正式に欧州理事会という新しい機関となった。通常は半年に2回開催される。欧州理事会は EU 全体の政策方針を決定するが，立法権はもたない。なお議長について，リスボン条約以前は加盟国が輪番制

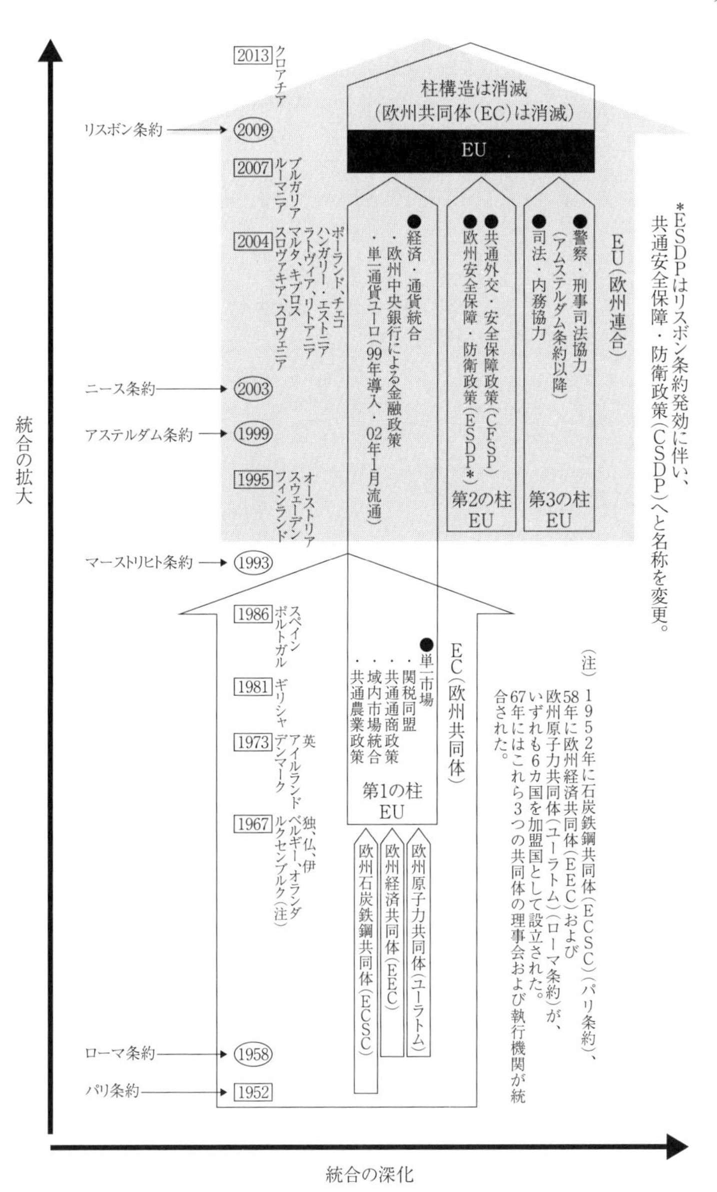

図1　EU 発展と機構の変化

出典：羽場編著（2013：20）

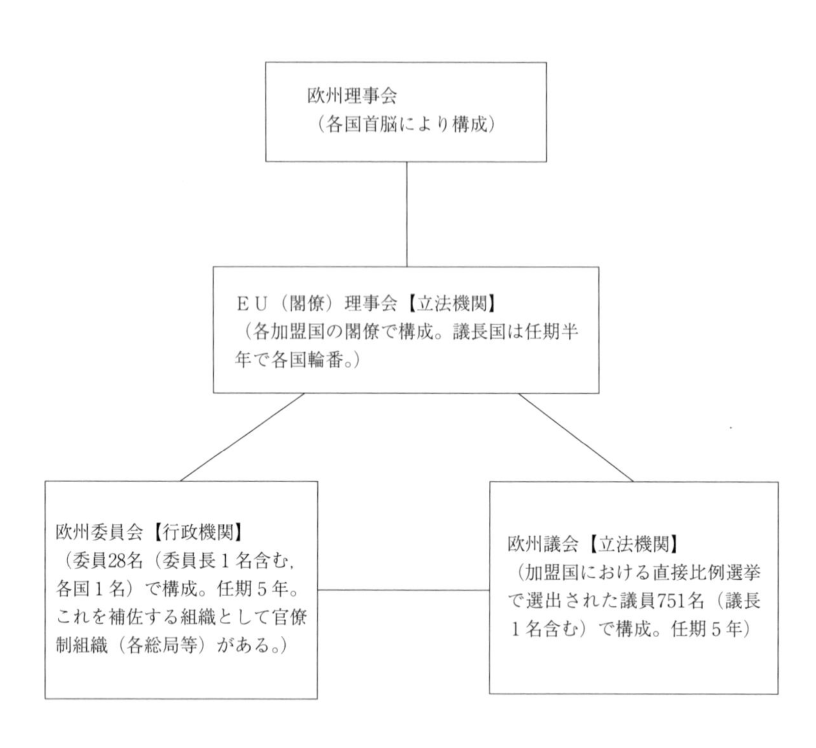

図２　EU の仕組み

出典：外務省ホームページ（http://www.mofa.go.jp/mofaj/area/eu/index.html）を参考に筆者作成

で半年ごとにおこなっていたが，常任議長が置かれることになった。

②EU（閣僚）理事会（Council of European Union）

EU（閣僚）理事会は，EU 加盟国の閣僚級代表（大臣）によって構成される。欧州理事会と区別するために閣僚理事会と呼ばれることもある。EU 理事会は立法権をもち，法案や予算案を決定する。

EU 理事会は政策分野別に開かれる。現在は総務理事会，外務理事会，経済財政理事会，司法内務理事会，雇用・社会政策，健康・消費者問題理事会，競争力理事会，運輸・通信・エネル

表1　EU の主要な機構

	欧州理事会 European Council	EU(閣僚)理事会 Council of the EU	欧州委員会 European Commission	欧州議会 European Parliament	EU の裁判所 { 司法裁判所 { 一般裁判所
機関の長	理事長1名。 (任期2，5年。再任1回可)	議長国（任期半年で各国輪番） 外務理事会の議長は上級代表（任期5年）	委員長1名 (任期5年)	議長1名 (任期5年)	司法裁判所長官1名 一般裁判所長官1名
メンバーと補佐機関	各国首脳と欧州委員会委員長	構成国政府の閣僚級代表 <補佐機関> 常駐代表委員会（コレペール）および閣僚理事会事務局	委員28名（委員長含む。各国1名）任期5年 <補佐機関> 欧州委員会職員の官僚制組織	議員750名＋議長1名 任期5年	司法裁判所 裁判官28名（各国1名），法務官11名 一般裁判所 裁判官増員中(2016年9月に47名。2019年9月に各国から2名）法務官なし。 裁判官，法務官任期6年
任命手続	各国首脳：各国憲法の定める手続きによる。	各国代表：各国憲法の定める手続きによる。	委員長：欧州議会選挙の結果を踏まえて，各国首脳の会議で候補を選定し，雄ぅ州議会が承認して任命。	EU 市民による直接比例選挙で選出。	構成国の任命の合意で任命。
代表利益	国益・EU 公益	国益	EU 公益（何人からも独立して職務を遂行）	多種多様な EU 市民の利益	法の遵守の確保＝「法の支配」の実現。
決定方式	コンセンサス（原則）	(事項により） 特定多数決または全会一致	単純多数決	(事項により） 出席議員の多数決または総議員の絶対多数決	単純多数決
職務・権限	(大局的決定）政治方針示す。立法権なし。EU 理事会での難航事案の解決。	(立法）法案・予算案の採択 (行政）欧州委員会の法執行を監督。EU 法を自ら執行。	(立法）法案・予算案の提出。 (行政）EU 法を自ら執行。各国の EU 法執行を監督。不履行国を EU 司法裁判所に提訴。	(立法）法案・予算案の採択。 (他機関への政治的統制） ・議会調査権の発動 ・欧州委員会の不信任決議	(司法) 司法裁判所 ・先決裁定 ・直接訴訟 ・一般裁判所からの上訴審査 一般裁判所 ・直接訴訟

出典：中村（2016：81）

ギー理事会，農業・漁業理事会，環境理事会，教育・青少年・文化・スポーツ理事会という10の理事会が存在する。各理事会における決定のほとんどは，特定多数決（ＱＭＶ）によって決められる。リスボン条約では欧州委員会または上級代表の提案の場合，可決に必要な条件は16か国以上が賛成し，かつそれらの国の人口が EU 総人口の65% 以上になる必要がある。第２章でもみたように，単一欧州議定書により特定多数決制度が導入されたことでそれまで全会一致であった理事会の決定は大きく変化し，加盟国の拒否権が弱まった。

また，EU 理事会には，各国政府の大臣を補佐する機関として「常駐代表委員会（Coreper，コレペール）」がある。これは，多忙な大臣に代わって各国から派遣される大使クラスの常駐代表が各国間の意見調整を行う。コレペールで決定できなかった重大な案件は理事会で議論される。

③欧州委員会（European Commission）

欧州委員会は27人の委員と委員長１名によって構成され，これを補佐する官僚制組織として総局（Directorate-General：DG）がある。欧州委員会といった場合，一般的に両方の組織を含めて呼ぶ場合が多い。欧州委員会は EU 法を実施し予算を執行する行政組織であると同時に，立法組織である。欧州委員会は EU 法（二次法）の法案提出権限を唯一有しており，欧州議会にはその権限がない。

欧州委員会委員長は，加盟国の首脳によって欧州理事会で選出され，欧州議会の承認を得たうえで決定される。委員は構成国から一名ずつ選出される。これがいわば内閣のようにたとえられるが，委員の任期は５年と定められている。各委員は担当する政策領域に関わることになる。

④欧州議会（European Parliament）

欧州議会は EU 理事会と共同の立法機関であり，EU 市民により直接選挙によって選ばれる欧州議員により構成される。選挙の方法は国ごとに異なるが，議席は国別の議席配分によって定められ，任期は５年である。欧州議員は出身国ごとではなく，欧州議会内の会派に所属して活動する。

欧州議会は EC 時代まで，法案への意見を表明するに過ぎない諮問機関であり，影響力の弱い機関であった。欧州議会議員も各国の議員が兼職しているにすぎず，EU 市民による民主的統制が弱いことから「民主主義の赤字」として問題視された。しかし，選挙制度は1979年から直接選挙制が導入され，さらに，欧州議会は1993年の EU 条約で共同決定手続きとなってから，EU 理事会と対等な形で立法過程に関わることになり，権限が大幅に高まった。（第２章でもふれたように，リスボン条約では共同決定手続きは「通常立法手続き」となった。）

⑤ EU 司法裁判所（Court of Justice of the European Union）

EU 司法裁判所は，EU における法秩序の維持や法の遵守を確保するための司法機関である。EU 司法裁判所は，EU 内の裁判所の総称であり，この中に司法裁判所（Court of Justice），一般裁判所（General Court）や専門別裁判所（specialised court）が含まれる。

司法裁判所は EC 設立当初から存在する。司法裁判所には，各国から一名ずつ任命される裁判官の他に11名の法務官（Advocate General）も任命される。法務官は EU の公益代表者として独立の立場から判決前に法務官意見を提出するなど重要な役割を果たす。裁判官，法務官共に任期は 6 年である。また，一般裁判所は司法裁判所の下級審に当たり，訴訟件数の増加などに伴って単一欧州議定書により導入され，1989年に設立された。裁判官は2016年から段階的に増員されている。

（2）EU の行政

EU の行政は，EU の設立に関する基本法（一次法，基本法規）と EU が制定する法律や EU 司法裁判所が出した判決などの判例（二次法，派生法規）に基づいて行われる。一次法には，EU 条約，EU 機能条約，EU 基本権憲章，法の一般原則が含まれる。また，二次法には，規則（regulation），指令（directive），決定（decision），EU が締結する国際条約，EU 裁判所の判例が含まれる。本書で扱った REACH 規則，RoHS 指令，WEEE 指令は EU 法のなかの二次法である。

「規則」，「指令」，「決定」の内容は，具体的に EU 機能条約第288条で次のように定められる。まず，「規則」は，EU で立法された内容がそのまま加盟国内で直接的に適用されるものである。次に，「指令」は EU で立法された内容が直接適用されず，加盟国内で立法されて実施される。加盟国は国により異なる法制度を有しているため，EU レベルでは目的が定められ，それを達成するための具体的な方法は加盟国の実情に応じて決めることができる。最後に「決定」は特定の国や企業などを直接拘束するもので，直接適用されるものの，EU 全体を対象とするものではない。

EU の二次法の立案は，本書でも扱ったように法案提出権限を持っている欧州委員会で行われる。欧州委員会は，日本でいう省庁にあたる総局に分かれている（表 2 ：「欧州委員会内の組

表2　欧州委員会内の組織

総局（Directorates-General, DG）	サービス（Services）
農業・地方開発総局 予算総局 気候変動対策総局 コミュニケーション総局 通信ネットワーク・コンテンツ・技術総局 競争総局 経済・金融総局 教育・青少年・スポーツ・文化総局 雇用・社会問題・社会的包摂総局 エネルギー総局 環境総局 人道援助・市民保護総局 近隣・拡大交渉総局 統計（ユーロスタット）総局 金融安定・金融サービス・資本市場同盟総局 健康・食品安全総局 人的資源・保安総局 情報技術総局 域内市場・産業・企業・中小企業総局（成長総局） 国際協力・開発総局 通訳総局 共同研究センター総局 司法・消費者総局 海事・漁業総局 移民・内務総局 モビリティ・運輸総局 地域・都市政策総局 研究・イノベーション総局 事務総局 税制・関税同盟総局 貿易総局 翻訳総局	行政・個人向け給付金支払局 データ保護官 欧州不正対策局 欧州人選局 欧州政治戦略センター 外交政策手段局 歴史的アーカイブ局 インフラストラクチャー・ロジスティックス局（ブリュッセル） インフラストラクチャー・ロジスティックス局（ルクセンブルク） 内部監査局 法務局 図書館・イーリソースセンター 出版局 構造改革サポート局 イギリスとのリスボン条約50条合意に関するタスクフォース

（アルファベット順）
出典：欧州委員会ホームページ https://ec.europa.eu/info/departments_en を参考に筆者作成

織」)。なお，本書で主に扱った総局の一つである，企業総局，企業・産業総局は現在成長総局と名称が変更され，環境総局は環境総局と気候変動対策総局に分かれた。また，第2章でも述べたように，政策形成がどの程度欧州委員会によって担われるかは政策領域ごとに異なっており，環境や安全規制のように欧州委員会が主体になる領域もあれば，社会保障のように加盟国が主体になる領域もある。

EU の政策実施は，そのほとんどが加盟国の政府機関を通じて実施され，政策や立法を直接実施する例は少ない。EU が単独で政策形成から政策実施までの権限と責任を担うのは，関税，競争政策，通貨政策，共通通商政策などに限られている。たとえば，競争政策では，欧州委員会が EU 競争法を執行する権限を持ち，EU 域内の企業の調査，摘発，課金などを行うことができる。本書で扱った環境政策を含むそれ以外の政策は，加盟国を通じて間接的に実施されているため，政策実施に対する権限は限定的である。

参考文献

青木一益（2006）「規制政策のリーガリズムをめぐる日米比較論・再訪――環境法の執行作用と企業遵守に関する実証分析を手がかりに」『法社会学』65。

秋吉貴雄・伊藤修一郎・北山俊哉（2015）『公共政策学の基礎（新版）』有斐閣。

浅野直人・大塚直・高橋滋・柳憲一郎・松村弓彦（1998）「廃棄物・リサイクルが一体となった健全な物質循環を促進する総合法制枠組み（提案）」『ジュリスト』1147。

東史彦（2009）「EU 基本条約における環境関連規定の発展」庄司克弘編著『EU 環境法』慶應義塾大学出版会。

安達亜紀（2015）『化学物質規制の形成過程――EU・ドイツ・日本の比較政策論』岩波書店。

阿部泰隆（1989a；1989b；1989c）「廃棄物法制の課題（上）（中）（下）」『ジュリスト』944；945；946。

飯島直子編著（1993）『環境社会学』有斐閣。

飯島直子（2000）『環境問題の社会史』有斐閣。

石野耕也（2007）「化学物質排出把握管理促進法の手法と仕組み」岩間徹・柳憲一郎編著『環境リスク管理と法』慈学社出版。

石原孝二（2004）「リスク分析と社会：リスク評価・マネジメント・コミュニケーションの倫理学」『思想』963。

井出秀樹（1997）「社会的規制の手段」植草益編著『社会的規制の経済学』NTT 出版。

今村都南雄（1976）「組織の分化と抗争」辻清明編著『行政と組織』東京大学出版会。

今村都南雄（2006）『官庁セクショナリズム』東京大学出版会。

植草益編著（1997）『社会的規制の経済学』NTT 出版。

植草益（2000）『公的規制の経済学』NTT 出版。

植田和弘（2010）「予防原則と環境政策手段」植田和弘・大塚直（監修），損害保険ジャパン・損保ジャパン環境財団編『環境リスク管理と予防原則――法学的・経済学的検討』有斐閣。

植月献二（2011）「リスボン条約後のコミトロジー手続——欧州委員会の実施権限の行使を統制する仕組み」『外国の立法』249。
臼井陽一郎（2012）「EU の環境政策と規制力」遠藤乾・鈴木一人編著（2012）『EU の規制力』日本経済評論社。
臼井陽一郎（2013）『環境の EU，規範の政治』ナカニシヤ出版。
内山融（1998）『現代日本の国家と市場——石油危機以降の市場の脱〈公的領域〉化』東京大学出版会。
内山融（2005）「政策アイディアの伝播と制度——行政組織改革の日英比較を題材として」『公共政策研究』５。
遠藤乾・鈴木一人編著（2012）『EU の規制力』日本経済評論社。
遠藤乾（2012）「EU の規制力——危機の向こう岸のグローバル・スタンダード戦略」遠藤乾・鈴木一人編著『EU の規制力』日本経済評論社。
遠藤幹夫（2017）「化審法制定秘話——1972年当時の法案作成者へのインタビュー」『化学経済』64（９）。
大嶽秀夫（1996）『現代日本の政治権力・経済権力——政治における企業・業界・財界（増補新版)』三一書房。
大塚直（1998）「家電リサイクル法の問題点と今後のリサイクル法制の展望——いわゆる製造者責任を中心として」『ジュリスト』1142。
大塚直（1999）「PRTR 法の法的評価」『ジュリスト』1163。
大塚直（2000）「循環型諸立法の全体的評価」『ジュリスト』1184。
大塚直（2004）「化学物質をめぐる法的問題」牛山積・首藤重幸・大塚直・須網隆夫・梛澤能生『環境と法』成文堂。
大塚直（2007a；2007b）「化学物質管理法（PRTR 法）と企業の自主的取組・情報的手法（上）（下）」『法学教室』322；323。
大塚直（2009）「わが国の化学物質管理と予防原則」『環境研究』154。
大塚直（2010a）『環境法（第三版)』有斐閣。
大塚直（2010b）「日本の化学物質管理と予防原則」植田和弘・大塚直監修，損害保険ジャパン・損保ジャパン環境財団編『環境リスク管理と予防原則——法学的・経済学的検討』有斐閣。

大塚直・大橋光雄・鈴木勇吉・竹内謙・星野信之・森島昭夫（1998）「廃棄物とリサイクルが一体となった総合法制に向けて（座談会）」『ジュリスト』1147。

大西香世（2012）「麻酔分娩をめぐる政治と制度——なぜ日本では麻酔による無痛分娩の普及が挫折したのか」『年報科学・技術・社会』21。

小山佳枝（2001）「国際法上の『予防原則』の地位——オーストラリアの国家実行を手がかりとして」『法学政治学論究』51。

小山佳枝（2002）「EUにおける『予防原則』の法的地位：欧州委員会報告書の検討」『法学政治学論究』52。

小山佳枝（2006）「カナダの環境法政策：国際法上の『予防原則』をめぐる実行」『総合政策フォーラム』1（1）。

加藤一郎・金子太郎・木原啓吉・橋本道夫（1981）「座談会　環境行政10年の歩み」『ジュリスト』749。

加藤淳子（1997）『税制改革と官僚制』東京大学出版会。

加藤淳子・境家史郎・山本健太郎編著（2014）『政治学の方法』有斐閣。

金井利之（2007）『自治制度』東京大学出版会。

蒲生昌志（2002）「化学物質の健康リスク評価と不確実性」『科学』72（10）。

蒲生昌志（2013）「化学物質の健康リスク評価」益永茂樹責任編集『科学技術からみたリスク』岩波書店。

上川龍之進（2005）『経済政策の政治学——90年代経済危機をもたらした「制度配置」の解明』東洋経済新報社。

上川龍之進（2010）『小泉改革の政治学——小泉純一郎は本当に「強い首相」だったのか』東洋経済新報社。

川名英之（1988）『環境庁』緑風出版。

環境省（2006）『環境基本計画——環境から拓く新たなゆたかさへの道』。

環境省総合環境政策局総務課編著（2002）『環境基本法の解説（改訂版）』ぎょうせい。

環境庁10周年記念事業実行委員会編（1982）『環境庁十年史』ぎょうせい。

環境庁20周年記念事業実行委員会編（1991）『環境庁二十年史』ぎょうせい。

環境省・（財）日本環境衛生センター（2005）「製品中の有害物質に起因する環境負荷の低減方策

に関する調査検討報告書」。
北波孝（1999a）「循環型社会の構築に向けて――特定家庭用機器再商品化法（家電リサイクル法）」『都市問題研究』51（1）。
北波孝（1999b）「テレビ55％以上など再商品化基準を公布――生活環境審議会報告と施行に向けた取り組み」『月刊地球環境』30（7）。
北村喜宣（2000）「廃棄物処理法二〇〇〇年改正法の到達点」『ジュリスト』1184。
北山俊哉（2011）『福祉国家の制度発展と地方政府――国民健康保険の政治学』有斐閣。
木寺元（2012）『地方分権改革の政治学――制度・アイディア・官僚制』有斐閣。
木野修宏（2009）「化学物質審査規制法の改正について」『環境研究』154。
木村宗敬（2009）「わが国における RIA の展望」山本哲三編著『規制影響分析（RIA）入門――制度・理論・ケーススタディ』NTT 出版。
京俊介（2011）『著作権法改正の政治学――戦略的相互作用と政策帰結』木鐸社。
久米郁男（1998）『日本型労使関係の成功――戦後和解の政治経済学』有斐閣。
倉阪秀史（2008）『環境政策論――環境政策の歴史及び原則と手法（第２版）』信山社。
熊本一規（1999）「拡大生産者責任と廃棄物法制度」『リサイクル文化』63。
経済産業省（2006）『産業構造審議会化学・バイオ部会化学物質基本問題小委員会　中間取りまとめ（パブリックコメント版）』。
経済産業省（2011）『化審法の施行状況（平成二十二年）』。
厚生労働省・経済産業省・環境省（2005）『既存化学物質の安全性情報の収集・発信に向けて』。
厚生労働省・経済産業省・環境省（2008）「厚生科学審議会化学物質制度改正検討部会　化学物質審査規制制度の見直しに関する専門委員会　産業構造審議会化学・バイオ部会化学物質管理企画小委員会　中央環境審議会環境保健部会化学物質環境対策小委員会　合同会合（化審法見直し合同委員会）報告書」。
小西幸男（2001）「EU と環境政策――公害対策から環境政策へ」内田勝敏・清水貞俊編著『EU 経済論――拡大と変革の未来像』ミネルヴァ書房。
酒井香世子（2001）「廃家電・廃電子機器のリサイクル」植田和弘・喜多川進監修，安田火災海上保険・安田総合研究所・安田リスクエンジニアリング編『循環型社会ハンドブック――日本の現状と課題』有斐閣。

佐久間信一（2001）「家電リサイクル法成立の経緯と内容評価――製造段階からリサイクルを前提とした拡大生産者責任法」『リサイクル文化』63。

佐々田博教（2011）『制度発展と政策アイディア――満州国・戦時期日本・戦後日本にみる開発型国家システムの展開』木鐸社。

佐藤満（2012）「事例研究と政策科学」政策科学19（3）。

JETRO（2005）「Report 3. EU 主要12カ国における WEEE 指令国内法制化」『ユーロトレンド』70。

柴野浩一郎（1975）『環境庁』教育社。

シュラーズ，ミランダ・A.（1993）「日本における環境政策の決定過程――『落ちこぼれ』かリーダーか」『The Journal of Pacific Asia』2。

庄司克宏（2013）『新 EU 法　基礎編』岩波書店。

庄司克宏（2014）『新 EU 法　政策編』岩波書店。

城山英明（2002）「科学技術政策の国際的次元」『科学技術社会論研究』1。

城山英明（2003）「環境政策と国際関係」植田和弘・森田恒幸編『環境政策の基礎』岩波書店。

城山英明（2004）「安全確保の法システム――責任追及と学習，第三者機関の役割，国際的調和化」『思想』963号。

城山英明（2005）「食品規制の差異化と調和化――科学的知識，経済的利益と政策判断の交錯」城山英明・山本隆司編著『環境と生命』東京大学出版会。

城山英明（2006）「民間機関による規格策定と行政による利用――原子力安全分野を中心として」『ジュリスト』1307。

城山英明（2007）「リスク評価・管理と法システム」，城山英明・西川洋一編著『科学技術の発展と法』東京大学出版会，89-114。

城山英明（2008）「技術変化と政策革新――フレーミングとネットワークのダイナミズム」城山英明・大串和雄編『政策革新の理論』東京大学出版会。

城山英明編著（2008）『科学技術のポリティクス』東京大学出版会。

城山英明（2010）「原子力安全委員会の現状と課題」『ジュリスト』1399。

城山英明（2012）「原子力安全規制政策――戦後体制の修正・再編成とそのメカニズム」森田朗・金井利之編著『政策変容と制度設計――政界・省庁再編前後の行政』ミネルヴァ書房。

城山英明編著（2015）『福島原発事故と複合リスク・ガバナンス』東洋経済新報社。
鈴木一人（2012）「EU の規制力の定義と分析視角」遠藤乾・鈴木一人編著『EU の規制力』日本経済評論社。
曽我謙吾（2013）『行政学』有斐閣。
高橋滋（1999）「環境リスクと規制」森島昭夫・大塚直・北村喜宣編著『環境問題の行方』有斐閣。
高橋滋（2001）「化学物質リスクへの法的対応」環境法政策学会編『化学物質・土壌汚染と法政策』商事法務研究会。
高橋滋（2002）「環境リスクへの法的対応」大塚直・北村喜宣編著『環境法学の挑戦』日本評論社。
高橋滋（2005）「環境リスク管理と予防原則」『環境法研究』30。
武智秀之（1996）『行政過程の制度分析』中央大学出版部。
田中勝監修（1996）『日米欧の産業廃棄物処理——各国の制度と実際』（企画・編集　財団法人産業廃棄物処理事業振興財団）ぎょうせい。
田辺国昭（2012）「規制改革」森田朗・金井利之編著『政策変容と制度設計——政界・省庁再編前後の行政』ミネルヴァ書房。
中央環境審議会（1998）『今後の化学物質による環境リスク対策の在り方について（中間答申）——我が国における PRTR（環境汚染物質排出移動登録）制度の導入』。
通商産業省環境立地局編（2000）『循環経済ビジョン——循環型経済システムの構築に向けて』通商産業調査会出版部。
通商産業省機械情報産業局電気機器課編（2000）『家電リサイクル法（特定家庭用機器再商品化法）の解説』（改訂増補版）通商産業調査会。
通商産業省基礎産業局化学品安全室（1973）『化学物質審査規制法の解説』第一法規。
通商産業省産業構造審議会 廃棄物処理・再生化部会 企画小委員会 電気・電子機器リサイクル分科会（1997）『電気・電子機器のリサイクルの促進委向けて』。
通商産業省立地公害局編（1991）『今後の廃棄物処理・再資源化対策のあり方——リサイクル社会の構築を目指して』通商産業調査会。
通商産業省立地公害局編（1993）『リサイクル法の解説』通商産業調査会。

辻信一（2016）『化学物質管理法の成立と発展——科学的不確実性に挑んだ日米欧の50年』北海道大学出版会。

辻晴雄・永田勝也・広瀬勝貞（1998）「本格化する家電リサイクル（座談会）」『通算ジャーナル』31（9）。

鄭洪・仁田義孝・横田勇（2005a）「家電リサイクル法の制定過程についての一考察」『環境情報科学』34（2）。

鄭洪・仁田義孝・横田勇（2005b）「家電リサイクル法と EU 指令の比較」『環境科学会誌』18（4）。

手塚洋輔（2010）『戦後行政の構造とディレンマ——予防接種行政の変遷』藤原書店。

徳増伸二（2006）「欧州環境規制（REACH, EuP）の最新動向」『JMC environmental Update』7（6）。

豊田耕二（2009）「化学物質審査規制法改正に係る化学業界の対応——ハザードからリスク評価・管理体系へ大きく転換する化審法への対応」『生活と環境』54（9）。

戸澤英典（2003）「EU におけるロビイング——二つのリサイクル指令のケースを通して」『阪大法学』53。

中杉修身（1999）「化学物質対策法の現状と課題」森島昭夫・大塚直・北村喜宣編著『環境問題の行方』有斐閣。

中地重晴（2008）「化審法見直し合同会合を終えて」『環境監視』124。

中西準子（2004）『環境リスク学——不安の海の羅針盤』日本評論社。

中西優美子（2009）「EU 法における環境統合原則」庄司克弘編著『EU 環境法』慶應義塾大学出版会。

永見靖（2016）「共管法の研究——環境法を業所管庁が所管する法律上の趣旨」『公共政策研究』16。

中村健吾（2005）『欧州統合と近代国家の変容——EU の多元的ネットワーク・ガバナンス』昭和堂。

西尾勝（1990）『行政学の基礎概念』東京大学出版会。

西尾勝（2000）『行政の活動』有斐閣。

日本化学物質安全・情報センター（2007）『世界の新規化学物質届出制度（第四版）』。

野村正幸（1970）「厚生省を除く各省庁による公害行政」『ジュリスト臨時増刊　特集公害』458。
橋本信之（2005）『サイモン理論と日本の行政』関西学院大学出版部。
橋本道夫（1970）「厚生省の公害防止行政」『ジュリスト臨時増刊　特集公害』458。
畠山武進（2016）『環境リスクと予防原則Ⅰ　リスク評価』信山社。
畠山弘文・新川敏光（1984）「環境行政にみる現代日本政治」大嶽秀夫編著『日本政治の争点――事例研究による政治体制の分析』。
八谷まち子（1999）「コミトロジー考察――誰が欧州統合を実施するのか」『政治研究』46。
原田久（2011）『広範囲応答型の官僚制――パブリック・コメント手続きの研究』信山社。
原田久（2013）「エビデンスに基づかない政策形成？」『立教法学』87。
原田久（2016）『行政学』法律文化社。
早川有紀（2012a）「環境リスク規制におけるコントロール――化学物質政策の政策手段の質的変容」『環境経済・政策研究』5（2）。
早川有紀（2012b）「制度変化をめぐる新制度論の理論的発展――James Mahoney and Kathleen Thelen（2010）*Explaining Institutional Change* を手がかりに」『相関社会科学』21。
早川有紀（2014）「環境リスクに対する規制影響分析――日本とEUにおける化学物質規制改革の立法過程」『年報行政研究』49。
早川有紀（2018）「環境規制政策の波及――EUにおける化学物質規制の日本への影響」『法と政治』69（1）。（近刊）
稗田健志（2012）「日本政治研究における歴史的制度論のスコープと課題」『レヴァイアサン』51。
平川秀幸（2005）「リスクガバナンスのパラダイム転換――リスク／不確実性の民主的統合にむけて」『思想』973。
平川秀幸（2011）「リスクガバナンスの考え方――リスクコミュニケーションを中心に」平川秀幸・土田昭司・土屋智子『リスクコミュニケーション論』大阪大学出版会。
平川秀幸・城山英明・神里達博・藤田由紀子（2005）「日本の食品安全行政改革と食品安全委員会」『科学』75（1）。
平島健司（2008）「変化する政体と政策革新のメカニズム」平島健司編『政治空間の変容と政策革新2　国境を超える政策実験・EU』東京大学出版会。
平田彩子（2009）『行政法の実施過程――環境規制の動態と理論』木鐸社。

平田彩子（2017）『自治体現場の法適用――あいまいな法はいかに実施されるか』東京大学出版会。

フォリヤンティ＝ヨスト，ゲジーネ（2000）「環境政策の成功の条件――環境保護における日本の先駆的役割の興隆と終焉」（坪郷實訳）『レヴァイアサン』27。

深谷健（2012）『規制緩和と市場構造の変化――空港・石油・通信セクターにおける近郊経路の比較分析』日本評論社。

福田耕治（2004）「環境政策」辰巳浅嗣編著『EU――欧州統合の現在』（第１版）。

藤井敏彦（2009）「日本企業およびEUの関係の深化――環境リサイクル指令ロビイングを事例として」田中俊郎・庄司克宏・浅見政江編著『EUのガヴァナンスと政策形成』慶應義塾大学出版会。

藤垣裕子（2003）『専門知と公共性』東京大学出版会。

藤田由紀子（2008）『公務員制度と専門性――技術系行政官の日英比較』専修大学出版局。

藤田由紀子（2012）「原子力と食品の安全――行政組織の独立性・専門性・セクショナリズム」『政治学の諸問題Ⅷ』（専修大学法学研究所紀要）37。

舩橋晴俊（1993）「社会制御としての環境政策」飯島直子編著『環境社会学』有斐閣。

星川欣孝（2016）『化学物質総合管理法制――官主導に捉われた半鎖国状態をただす方策』日本評論社。

ポレット，クリス（2002a，；2002b）「EU環境法の新展開――有害物質に関するEU法制の検討（化学物質規制策（上）（下）」（河村寛治・三浦哲男監訳）『国際商事法務』30（７）；30（８）。

前田健太郎（2013）「事例研究の発見的作用」『法学会雑誌』54（１）。

前田健太郎（2014）『市民を雇わない国家――日本が公務員の少ない国へと至った道』東京大学出版会。

牧原出（2009）『行政改革と調整のシステム』東京大学出版会。

増沢陽子（2001）「化学物質規制の法」環境法政策学会編『化学物質・土壌汚染と法政策』商事法務研究会。

増沢陽子（2007）「EU化学物質規制改革における予防原則の役割に関する一考察」『鳥取環境大学紀要』５。

益永茂樹（2013）「リスク評価――選択の基準」益永茂樹責任編集『科学技術からみたリスク』岩波書店。
松田裕之（2013）「生態リスク評価」益永茂樹責任編集『科学技術からみたリスク』岩波書店。
真渕勝（1994）『大蔵省統制の政治経済学』中央公論社。
真渕勝（2009）『行政学』有斐閣。
松尾真紀子（2013）「日本の食品安全ガバナンスのこれまでとこれから――制度設計からの考察」『日本リスク研究学会誌』23（3）。
村上裕一（2016）『科学技術と官僚制――変容する規制空間の中で』岩波書店。
諸富徹編著（2009）『環境政策のポリシー・ミックス』ミネルヴァ書房。
森道哉（2000）「環境政策をめぐる『紛争』の変容――環境価値追求の制度配置と基本法の変化」『政策科学』8（1）。
森道哉（2001）「環境政策をめぐる『紛争』の過程と構造――分析枠組の構築に関する検討」『政策科学』8（2）。
森道哉（2003；2004）「高度経済成長期の環境政治――政府の政策選好における『環境価値』の刻印（1）（2）」『政策科学』11（1）；11（2）。
森道哉（2013）「公害国会の見取り図」『立命館大学人文科学研究所紀要』101。
森田朗（1988）『許認可行政と官僚制』岩波書店。
森本英香・川上毅・小紫雅史・東條純士・内藤冬美・中山元太郎・牧谷邦昭・増沢陽子・松井亜文・吉野議章（2002）「環境庁の政策形成過程」城山英明・細野助博編著『続・中小省庁の政策形成過程――その持続と変容』中央大学出版部。
柳憲一郎（2005）「化学物質管理法と予防原則」『環境法研究』30。
八代尚宏（2000）「社会的規制はなぜ必要か」八代尚宏編著『社会的規制の経済分析』日本経済新聞社。
臨時行政改革推進審議会事務室（1988）『規制緩和』ぎょうせい。
臨時行政改革推進審議会事務室（1989）『規制緩和の推進』ぎょうせい。
山田洋（2005）「既存化学物質管理の制度設計――EU・ドイツの現状と将来」『自治研究』81（9）。
吉田幸一（2006）「電気・電子機器の特定の化学物質の含有表示方法（J-Moss）の概要」『JEI-

TA Review』7（3）。

横島直彦（1999）「2001年4月からの本格施行を閣議決定——エアコン・冷蔵庫の冷媒用フロンについても回収・処理を義務付け」『月刊地球環境』30（7）。

寄本勝美（1998）『政策形成と市民——容器包装リサイクル法の制定過程』有斐閣。

寄本勝美（2009）『リサイクル政策の形成と市民参加』有斐閣。

寄本勝美・高月紘・後藤典弘（1989）「ごみ問題を考える（座談会）」『ジュリスト』944。

和達容子（2007）「EUの持続可能な発展と環境統合——環境統合の概念，実践，欧州統合との関係から」『日本EU学会年報』27。

和達容子（2009）「EU環境政策の政策決定過程と加盟国の役割」『環境情報科学』38（1）。

Agra Europe（2000）"Chemicals, Substances and Products : EU to Require Industry to Prove Existing Chemicals Safe," *Environment Watch : Europe*, 7 July.

Augenstein, D.（ed.）（2012）*'Integration through Law' Revisited : The Making of the European Policy*, Ashgate Publishing.

Ayres, I. and J. Braithwaite（1992）*Responsive Regulation : Transcending the Deregulation Debate*, Oxford University Press.

Bianchi, P.（1998）*Industrial Policies and Economic Integration*, London, Routledge.

Biedenkopf, K.（2011）*Policy Recycling?: The External Effects of EU Environmental Legislation on the United States*, Vrije Universiteit Brussel, Institute for European Studies.

Birkland, T. A.（1997）*After Disaster : Agenda Setting, Public Policy, and Focusing Events*, Georgetown University Press.

Blom-Hansen, J.（2011）*The EU Comitology System in Theory and Practice: Keeping on Eye on the Commission?*, Palgrave Macmillan.

Brickman, R., S. Jasanoff and T. Ilgen（1985）*Controlling Chemicals : The Politics of Regulation in Europe and the United States*, Cornell University Press.

Broadbent, J.（1998）*Environmental Politics in Japan : Networks of Power and Protest*, Cambridge University Press.

Calder, K. E.（1993=1994）*Strategic Capitalism : Private Business and Public Purpose in Japanese*

Industrial Finance, Princeton University Press（谷口智彦訳『戦略的資本主義――日本型経済システムの本質』日本経済新聞社）.

Carpenter, D.（2001）*The Forging of Bureaucratic Autonomy : Reputations, Networks, and Policy Innovation in Executive Agencies, 1862-1928*, Princeton University Press.

Carpenter, D.（2010）*Reputation and Power : Organizational Image and Pharmaceutical Regulation at the FDA*, Princeton University Press.

Cini, M.（1996）*The European Commission : Leadership, Organization, and Culture in the EU Administration*, New York：Manchester University Press.

Cini, M.（2000）"Administrative Culture in the European Commission：The Case of Competition and Environment," in Neill N.（ed.）*At the Heart of the Union : Studies of the European Commission*（2nd *ed.*）, Macmillan Press.

Christiansen, T., G. Falkner and K. E. Jørgensen（2002）"Theorizing EU Treaty Reform：Beyond Diplomacy and Bargaining," *Journal of European Public Policy*, 9（1）.

Cobb, R. W. and C. D. Elder（1971）"The Politics of Agenda-Building：An Alternative for Modern Democratic Theory," *Journal of Politics*, 18（1）.

Cohen, M. D., J. G. March, and J. P. Olsen（1972）"A Garbage Can Model of Organizational Choice," *American Sociological Quarterly*, 17.

Council of the European Union（1997）*Council Resolution of 24 February 1997 on Community Strategy for Waste Management*. 97/C 76/01.

Delreux, T. and S. Hoppaerts（2016）*Environmental Policy and Politics in the European Union*, Palgrave.

Dunleavy, P.（1991）*Democracy, Bureaucracy and Public Choice : Economic Explanations in Political Science*, Harvester Wheatsheaf.

European Commission（1989）*Communication from the Commission to the Council and to Parliament, A Community Strategy for Waste Management*, SEC（89）934 final.

European Commission（1995）*Report from the Commission to the Council and the European Parliament on Waste Management Policy*, COM（95）522 final.

European Commission（1996）*Communication from the Commission on the Review of the*

Community Strategy for Waste Management, COM（96）399 final.

European Commission（1998）*Report on the Operation of Directive 67/548/ECC on the Approximation of the Laws, Regulations and Administrative Provisions Relating to the Classification, Packaging and Labelling of Dangerous Substances ; Directive 88/379/EEC on the Approximation of the Laws, Regulation and Administrative Provisions Relating to Classification, Packaging and Labelling of Dangerous Preparations ; Regulation*（*EEC*）*793/93 on the Evaluation and Control of the Risks of Existing Substances ; Directive 76/769/EEC on the Approximation of the Laws, Regulations and Administrative Provisions of the Member States Relating to Restrictions on the Marketing and Use Certain Dangerous Substances and Preparations.*

European Commission（2000a）*Communication from the Commission on the Precautionary Principle.*

European Commission（2000b）*Explanatory Memorandum. Proposal for a Directive of the European Parliament and of the Council on Waste Electrical and Electronic Equipment. Proposal for a Directive of European Parliament and of the Council on the Restriction of the Use of Certain Hazardous Substances in Electrical and Electronic Equipment.* COM（2000）347 final.

European Commission（2000c）*Proposal for Directive of the European Parliament and of the Council on restriction of use of certain hazardous substances in electronic equipment.* COM（2000）347 final.

European Commission（2000d）*Proposal for Directive of the European Parliament and of the Council on waste electrical and electronic equipment.* COM（2000）347 final.

European Commission（2001）*White Paper on a Strategy for a Future Chemical Policy*, Brussels : European Commission.

European Commission（2002）*Communication from the Commission on Impact Assessment.*

European Commission（2003）*Proposal for a Regulation of the European Parliament and of the Council concerning the Regulation, Evaluation, Authorization and Restrictions of Chemicals*（*REACH*）*, Establishing a European Chemicals Agency and Amending Directive 1999/45/*

EC and Regulation (*EC*) [*on Persistent Organic Pollutants*] */Proposal for a Directive of the European Parliament and of the Council Amending Council Directive 67/548/EEC in order to Adapt it to Regulation* (*EC*) *of the European Parliament and of the Council Concerning the Registration, Evaluation, Authorization and Restriction of Chemicals.*

European Commission (2004) (Report from the Commission to the Spring European Council.) *Delivering Lisbon : Reforms for the England Union.*

European Environmental Bureau (EEB) (2001) *Towards Waste-free Electrical and Electronic Equipment : EEB Argumentation Paper Concerning the Proposal for Directives on Waste Electrical and Electronic Equipment and on the Restriction of the Use of Certain Hazardous Substances in Electrical and Electronical Equipment.*

European Environmental Bureau (EEB) (2003) *Towards Europe's New Chemicals Policy, Business Impacts : Opportunities versus Scaremongering* (Workshop report, 31 January and February 2003, Brussels).

European Parliament (2001) *Report on the Commission White Paper on Strategy for a Future Chemicals Policy* (FINAL A-0356/2001), 17 October 2001.

European Parliament (2017) *Hard Book on the Ordinary Legislative Procedure : A Guide to How the European Parliament Co-legislates* (Directorate-General for International Policies of the Union, Directorate for Legislative Coordination and Codecision Unit).

ENDS (1997) "DGXI Proposes Recycling Targets for Waste Electrical Equipment," *ENDS Report*, 273.

ENDS (1998a) "Early Disputes Over New Review of EC Chemical Policy," *ENDS Report*, 279.

ENDS (1998b) "New Onus on Producers in Electrical Waste Directive," *ENDS Report*, 280.

ENDS (1998c) "Swedes Set the Agenda for European Chemical Policy," *ENDS Report*, 280.

ENDS (1998d) "Commission Keeps Cards Close to its Chest for Chemical Policy Review," *ENDS Report*, 286.

ENDS (1999) "Producer Responsibility Retained for Household Electronic Waste," *ENDS Report*, 295.

ENDS (2001a) "Parliament Champions Individual Producer Responsibility for WEEE," *ENDS*

Report, 361.

ENDS（2001b）"Council Agrees on WEEE, Water Pollutants, Action Programme," *ENDS Report*, 317.

ENDS（2002）"Study Sheds Light on Costs of EU Plans for Chemicals," *ENDS Report*, 328.

ENDS（2003）"REACH Caught Up in EU's Competitiveness Agenda," *ENDS Report*, 346.

ENDS（2004a）"Whitehall Retreats on Mandatory Consortia for Chemical under REACH," *ENDS Report*, 349.

ENDS（2004b）"Consultation Paper Put REACH Costs in Perspective," *ENDS Report*, 351.

ENDS（2004c）"UK Fleshes Out 'One Substance, One Registration' Model," *ENDS Report*, 354.

ENDS（2004d）"UK Proposes REACH Amendments," *ENDS Report*, 356.

ENDS（2005a）"MEPs, Member States Work on REACH Practicability," *ENDS Report*, 362.

ENDS（2005b）"Industry Impact Assessment Shows REACH Effects 'Manageable'," *ENDS Report*, 364.

ENDS（2005c）"Ministers Debate Role of European Chemical Agency," *ENDS Report*, 365.

ENDS（2005d）"Ministers Adopt Landmark Deal on REACH," *ENDS Report*, 371.

ENDS（2007）"REACH Regulation Finally Adopted", *ENDS Report*, 384.

Falkner, G.（2011）*The EU's Decision Traps : Comparing Policies*, Oxford University Press.

Gerring, J.（2007）*Case Study Research : Principle and Practices*, Cambridge University Press.

Glazer, A. and L. S. Rothenberg（2001=2004）*Why Government Succeeds and Why It Fails*, *Harvard University* Press（井堀利宏・土居丈朗・寺井公子訳『成功する政府 失敗する政府』岩波書店）。

Goffman, E.（1974）*Frame Analysis : An Essay on the Organization of Experience*, Harvard University Press.

Green-Pedersen, C. and M. Wolfe（2009）"The Institutionalization of Attention in the US and Denmark：Multiple vs. Single Venue System and the Case of the Case of the Environment," *Governance*, 22（4）.

Greenwood, J.（2011）*Interest representation in the European Union*（2nd *ed.*）, Palgrave Macmillan.

Graham, J. D. and J. B. Wiener (1995=1998) "Confronting Risk Tradeoffs," J. D. Graham and J. B Wiener (eds.), *Risk vs. Risk*, Harvard University Press（菅原努監訳「リスク・トレイドオフとはどういうことか」『リスク対リスク』昭和堂）.

Hall, P. (1986) *Governing the Economy : The Politics of States Intervention in Britain and France*, Polity Press.

Hall, P. and D. Soskice (eds.) (2001) *Varieties of Capitalism : The Institutional Foundations of Comparative Advantage*, Oxford University Press.

Hawkins, K. (1984) *Environment and Enforcement : Regulation and the Social Definition of Pollution*, Oxford University Press.

Haverland, M. (2009) "How Leader States Influence EU Policy-making：Analysing the Expert Strategy," *European Integration online Papers*, 13 (25).

Hieda, T. (2012) *Political Institutions and Elderly Care Policy : Comparative Politics of Long-term Care in Advanced Democracies*, Palgrave Macmillan.

Hildebrand, P. M. (1993) "The European Community's Environmental Policy, 1957 to '1992'：From Incidental Measures to an International Regime?," David J. (ed.) *A Green Dimension for the European Community : Political Issues and Processes*, Frank Cass.

Hix, S. and B. Høyland (2011) *The Political System of the European Union* (3rd *ed.*), Palgrave Macmillan.

Hood, C. C., H. Rothstein and R. Baldwin (2002) *The Government of Risk*, Oxford University Press.

Jahn, D. (2016) *The Politics of Environmental Performance : Institutions and Preferences in Industrialized Democracies*, Cambridge University Press.

Jänicke, M. (1992=1994) "Conditions for Environmental Policy Success：An International Comparison," *The Environmentalist*, 12 (1)（長尾延孝・長尾伸一訳「環境政策が成功する諸条件――国際比較による検討」『大阪経大論集』45（3））.

Johnson, C. (1982=1982) *MITI and the Japanese Miracle : The Growth of Industrial Policy, 1925-1975*, Stanford University Press（矢野俊比古監訳『通産省と日本の奇跡』TBS ブリタニカ）.

Jones, B. D. and F. R. Baumgartner (2005) *The Politics of Attention : How Government Prioritizes Problems*, University of Chicago Press.

Kagan, R. A. and J. T. Scholz (1984) 'The Criminology of the Corporation and Regulatory Enforcement Strategies,' in K. E. Hawkins and J. M. Thomas, *Enforcing Regulation*, Kluwer Nijihoff.

Kagan, R. A. (2001=2007) *Adversarial legalism : The American Way of Law*, Harvard University Press (北村喜宣・尾崎一郎・青木一益・四宮啓・渡辺千原・村山眞維訳『アメリカ社会の法動態——多元社会アメリカと当事者対抗的リーガリズム』慈学社出版).

Katzenstein, P. J. (1985) *Small States in World Markets : Industrial Policy in Europe*, Cornell University Press.

Kingdon, J. W. (1984=2017) *Agendas, Alternatives, and Public Policies*, Little Brown (笠京子訳『アジェンダ・選択肢・公共政策——政策はどのように決まるのか』勁草書房).

Knill, C. and D. Liefferink (2007) *Environmental Politics in the European Union*, Manchester University Press.

Koch, M. and A. Lindenthal (2011) "Learning Within the European Commission : The Case of Environmental Integration," *Journal of European Public Policy*, 18 (7).

Kögler, K. and R. Goodchild (2006) "The European Commission's Communication 'Integrated Product Policy,' : Building on Environmental Life-Cycle Thinking," in D. Scheer and F. Rubik (eds.) *Governance of integrated product policy : in search of sustainable production and consumption*, Greenleaf.

KPMG (2005) *REACH—further work on impact assessment, a case approach* (Final report).

Lenschow, A. (2015) "Environmental Policy," in H. Wallace, M.A.Pollack and A. R. Young, *Policy-Making in the European Union* (7th ed.), Oxford University Press.

Lodge, M. (2003) "Institutional Change and Policy Transfer : Reforming British and German Railway Regulation," *Governance*, 16.

Majone, G. (1994) "The Rise of Regulatory State in Europe," *West European Politics*, 17.

Majone, G. (1996) *Regulating Europe*, Routledge.

Majone, G. (1997) "From Positive State to the Regulatory State : Cases and Consequences of

Changes in the Mode of Governance," *Journal of Public Policy*, 17（2).

Mahoney, J. and K. Thelen（eds.)（2010）*Explaining Institutional Change : Ambiguity, Agency, and Power*, Cambridge University Press.

March, J. G. and J. P. Olsen（1986=1989）"Garbage Can Models of Decision Making in Organizations", in J. G. March and R. W. Baylon（eds.), *Ambiguity and Command : Organizational Perspectives on Military Decision Making,* Prentice Hall Press（遠田雄志・秋山信雄・鎌田伸一訳『「あいまい性」と作戦指揮：軍事組織における意思決定』東洋経済新報社)。

McCormick, J.（2001）*Environmental Policy in the European Union*, Palgrave Macmillan.

Naiki, Y.（2010）"Assessing Policy Reach：Japan's Chemical Policy Reform in Response to the REACH Regulation," *Journal of Environmental Law*, 22（2).

National Research Council（1989=1997）*Improving Risk Communication*, National Academy Press（林祐造・関沢純監訳『リスクコミュニケーション：前進への提言』化学工業日報社)。

Niskanen, W. A.（1971）*Bureaucracy and Representative Government*, Atherton.

Nordbeck, R. and M. Faust（2003）"European Chemicals Regulation and Its Effect on Innovation：An Assessment of the EU's White Paper on the Strategy for a Future Chemicals Policy," *European Environment*, 13（1).

Nugent, N.（1994）*The Government and Politics of the European Union*（*3rd ed.*), Macmillan.

OECD（2009=2011）*Regulatory impact analysis : A Tool for Policy Coherence*（山本哲三訳『OECD 規制影響分析――政策評価のためのツール』明石書店).

OECD（2010）*Risk and Regulatory Policy : Improving the Governance of Risk.*

Peters, G.（1996）"Agenda-Setting in the European Union", in J. Richardson ed., *European Union : Power and Policy-Making*, Routledge.

Pesendorfer, D.（2006）"EU Environmental Policy Under Pressure：Chemical Policy Change Between Antagonistic Goals?," *Environmental Politics*, 15（1).

Pierson, P.（2004=2010）*Politics in Time : History, Institutions, and Social Analysis*, Princeton University Press（粕谷裕子監訳『ポリティックス・イン・タイム』勁草書房).

Pressman, J. L. and A. Wildavsky（1979）*Implementation : How great expectations in Washington are dashed in Oakland ; or, why it's amazing that federal programs work at all, this being a saga of the economic development administration as told by two sympathetic observers who seek to build morals on a foundation of ruined hopes*（*2nd ed.*）, University of California Press.

Putnam, S. W. and J. B. Wiener（1995=1998）"Seeking Safe Drinking Water," J. D. Graham and J. B. Wiener（eds.）, *Risk vs. Risk*, Harvard University Press（菅原努監訳「安全な飲料水を求めて」『リスク対リスク』昭和堂）.

Sandholtz, W. and J. Zysman（1989）"1992：Recasting the European Bargain," *World Politics*, 42（1）.

Schreurs, M. A.（2002=2007）*Environmental Politics in Japan, Germany, and the United States*, Cambridge University Press（長尾伸一・長岡延孝監訳『地球環境問題の比較政治学——日本・ドイツ・アメリカ』岩波書店）.

Schütze, R.（2012）*European Constitutional Law*, Cambridge University Press.

Selin, H.（2007）"Coalition Politics and Chemical Management in Regulatory Ambitious Europe," *Global Environmental Politics*, 7（3）.

Selin, H.（2009）"Transatlantic Politics of Chemicals Management" in M. A. Schreurs, H. Selin and S. D. Vandeveer（eds.）, *Transatlantic Environment and Energy Politics : Comparative and International Perspective*, Routledge.

Selin, H. and S. D. Vandeveer（2006）"Rising Global Standards：Hazardous Substances and E-waste Management in the European Union," *Environment*, 48（10）.

Selznick, P.（1985）"Focusing Organizational Research on Regulation" in R. G. Noll（ed.）, *Regulatory Policy and the Social Science*, University of California Press.

Sheingate, A. D.（2000）"Agricultural Retrenchment Revisited：Issue Definition and Venue Change in the United States and European Union," *Governance : An International Journal of Policy and Administration*, 13（3）.

Shon-Quinlivan, E.（2013）"The European Commission" in A. Jordan and C. Adelle（eds.）*Environmental Policy in the EU : Actors, Institutions and Processes*（3rd ed.）, Routledge.

Slovic, P.（1987）"Perception of Risk," *Science*, 236.

Stigler, G. J.（1971）"The Theory of Economic Regulation," *Bell Journal of Economics and*

Management Science, 2.

Thelen, K. and S. Steinmo (1992) "Historical Institutionalism in Comparative Politics", in Sven Steinmo, Kathleen Thelen and Frank Longstreth (eds.), *Structuring Politics : Historical Institutionalism in Comparative Analysis*, Cambridge University Press.

Tsebelis, G. (2002) *Veto Players : How Political Institution Work*, Princeton University Press.

Tupper, S. C. (1999) "Sparks Fly : Europe's Policy in Regard to Waste Electronic and Electrical Equipment," *Environmental Claims Journal*, 12 (1).

Vogel, D. (1997) "Trading Up and Governing Across : Transnational Governance and Environmental Protection," *Journal of European Public Policy* 4 (4).

Vogel, D. (2003) "The Hare and the Tortoise Revisited : The New Politics of Consumer and Environmental Regulation in Europe" *British Journal of Political Science*, 33.

Vogel, D. (2012) *The Politics of Precaution : Regulating Health, Safety, and Environmental Risks in Europe and the United States*, Princeton University Press.

Weale, A., G. Pridham, M. Cini, D. Konstadakopulos, M. Porter and B. Flynn (2003) *Environmental Governance in Europe : An Ever Closer Ecological Union?*, Oxford University Press.

Wilson, J. Q. (1980) "The Politics of Regulation," in J. Q. Wilson (ed.) *The Politics of Regulation*, Basic Books.

Wilson, J. Q. (1989) *Bureaucracy : What Government Agencies Do and Why They Do it*, Basic Books.

新聞

『朝日新聞』

『日本経済新聞』

『化学工業日報』

EurActive

The New York Times

機関誌 JMC Environment Update

インタビューリスト（組織，所属，日付，場所（手段）の順。所属はインタビュー当時。）

○官僚，議員，公的組織

European Commission DG Enterprise and Industry, Unit REACH, 2013年3月19日，ブリュッセル。

European Commission DG Enterprise and Industry, Unit Chemical Industry, 2014年2月11日，ブリュッセル。

European Commission DG Environment, Chemicals Biocides, Nanomaterials（A）, 2013年3月18日，ブリュッセル。

European Commission DG Environment, Chemicals Biocides, Nanomaterials（B）, 2013年3月20日，ブリュッセル。

European Commission DG Environment, Waste Management（A）, 2014年2月11日，ブリュッセル。

European Commission DG Environment, Waste Management（B）, 2014年2月11日，ブリュッセル。

European Commission DG Energy, Communication and Inter-Institutional Relations, 2014年2月4日，電話。

Member of the European Parliament, Greens/EFA, 2013年3月22日，2014年2月5日，ブリュッセル。

European Parliament staff, Environment Advisor Greens/EFA Group, 2017年3月3日，ブリュッセル。

Public Waste Agency of Flanders（OVAM）, Unit of Chain Management（A）, 2014年2月6日，メヘレン。

Public Waste Agency of Flanders（OVAM）, Unit of Chain Management（B），2014年2月6日，メヘレン。

Public Waste Agency of Flanders（OVAM）, Unit of Chain Management（C）, 2014年2月6日，メヘレン。

JETRO EU, Researcher, 2017年2月28日，ブリュッセル。

POLIS, Deputy Director, 2017年3月6日，ブリュッセル。

環境省，環境保健部化学物質審査室（A），2011年7月6日，東京。

環境省，環境保健部化学物質審査室（B），2013年1月24日，東京。

経済産業省，製造産業局化学物質安全室（A），2011年8月12日，電話。

経済産業省，製造産業局化学物質安全室（B），2013年1月24日，東京。

経済産業省，製造産業局化学物質安全室（C），2013年1月24日，東京。

経済産業省，製造産業局化学物質管理課，2013年12月24日，東京。

厚生労働省，医薬品局審査管理課，2013年1月24日，東京。

国会議員，元衆議院環境委員会委員，2011年8月9日，東京。

○業界団体，企業

Cefic（The European Chemical Industry Council), Director REACH/Chemical Policy, 2013年3月18日，ブリュッセル。

Cefic（The European Chemical Industry Council), Advocacy Director Petrochemisty, 2014年2月14日，ブリュッセル。

ORGALIME（European Engineering Industries Association), Adviser, 2014年2月12日，ブリュッセル。

DIGITALEUROPE, Director Environment Policy, 2014年2月13日，ブリュッセル。

DIGITALEUROPE, Senior Policy Manager, 2014年2月13日，ブリュッセル。

PV CYCLE, Managing Director, 2014年2月11日，ブリュッセル。

European Photovoltaic Industry Association（EPIA), Head of Regulatory Affairs, 2014年2月14日，ブリュッセル。

Recupel, Communication Manager, 2014年2月4日，ブリュッセル。

American Chamber of Commerce（AmCham EU), REACH Committee, 2013年3月21日，ブリュッセル。

Japan Business Council in Europe（JBCE), Director, 2011年10月1日，ブリュッセル。

Japan Business Council in Europe（JBCE), Ex-Director, 2013年6月11日，2013年7月8日，東京。

Japan Business Council in Europe（JBCE), Environmental Committee, 2013年7月8日，東京。

Japan Business Council in Europe（JBCE), Senior manager, 2013年3月19日，ブリュッセル。

Japan Business Council in Europe（JBCE), Researcher, 2013年３月19日，ブリュッセル。

Electrolux, Project manager（A), 2013年３月18日，ブリュッセル。

Electrolux, Project manager（B), 2013年３月18日，ブリュッセル。

Intel, Senior Manager, Global Public Policy, 2013年３月22日，ブリュッセル。

日本化学工業協会，化学品管理部部長（A)，2011年８月22日，東京。

日本化学工業協会，化学品管理部部長（B)，2011年８月22日，東京。

一般社団法人電子情報技術産業協会（JEITA)，環境部（A)，2014年５月19日，東京。

一般社団法人電子情報技術産業協会（JEITA)，環境部（B)，2014年５月19日，東京。

一般社団法人電子情報技術産業協会（JEITA)，元環境部，2014年６月30日，東京。

財団法人家電製品協会，環境部長，2014年７月18日，メール。

NEC，環境推進部，2013年７月８日，東京。

○ NGO，NPO，専門家など

Health & Environment Alliance（HEAL), Senior Policy Adviser, 2013年３月29日，ブリュッセル。

European Trade Union Institute（ETUI), Senior Researcher, 2013年３月29日，ブリュッセル。

Transport and Environment（T&E), Manager（Clean Vehicles and Air Quality), 2017年９月７日，ブリュッセル。

Transport and Environment（T&E), Engineer（Clean Vehicles), 2017年９月７日，ブリュッセル。

Université Saint-Louis, Professor of International Relations, 2013年３月21日，ブリュッセル。

有害化学物質削減ネットワーク，理事長，2011年５月９日，東京。

NPO 日本環境技術推進機構 JETPA，理事，2013年１月23日，東京。

元審議会委員，大学教授，2014年７月20日，東京。

あとがき

本書は東京大学総合文化研究科に提出し2015年９月に学位を取得した博士論文『予防をめぐる規制政治：日本とEUにおける化学物質政策の比較分析』をもとに，議論の本筋は変更しない形で加筆修正を加えたものである。出版にあたり，もっとこうしたらよかったのではないか，もう少し時間をかけられたら，という反省や後悔も多々残る一方で，博士課程に入学してからの研究に一区切りつけられることには安堵を憶えている。

なお，本書はほぼすべてが書き下ろしであるが，以下の部分については次の論文をもとにしている。ただし，本書の執筆にあたって原型を留めない形に修正している。

第２章第３節　「環境リスク規制におけるコントロール――化学物質政策の政策手段の質的変容」『環境経済・政策研究』５（２）。

第３章事例　「環境リスクに対する規制影響分析――日本とEUにおける化学物質規制改革の立法過程」『年報行政研究』49。

思い返すと，科学的に白とも黒ともいえないような問題について，どのように政策課題が設定され，意思決定がなされるのかということが，筆者の初めに抱いた関心であった。それは，クローン技術，遺伝子組換技術など新しい科学技術が社会の中で次々に実現する一方で，原子力発電所の事故やBSE事件など科学と安全性，規制とその根拠をめぐる問題が世間で大きく報じられることが多かった時期に学生時代を過ごしたという影響が大きいように思う。今後も科学技術は発展し，人工知能（AI）を社会の中でどのように扱うかなど，問題領域はさらに拡大すると考えられる。本書は，環境リスクのなかでも化学物質規制というごく限られた政策領域について政治学の視座から分析した研究であるが，こうした問題に対する理解が少しでも進めば嬉しく思う。

本書の完成までに，実に多くの方々にお世話になった。これまでの人生は人との出会いにたいへん恵まれていたため，すべての方のお名前をあげることはできないが，心から感謝申し上げたい。次の方々に謝辞を述べさせていただきたい。

まず，博士論文完成まで導いてくださったのは，指導教授の内山融先生である。内山先生は，博士課程から入学した筆者の指導教授を引き受けてくださっただけではなく，その時に作成した日本とEUの化学物質規制政策を比較するという当時は無謀とすら思われた研究計画について，頭から否定せず自由に研究をさせてくださった。授業では良質な国内外の数多くの研究からリサーチ・デザインを学ぶ機会を与えてくださり，さらに進捗状況に応じて様々なアドバイスをくださった。これらなしに博士論文を書くことはできなかったため，いくら感謝しても感謝しきれない。また，「出産後は大変だから」と，切迫早産であった筆者の体調に気遣いつつも希望に合わせて出産間際にファイナル・コロキアム（博士論文の予備審査）を開けるよう日程調整してくださるなど，優しいお人柄からも多くを学ばせていただいた。本書の出版が決まった時もたいへん喜んでくださり，様々なアドバイスをくださったことにもお礼申し上げたい。

鹿毛利枝子先生には，内山先生がサバティカルでご不在の際に指導教授になっていただくなど，授業のみならず研究全般にわたりたいへんお世話になった。ともすれば狭くなりがちな研究関心を，常に幅広い視野に位置づけて目指すべき方向性を示してくださったことで，自らの立ち位置を見失わずに前に進むことができたことに，特に感謝している。

高橋直樹先生には，ヨーロッパ政治を一対一で基礎から教えていただくと共に，様々なご指導をいただいた。博士論文のコロキアムなどを通じていただいた「自身の研究を相対化させよ」というアドバイスは，博士論文のみならず本書を作成する上でたいへん有り難かった。

加藤淳子先生には，授業を通して政治学の方法論をお教えいただくと共に，博士論文の審査でも大変重要なアドバイスをいただいた。他にも学振の申請など様々な場面でお世話になった。先生からいただいた励ましのお言葉は，筆者にとって励みになっている。

森井裕一先生には，授業を通じてEU政治，ヨーロッパ政治のダイナミズムをご指導いただいた。また博士論文の審査の際にも，特にEU政治について貴重なアドバイスをいただいたことに，改めてお礼申し上げたい。

東京大学大学院時代には他に，平島健司先生，谷口将紀先生，清水剛先生の授業に参加してご指導いただいた。博士論文には直接的に関わらなくても，筆者が採ったものとは異なる分析アプローチを学んだり，異なるリサーチ・デザインに接したりすることで，自身の研究方法を相対化する機会を得られた。

学部時代及び博士前期課程では中央大学法学部の武智秀之先生に大変お世話になった。ゼミや論文指導の中でこれまでの研究関心の芽を育ててくださると共に，常に研究に対する厳しい姿勢を示してくださった。また，筆者の研究関心の広がりに対して，内山先生のもとで研究することを勧めてくださったことにも大変感謝している。修士論文執筆では，中島康予先生，牛嶋仁先生からご指導いただき，政治学，環境法学の観点から広くリスク規制を考える機会を与えていただいた。また，佐藤雄也先生は授業を通じてリスクに関する様々な問題関心を引き出してくださった。

東京大学大学院総合研究科国際社会科学専攻では，多くの相関社会科学コースの先輩方，院生仲間にも恵まれた。研究分野を超えて気さくに相談できる先輩や仲間が多くいることは，研究を進める上で大変有り難かった。特に砂原庸介先生，木寺元先生，山本健太郎先生，荒見玲子先生，藤井康平先生には，折に触れて多くのアドバイスをいただいた。ことのほか砂原先生には本書の出版に際しても，お忙しいなか草稿に対して貴重なアドバイスをいただいたことに心より感謝している。また内山門下の木寺先生には，博士論文の作成段階から出版にいたるまで，様々なアドバイスをいただいた。学会など大学外でも他の研究者の先生を紹介してくださるなど，常に後輩を気遣ってくださったことにもお礼申し上げたい。また，同門でランチやお茶をたびたび共にした，石垣千秋，田中雅子，具裕珍，尹海圓の各氏と過ごした時間は，研究の刺激を受けると共に研究のモチベーションを保ち続けるためにも重要な時間であった。また，専攻に異同はあれ大学院時代を共にした阿部弘臣，高島亜紗子，藤田俊介，佐藤俊輔，小野田拓也，松本尚子，若林悠の各氏とは，研究会を開いて共に学ぶなど研究上の様々な刺激を受けたことに感謝している。

また，同じ世代の研究者にもさまざまな場面でお世話になっている。武智門下の小林大祐先生，久保慶明先生，日野原由未先生とは日頃から様々な研究の話をし，情報交換を続けられたことは筆者にとって大変有り難かった。また河合晃一，関智弘，森川想の各氏には報告の機会や研究を進める上での刺激を与えていただくなど，日頃から大変お世話になっている。

本書の一部については，様々な学会や研究会等の機会で報告の機会を得た。特に学会報告の際，松並潤先生，松波淳也先生，青木一益先生，稗田健志先生，安周永先生，深谷健先生，村上裕一先生，京俊介先生には，貴重なコメントをいただいたことに改めてお礼申し上げたい。特に深谷先生は出版にあたり様々なアドバイスをくださった。また，行政共同研究会や関西行政学研究会でも報告の機会を得た。お一人お一人のお名前は挙げられないが，会をご運営いただいている歴代幹事の先生方や，報告した際に貴重なコメントをくださった先生方にも改めてお礼をお伝えしたい。

本書は草稿段階でもコメントやアドバイスをいただいた。橋本信之先生は，丁寧かつ具体的にアドバイスをくださり，内容を見直す上で有り難かった。先生がさらっと述べていらっしゃることは一つひとつが奥深く，全てを本書に反映できなかったことが不甲斐ないが，今後の課題とさせていただきたい。また森道哉先生は草稿に対して直接環境政策や分析枠組みについても踏み込んだ貴重なコメントをくださった。もちろん，内容に対する責任はすべて筆者にある。

牧原出先生は，オーラルヒストリーや先端行政学研究会に誘っていただくなど大変お世話になっている。オーラルヒストリーの手法により，現場に長年かかわっていらした方にお話を伺う機会は大変貴重であり，いつも多くを勉強させていただいていることに改めて感謝をお伝えしたい。

また，研究上のアドバイスをいただく機会があった，竹中治堅先生，手塚洋輔先生にも感謝申し上げたい。研究会や学会などでいつも励ましのお言葉をかけてくださる藤田由紀子先生，松井望先生にもお礼申し上げたい。

2016年４月からの一年間は，早稲田大学社会科学総合学術院で研究・教育に携わる機会を与えられた。特に当時の学術院長でいらした西原博史先生，山田満先生をはじめとする社会科学部の先生方に，恵まれた環境をご提供くださったことを感謝したい（校正段階で西原博史先生の訃報に接した。ご逝去を悼み，謹んでご冥福をお祈りしたい）。また，研究室をご一緒して新しい環境に戸惑う筆者に常に安心感を与えてくださった本多美樹先生（現法政大学）にもお礼を申し上げたい。

2017年4月からは，関西学院大学法学部で研究・教育に従事することを許された。法学部では，特に政治学研究室の先生方，公共政策コースの先生方に大変お世話になっている。研究会報告などで様々なコメントをいただいた，岡本仁宏先生，冨田宏治先生，北山俊哉先生，高島千代先生，山田真裕先生，望月康恵先生，水戸孝道先生，金崎健太郎先生，武藤祥先生，善教将大先生，赤星聖先生に特にお礼を申し上げたい。この素晴らしい環境に感謝して，より一層研究・教育に精進しなければならない。

これまで受けてきた研究助成についても記す。本書の内容は，2016－17年度科学研究費補助金（研究活動スタート支援，16H07277），2016年度早稲田大学特定課題研究助成費（2016S-124）の研究成果の一部である。また，本書は2017年度科学研究費補助金（学術公開促進費，17HP5142）の助成を受けて刊行された。本書の内容のもととなった博士論文作成時にも2011年度科学研究費補助金（特別研究員奨励費，23・2662），2010年度損保ジャパン環境財団（現損保ジャパン日本興亜環境財団）学術研究助成をはじめ学内外の研究助成を受けた。

研究費以外にも学内制度による助けを受けた。特に，東大駒場むくのき保育園には，出産直後から学外ポストが見つかるまでお世話になった。身分の不安定な若手の女性研究者が研究を続けていくうえで，学内保育園はきわめて重要な存在であることを，身をもって知った。この制度を支えてくださっている方々に改めて感謝し，こうした支援がこれからも続くことを願いたい。

本書では，多くの資料収集やインタビューを実施した。こうした資料収集やインタビューを実施できたのは，仕事でお忙しいなか筆者の関心や拙い英語に耳を傾けてくださった，日本やヨーロッパで働く官僚，企業，研究者，NGO，市民団体，シンクタンクなど多くの方々のご協力があったゆえである。また，理系分野の知識が乏しい中で化学物質規制についての調査を進める上で，東北大学の白鳥寿一先生，鎌瑞恵さんにたいへんお世話になった。RoHS 指令，WEEE 指令の EU 調査については，白鳥先生のサポートのもと，鎌さんと共同での調査が実現できたからこそ，多くのインタビューや資料収集が可能になった部分が大きい。また，EU でのインタビュー調査に関しては，KU Leuven の Katja Biedenkopf 先生に直接ご教授いただき，丁寧にサポートしていただいた。貴重な出会いをご提供くださった Radostina Primova 氏にも感謝したい。資料については，EU 諸機関の関係者のみならず，個人の資料提供者にもお世話になった。特に弁護士で EU 規制の専門家である Jean-Filip Montfort 氏は研究意図に共感してくださり，多くの資料とワークスペースを快くご提供くださった。こうした充実した資料なしに本書の分析はできなかった。改めてお礼をお伝えしたい。

本書の出版にあたっては，ミネルヴァ書房編集者の東寿浩氏にたいへんお世話になった。出版の機会，および出版に関する専門的知識を与えてくださっただけでなく，緻密な編集作業によって本書の内容が読者に届きやすくなるようサポートしてくださった。締切に遅れてご迷惑をおかけしたことをお詫びするとともに，改めて感謝を申し上げたい。

私事ながら，本書の完成に不可欠だった家族の理解や協力に対しても感謝を述べさせていただきたい。まず辻陽は，家族として日頃から家事育児を分担してくれているが，特に忙しい時期には普段以上に家事育児を買って出てくれたほか，ヨーロッパ調査にも子どもを連れて帯同してくれた。また，同じ研究者として校正作業のアドバイスをしてくれたことや，よき理解者として励まし続けてくれたことに感謝したい。いつも温かく応援してくれている，義父母の辻孝，典子にもお礼を述べたい。

研究と子育ての両立を目指すことは，浅学菲才の筆者にとって日々苦労の連続である。しかし，子どもの表情，会話，口ずさむ歌など，日常生活の中ではほんの小さな出来事に過ぎない一つひとつが，そんな苦労も吹き飛ばすほどの喜びやパワーを与えてくれる。わが子惇の存在も筆者の原動力になっていることをここに記しておこう。

最後に，父早川修司，母宏子は，筆者を妹や弟とともに明るい家庭環境で育て，幼いころから様々なことを経験させてくれた。また，大学院時代や出産前後の一番大変だった時期に二人に多くを協力してもらったからこそ，今がある。これまで筆者を信じて支え続けてくれたことに改めて感謝し，本書を捧げたい。

2018年１月

早川　有紀

索　引

（＊は人名）

あ　行

か　行

さ　行

た　行

な　行

アルファベット

《著者紹介》

早川有紀（はやかわ・ゆき）

1983年　東京都生まれ。
2007年　中央大学法学部卒業。
2009年　中央大学大学院法学研究科博士前期課程修了。
2015年　東京大学大学院総合文化研究科博士課程修了。博士（学術）。
　　　　早稲田大学社会科学総合学術院助教等を経て，
現　在　関西学院大学法学部助教。
主　著　「環境リスク規制におけるコントロール――化学物質政策の政策手段の質的変容」『環境経済・政策研究』第5巻第2号，2012年。
　　　　「環境リスクに対する規制影響分析――日本とEUにおける化学物質規制改革の立法過程」『年報行政研究』第49号，2014年。
　　　　「リーダーの権力はどのように決まるのか――執政制度」木寺元編著『政治学入門』弘文堂，2016年。

MINERVA 人文・社会科学叢書㉕
環境リスク規制の比較政治学
――日本とEUにおける化学物質政策――

2018年3月10日　初版第1刷発行　〈検印省略〉

定価はカバーに
表示しています

著　者　早　川　有　紀
発行者　杉　田　啓　三
印刷者　藤　森　英　夫

発行所　株式会社　ミネルヴァ書房
607-8494　京都市山科区日ノ岡堤谷町1
電話代表　(075)581-5191
振替口座　01020-0-8076

©早川有紀，2018

亜細亜印刷・新生製本

ISBN978-4-623-08237-7
Printed in Japan

西澤栄一郎・喜多川進　編著
環境政策史
A５判・264頁
本　体 5000円

除本理史・大島堅一・上園昌武　著
環境の政治経済学
A５判・288頁
本　体 2800円

森　晶寿・孫　穎・竹歳一紀・在間敬子　著
環境政策論
A５判・304頁
本　体 3000円

森　晶寿　編著
環境政策統合
A５判・284頁
本　体 3800円

環境政策研究会　編
地域環境政策
A５判・228頁
本　体 3200円

蟹江憲史　編著
持続可能な開発目標とは何か
A５判・324頁
本　体 3500円

細田衛士　編著
環境経済学
A５判・326頁
本　体 4000円

稲村光郎　著
ごみと日本人
四六判・338頁
本　体 2200円

３R・低炭素社会検定実行委員会　編
３R・低炭素社会検定公式テキスト［第２版］
B５判・352頁
本　体 3200円

粕谷祐子　著
比較政治学
A５判・280頁
本　体 2800円

ミネルヴァ書房

http://www.minervashobo.co.jp/